자동차 개념 사용설명서②
원리를 알면 구조가 보이고,
구조를 알면 내 차가 보인다.
신개념
자동차 생태학
자동차명장 강금원
GoldenBell

온통 자동차 세상을 살아가는 우리들에게...

자동차의 매력은 끝이 없다. 생활 속의 편리한 도구인 동시에 자유롭게 몰고 다닐 수 있는 즐거움과 쾌적한 거실 공간을 제공하며, 개성 넘치는 스타일링에 세련된 메커니즘은 많은 사람을 매료시킨다. 최근에는 교통안전과 지구 환경에 대한 배려가 중요한 사회적 문제로 부각되면서, 그에 대한 대응 차원으로 고도의 일렉트로닉스 기술과 정보 기술, 제어 기술 등이 투입되어 개발이 계속되고 있다.

자동차를 얘기하는 데에 단순하게 메커니즘을 열거하는 것만으로는 충분하다고 할 수 없다. 자동차를 설계하는 조건은 대량 생산을 통해 고도의 균질한 성능을 얻는다는 것이 전제가 되어 있다. 그러므로 전문가로 들어서기 위해서 새로운 차량의 기획, 설계 개발, 생산 과정을 통해 완성되는 자동차의 모든 것을 알아야 만이 비로소 자동차를 이해했다고 할 수 있다.

이 책은 자동차의 기본 성능과 메커니즘은 물론, 연료전지 자동차나 지능화에 따른 안전운전 지원시스템 등 최신기술에 이르기까지 모든 것을 그림과 사진으로 알기 쉽게 설명하고 있다. 우리는 온통 자동차 세상을 살아가고 있다. 비록 '기계치'라도 이것만은 알아야 상식적 수준에 도달할 수 있을 것이다. 아마도 독자 여러분이 이 책을 다 읽을 무렵에는 '자동차 박사'가 되어 있을 것이다.

Ⅰ 자동차의 구조 개념

II 지금도 진화하는 자동차 기술

I 자동차의 구조 개념

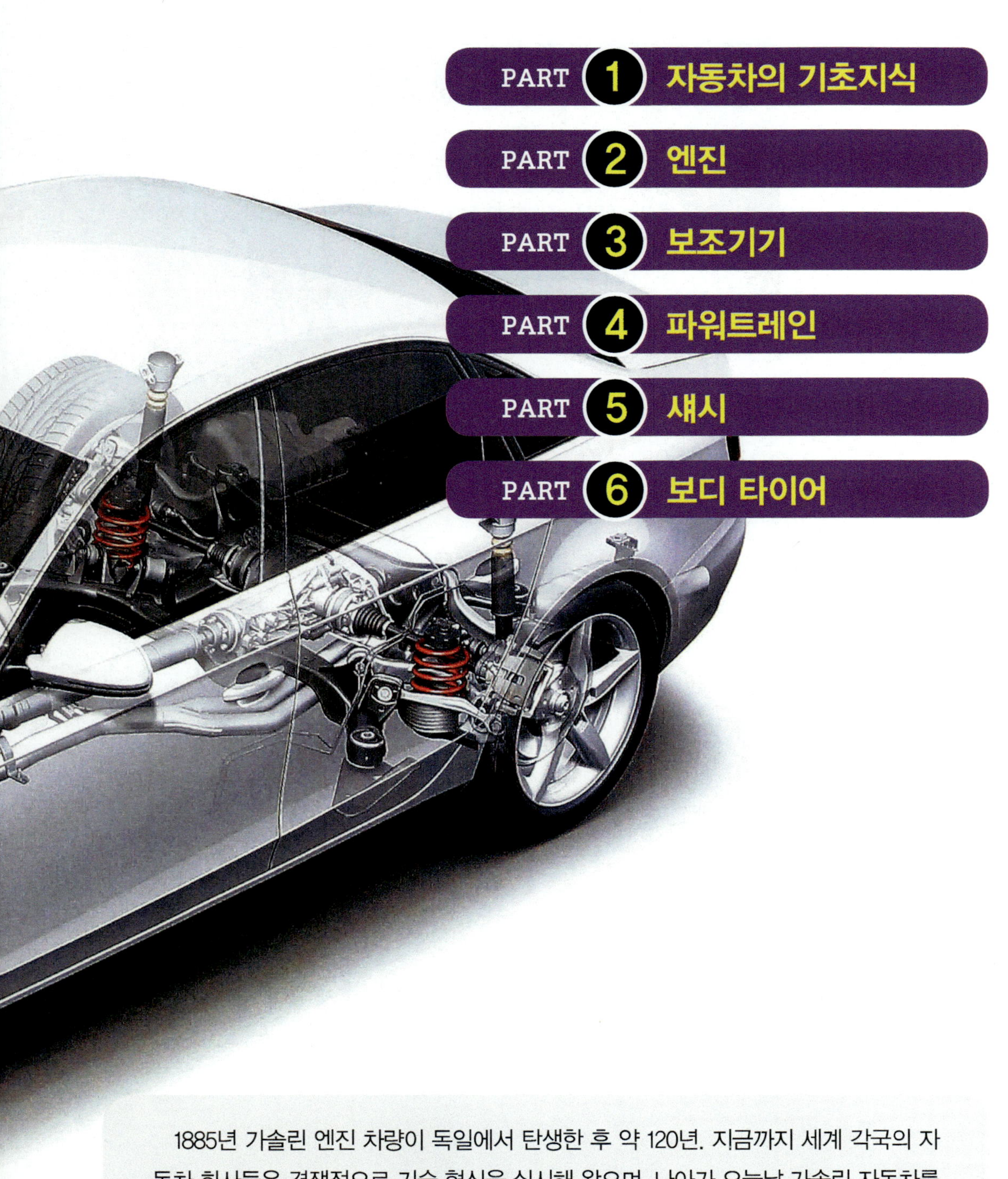

　　1885년 가솔린 엔진 차량이 독일에서 탄생한 후 약 120년. 지금까지 세계 각국의 자동차 회사들은 경쟁적으로 기술 혁신을 실시해 왔으며, 나아가 오늘날 가솔린 자동차를 대체할 차세대 동력 자동차가 실용화되는 단계에까지 이르렀다. 다시 말하면 자동차 메커니즘의 혁신은 지금까지 멈추지 않고 계속되어 왔으며, 앞으로도 계속해서 발전해 나갈 것임에 틀림없다. 그래서 계속해서 발전하고 있는 자동차를 이해하는데 필수적이고 기초적인 자동차의 구조에 대해 그림과 사진을 섞어가며 설명한다.

자동차의 원리

자동차의 동작은 크게 「주행하고(running)」, 「회전하고(turning)」, 「정지하는(stopping)」 3가지 동작으로 구성된다. 자동차의 구조는 아주 복잡하지만 기본 원리는 아주 간단하다.

「주행하는」원리

자동차가 앞으로 나가기 위해서는 바퀴를 움직일 수 있는 에너지가 필요하다. 이 운동 에너지를 만들어내는 장치가 엔진이다. 그러면 엔진은 어떤 구조를 통해 운동 에너지를 만들어내고 있는 것일까. 자동차 엔진은 '열기관'이라고 불리는 장치의 일종이다.

열기관이란 연료를 태워서 생긴 열에너지를 운동에너지로 전환시키는 기구로서, 연소구조(燃燒構造)에 따라 외연기관(外燃機關 · external combustion engine)과 내연기관(內燃機關 · internal combustion engine) 2종류로 분류된다. 외연기관이란 연소가 기관의 외부에서 이루어지는 열기관을 말한다. 아래 그림처럼 외부에 있는 열원(熱源 · heat source)에 의해 내부의 수증기나 공기 등이 뜨거워지면서 팽창한다. 팽창한 수증기 등이 피스톤을 밀어냄으로써 동력이 발생된다.

이에 반해 내연기관은 기관의 내부에서 연소가 일어나고, 그로 인해 피스톤이 밀려올라가면서 동력이 발생된다. 둘 다 열에너지에 의해 운동에너지가 생기는 것은 똑같지만 열원이 외부에 있는지 내부에 있는지의 차이다.

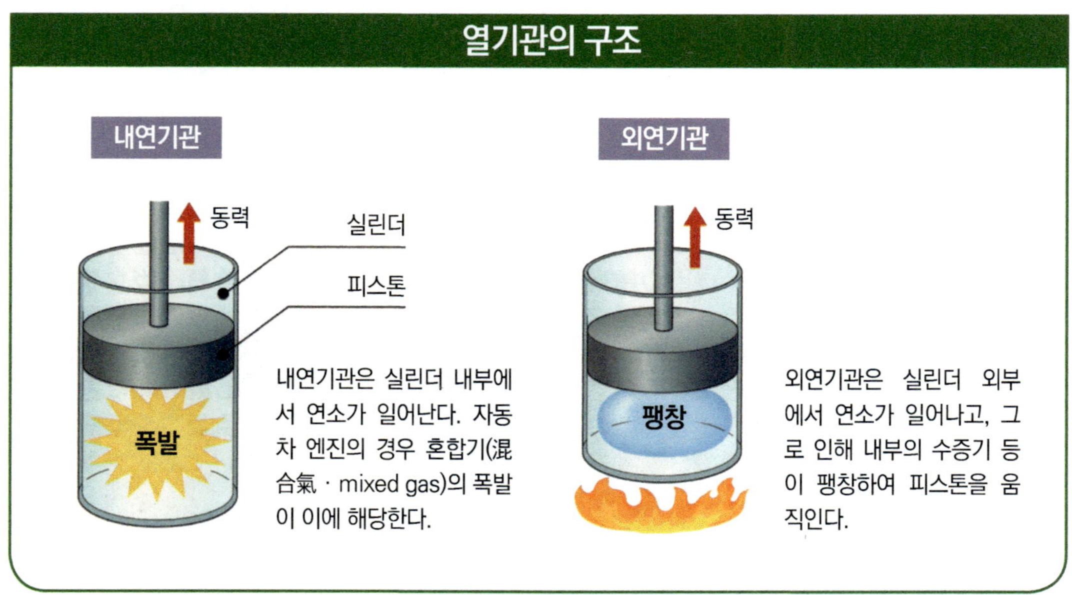

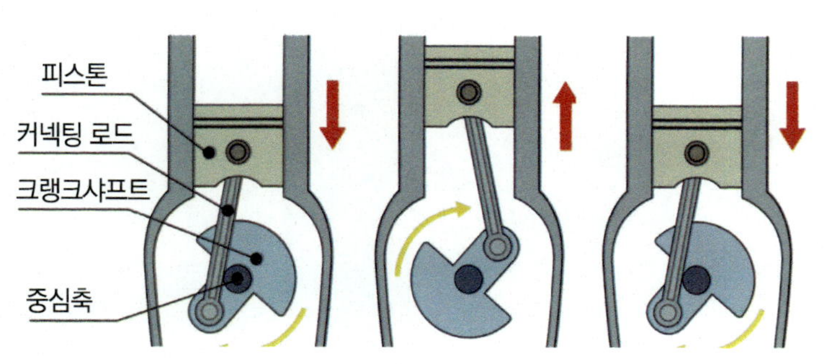

피스톤은 커넥팅 로드를 매개(媒介·mediation)로 하여 크랭크샤프트와 연결되어 있다. 크랭크샤프트는 중심축이 고정되어 있으면서 피스톤의 왕복운동(往復運動 · reciprocating motion)을 회전운동(回轉運動 · rotational motion)으로 바꾸어준다.

대표적인 외연기관으로는 증기기관차 등에 사용되는 증기기관(蒸氣機關 · steam engine)이다. 외연기관은 석탄이나 목재 등 연료를 자유롭게 선택할 수 있는 장점이 있는 반면 장치가 너무 크다는 것이다. 이 때문에 현대의 교통기관의 동력으로서는 내연기관만큼 일반적이지 않다.

자동차 엔진은 전형적인 내연기관이다. 내연기관은 비교적 소형의 장치로 동력을 만들어낼 수 있다. 또한 연료는 착화성(着火性 · ignitionability · 불이 붙는 성질로 착화 시간이 길면 착화성이 나쁘다고 말함)이 뛰어나야 하므로 오늘날의 자동차에는 가솔린(gasoline)이나 경유(輕油 · light oil · light gas oil)를 사용하는 경우가 대부분이다.

내연기관의 구조를 자세히 살펴보자. 자동차 엔진은 연료와 공기를 섞은 '혼합기'를 사용해 연소를 일으키고 있다. 실린더 안에서 혼합기가 연소하면 순식간에 폭발 · 팽창이 일어나고 피스톤이 밀려나간다. 연소를 끝마친 배기가스(exhaust gas)는 실린더에서 밖으로 배출되고 그와 동시에 밀려나간 피스톤이 되돌아온다. 그러면서 실린더 안으로 새롭게 들어온 혼합기가 폭발 · 팽창하고 다시 피스톤이 밀려나간다. 이런 반복을 통해 피스톤의 왕복운동이 일어난다. 피스톤의 왕복운동은 위 그림 같은 방식으로 회전운동으로 바뀐다. 이런 구조를 '크랭크기구(crank mechanism)'라고 한다. 회전운동은 바퀴로 전해지고 타이어를 회전시키는 힘이 된다. 이렇게 해서 자동차는 앞으로 나아갈 수 있다.

내연기관은 폐쇄된 공간에서 연료를 태우기 때문에, 내부에 충분한 산소를 공급할 필요가 있다. 또한 연소를 끝마친 배기가스는 신속하게 외부로 배출되어야 한다. 이 때문에 공기를 흡입하는 흡기행정(吸氣行程 · suction stroke · intake stroke)과 배기가스를 배출하는 배기행정(排氣行程 · exhaust stroke)이 필요하게 된다.

에너지 전달경로

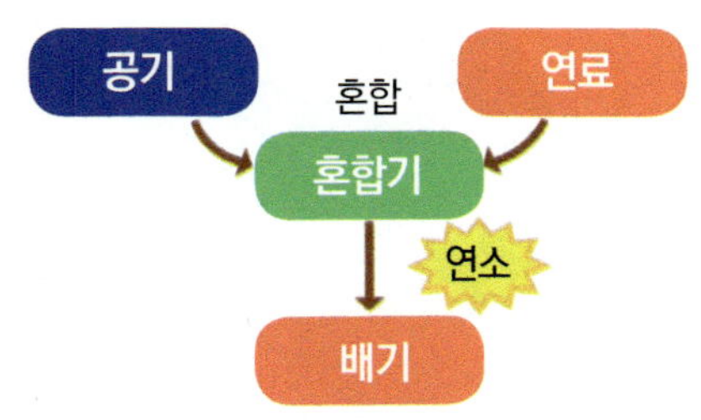

공기와 연료는 엔진 내에서 섞여 '혼합기'가 된다. 연소가 끝나면 배기가스가 되어 차량 밖으로 방출된다.

에너지 전달경로

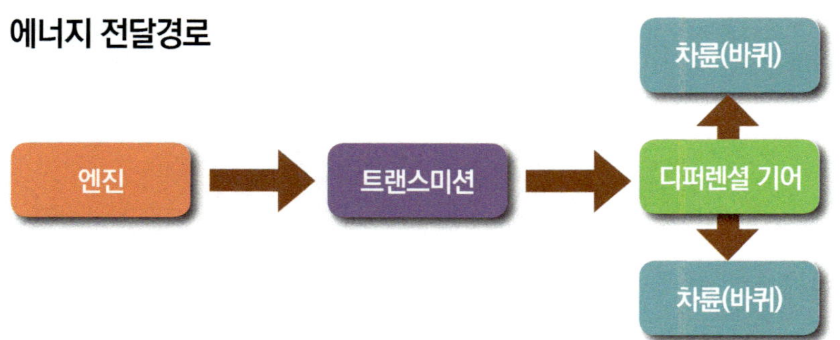

엔진에서 만들어진 회전운동은 막대모양의 샤프트(shaft · 軸)와 기어(gear · 톱니바퀴) 등이 결합된 동력전달장치(動力傳達裝置 · power train system)를 통해 타이어로 전달된다.

동력전달장치는 회전수를 조정하는 트랜스미션(transmission)이나 디퍼렌셜 기어(differential gear) 등으로 구성되어 있으며, 영어로는 '파워트레인 시스템(power train system)' 또는 '드라이브 트레인 시스템(drive train system)'이라고 한다. 자동차 타이어에 요구되는 회전수는 주행단계에 따라 다르다. 시동(始動 · starting) 시에는 타이어 회전수가 적은 쪽이 바람직하며, 고속주행 시에는 회전수가 많은 쪽이 좋다. 엔진의 회전수는 액셀러레이터(accelerator) 페달을 밟아 흡입량을 조정함으로써 바꿀 수 있지만 조정에는 한계가 있다.

그 때문에 회전수를 변화시켜주는 장치로 변속기(變速機 · transmission)가 장착되어 있다. 변속기는 기어와 기어의 결합을 바꾸거나 토크 컨버터(torque converter)라고 하는 기구를 사용해 회전수를 자유자재로 바꿀 수 있다. 회전운동은, 좌우의 타이어 회전수를 조정하는 차동장치(差動裝置 · differential gear)를 거쳐 최종적으로 타이어에 전달된다. 여기서 회전은 자동차를 전진(前進)시키는 힘으로 전환된다. 이 힘을 '구동력(驅動力 · driving force)'이라고 한다. 타이어가 회전하면 자동차가 앞으로 나가는 것은 당연하다고 생각하겠지만 여기에는 타이어(tyre · tire)와 노면(路面)과의 '마찰력(摩擦力 · frictional force)'이 중요한 역할을 담당하고 있다. 타이어가 회전하면 노면과의 사이에서 마찰력이 발생한다. 그 반력(反力)으로 구동력이 발생하여 자동차는 앞으로 나아갈 수 있다.

예를 들어 얼음 위와 같이 마찰력이 작은 장소에서는, 회전력이 아무리 커도 타이어가 미끄러지면서 앞으로 나가질 못 한다. 마찰력이 있기 때문에 비로소 타이어의 회전을 구동력으로 바꿀 수 있다.

「정지하는」원리

자동차는 그냥 달리고만 있어도 공기와 노면의 저항을 받게 된다. 이런 저항들은 자동차의 운동 에너지를 감소시켜 아무 조치를 하지 않아도 결국 자동차는 정지하게 된다. 그러나 이래서는 운전자가 마음대로 자동차를 움직일 수가 없다. 자동차가 편리하고 실용적으로 타는 물건이 되기 위해서는 운동 에너지를 강제적으로 빼앗아 짧은 시간에 확실하게 정지시킬 장치가 필요하다. 이런 역할을 하는 것이 브레이크(brake)다.

자동차에 사용되고 있는 브레이크에는 몇 종류가 있으며 기본 원리는 모두 같다. 모든 브레이크는 회전하는 바퀴의 회전을 억제시킴으로써 자동차를 멈추게 하고 있다. 회전하는 바퀴를 강력한 힘으로 억제시키면 마찰에 의해 열이 발생한다.

바퀴의 운동 에너지는 빠르게 열에너지로 바뀌어 대기 속으로 발산된다. 이렇게 운동에너지가 감소되면서 자동차가 멈추는 구조로 되어 있다. 브레이크는 구조 및 기능 측면에서 열에너지가 대량으로 발생되기 때문에 쉽게 온도가 올라간다.

브레이크가 고온이 되면 브레이크 힘(제동력(制動力·braking force))이 아주 떨어지는 페이드 현상(fade phenomenon)이 발생하는 경우가 있다. 이것은 마찰에 의해 브레이크가 고온이 되면 마찰계수가 낮아지며 결국 마찰력이 떨어져 생기는 현상이다. 급(急)브레이크를 연속적으로 밟으면 브레이크 성능이 잘 발휘되지 않는 것은 이 때문이다. 이런 위험을 방지하기 위해 현재는 열을 신속하게 대기 속으로 발산할 수 있는 디스크 타입(disc type)의 브레이크가 주류를 이루고 있다. 바퀴를 억제시키는 브레이크 힘이 강력하면 강력할수록 좋을 것 같지만, 실제로는 그렇지 않다. 달리고 있는 자동차에는 관성력(慣性力·inertial force)이 작용하기 때문에 바퀴가 멈춰서도 계속 앞으로 나가려고 하는 경향이 있다. 타이어와 노면 사이의 마찰력이 관성력보다도 크면 문제가 없지만 어느 한계를 넘어서면 관성력이 마찰력을 능가하면서 바퀴 회전이 멈춘 상태에서 자동차가 앞으로 미끄러지게 된다. 이런 현상이 일어나지 않도록 자동차의 제동력을 어느 정도의 범위 안에서 억제시키고 있다.

제동의 원리

바퀴와 같이, 차축(車軸·axle)에 부착되어 회전하는 디스크를 양쪽에서 강제로 잡으면 운동에너지가 열로 바뀌어 대기 속으로 발산된다. 이런 구조의 브레이크를 디스크 브레이크(disc brake)라고 한다. 이 외에도 드럼(drum)에 마찰재를 밀어붙이는 드럼 브레이크도 있지만 기본적인 방식은 같다.

「회전하는」원리

「주행하는」 기능과 「정지하는」 기능만으로는 자동차로서 아직 불완전한 제품이다. 전방의 위험물을 피하고 목적지를 향해 진로를 잡기 위해서는 「회전하는」 기능을 빼놓을 수 없다. 자동차가 회전하는 데는 어떤 힘이 작용하고 있을까. 자동차의 선회(旋回 · swivelling · turning)는 기본적으로 앞바퀴(前輪 · 축과 타이어가 조립된 상태)의 각도를 바꿈으로써 이루어진다. 운전석에서 스티어링 휠(steering wheel · handle)을 돌리면, 그 회전이 샤프트나 기어를 통해 타이로드(tie rod)에 전달된다. 타이로드가 좌우로 움직이면 타이어 각도를 결정짓는 스티어링 너클(knuckle)이 움직임으로써 앞바퀴의 각도가 바뀐다.

앞바퀴에 각도가 있는 상태로 자동차가 앞으로 나아가면 앞바퀴를 따라 자동차 전체의 진행방향이 바뀌게 된다. 앞바퀴의 방향이 바뀌면, 자동차는 앞바퀴가 가는 방향으로 매끄럽게 갈 것 같이 생각되지만, 반드시 그렇다고는 할 수 없다. 이것은 자동차가 코너링(cornering)을 할 때 원심력 (遠心力 · centrifugal force)이 작용해 자동차의 궤적(軌跡 · trajectory)이 틀어지기 때문이다. 어떤 물체가 회전을 할 때는 중심점에서 밖으로 멀어져 나가려는 원심력이 반드시 작용한다. 원심력은 물체가 무거울수록, 속도가 빠를수록 또한 회전 반경이 작을수록 강해진다(원심력 $F = (mv^2)/r$ 즉, 중량과 속도의 제곱과 비례, 회전반경에 반비례 함). 이 때문에 저속주행에서는 원심력이 그다지 문제가 되지 않지만, 속도가 올라가면 갈수록 원심력에 의해 자동차가 바깥쪽으로 나가려고 한다. 이렇게 되면 자동차는 앞바퀴가 가려는 방향으로 나가질 못하고 약간 어긋난 방향으로 나아가게 된다.

이 어긋난 각도를 '횡 슬립각도(lateral slip angle)'라고 한다. 자동차는 통상적인 주행에서도 어느 정도의 횡 슬립을 일으키기 때문에 실제로 돌려고 하는 방향보다도 타이어 각도를 더 크게 해줄 필요가 있다. 운전자는 이런 핸들 조작을 무의식적으로 하고 있는 것이다. 빠른 속도로 커브를 돌려고 하다가 다 돌지 못하고 사고를 일으키는 경우가 있다. 이것은 원심력이 회전하려고 하는 힘을 초과해, 횡 슬립각도가 너무 커져서 생기는 현상이다.

스티어링 휠을 왼쪽으로 돌리면 타이로드가 오른쪽으로 움직인다. 이와 동시에 스티어링 너클에 각도가 생겨 바퀴가 왼쪽으로 돈다. 회전 중에 기어 비율이 바뀌기 때문에 스티어링 휠의 회전각도가 그대로 타이어 각도가 되는 것은 아니다.

자동차의 구성요소

자동차는 어떤 요소들로 구성되어 있는지 알아본다.

엔진

자동차를 달리게 해주는 동력발생 장치. 엔진 본체는 차체 앞쪽에 배치되는 경우와 뒤쪽에 배치되는 경우가 있다.

보조기기

흡기장치나 배기장치, 연료장치, 윤활장치, 냉각장치 등 엔진을 작동시키기 위해 필요한 보조 장치들을 종합해서 보조기기라고 한다.

스티어링

자동차를 선회시키기 위한 장치들. 운전석에 배치된 스티어링 휠, 스티어링 샤프트, 타이로드 등으로 구성된다.

브레이크

주행하는 자동차를 정지시키기 위한 장치 계통. 바퀴 4개에 장착되는 브레이크 본체 외에 운전석의 브레이크 페달 등이 포함된다.

파워 트레인 (power train)

엔진에서 만들어진 회전운동을 바퀴로 전달하는 장치들. 변속을 하는 트랜스미션, 회전을 전달하는 샤프트 등으로 구성되어 있다.

컴퓨터

오늘날의 자동차는 연료 공급량이나 브레이크의 제동력 등을 컴퓨터로 제어하고 있다. 명령을 발신하는 곳은 ECU(electronic control unit)라고 하며 전자제어장치이다.

서스펜션(suspension)

어떤 험한 길이라도 타이어가 지면에서 떨어지지 않도록 차체와 타이어를 연결하는 장치 등, 차체를 지지하는 암(arm)이나 충격을 흡수하는 스프링 종류 등으로 구성된다.

휠

바퀴의 중심축에 들어가는 금속부품. 파워트레인에서 전달된 운동에너지에 의해 회전한다. 타이어와 함께 차체 무게를 지지하는 역할도 한다.

타이어

회전운동을 노면에 전달하는 장치. 마찰력을 높이기 위해 고무로 만들어지며, 충격을 흡수할 수 있도록 내부는 비어 있다.

보디

보디에는 운전자의 안전을 지키는 것과, 차량의 실내 공간을 확보하기 위한 2가지 역할이 있다.

인테리어

운전을 위한 조작 패널, 차량 내비게이션, 에어컨, 시트 등이 포함된다. 쾌적한 공간을 만들어내기 위해 다양한 연구가 이루어지고 있다.

등화장치

전방, 후방을 비추기 위한 라이트의 종류. 운전자의 시인성(視認性·visiblility)을 높이기 위한 것뿐만 아니라, 다른 운전자나 보행자에게 신호를 보내는 역할도 한다.

승용차의 분류

승용차의 분류에는 보디 형태에 따른 분류, 구동방식에 따른 분류 등 다양한 분류방법이 있다. 자주 접하는 자동차 용어의 의미를 알아본다.

● BOX에 의한 분류

1 박스 카(box car) (GM 대우·다마스)

보디 전체가 하나의 상자 형태를 하고 있는 승용차 모양을 1박스 차량이라고 부른다. 엔진 룸은 운전석 아래에 위치해 있으며 차량 실내와 일체화되어 있다. 차량 내 공간을 넓게 확보할 수 있기 때문에 짐을 많이 싣는 상용차(商用車 · commercial vehicle)에 사용되는 경우가 많다.

2 박스 카(box car) (현대·투싼)

엔진 룸과 차량 실내가 분리되어 있는 스타일. 보디가 상자 2개로 구성된 것처럼 보이기 때문에 2박스 차량이라고 한다. 정면충돌 시의 안전성이 높고 짐을 싣는 공간도 넓다. 1박스 카와 3박스 카의 장점을 합쳐놓은 스타일이다.

3 박스 카(box car) (현대·아슬란)

엔진 룸, 차량 실내, 트렁크 룸이 각각 독립되어 있는 스타일. 옆에서 보면 상자 3개가 나란히 이어진 것처럼 보인다. 승용차의 가장 기본적인 형태로서 충돌할 때는 엔진 룸이나 트렁크 룸이 충격을 흡수하기 때문에 안전성이 비교적 높다.

● 프런트(front)와 백(back)

프런트 형상

롱 노즈(long nose) (기아·K9)

엔진 룸이 위치한 보닛(bonnet) 부분을 별도로 '노즈(nose)'라고 한다. 노즈가 긴 디자인이 「롱 노즈」이다. 강력한 엔진을 세로로 배치하는 고급차나 스포츠카에 롱 노즈가 많다.

숏 노즈 (shot nose) (기아·뉴프라이드 4도어)

노즈가 짧은 디자인을 '숏 노즈'라고 한다. 운전자의 시야가 넓으며 좁은 반경으로 회전할 수 있는 이점이 있어 운전이 쉽다. 엔진을 가로로 배치하는 등, 엔진 룸을 작게 배치하려는 연구가 채용되어 있다.

백 형상

노치 백(notch back) (현대·아반떼)

차량 실내와 트렁크 룸이 명확하게 구분되어 있어, 옆에서 봐도 트렁크 룸의 위치를 바로 알 수 있는 디자인을 '노치 백'이라고 한다. 3박스 차량은 그 정의상, 모두 노치 백이라고 할 수 있다.

패스트 백(fastback) (현대·아이오닉 하이브리드)

노치 백에 비해 차량 실내와 트렁크 룸이 하나로 된 디자인을 '패스트 백'이라고 한다. 패스트 백 자동차는 지붕(루프)에서 뒷부분까지의 윤곽선이 완만한 경사를 이룬다.

세단(sedan) (현대·그랜저)

승용차의 기본형이라 할 수 있는 3박스 차량. 일반적인 차량부터 고급 리무진까지 폭넓게 사용하고 있다.

쿠페(coupe) (현대·제네시스 쿠페)

주행성능의 쾌감을 추구한 스포티한 스타일. 세단보다 차고가 낮고, 2도어인 것이 많다.

해치백(hatch back) (기아·뉴프라이드 5도어)

차체 뒷부분에 상향식 도어가 달린 소형 2박스 차량. 소형차의 주류를 이루고 있다.

스테이션 왜건(station wagon) (현대·i40)

세단을 베이스로 하면서 트렁크 룸과 차량실내를 일체화해 적재능력을 높인 2박스 차량.

픽업(pickup) (쉐보레·콜로라도)

차량 실내 앞쪽에 독립된 엔진룸을 갖고 있으며, 차량 실내 후방에 적재공간을 갖춘 트럭의 일종.

SUV(Sports Utility Vehicle) (기아·스포티지)

오프로드(off road)를 주행할 수 있는 튼튼함과 쾌적함을 겸비한 승용차. 픽업에서 발전해 탄생한 형식.

오프로드(off road) : 일반적으로 '비포장도로'라는 뜻으로 널리 통용되지만, 랠리(rally)에서는 '차가 달려서는 안 되는 곳'을 말한다. 즉, 드라이빙 미스 등으로 코스를 벗어난 경우에 '오프로드로 나갔다' 등으로 표현한다. 또한 본래 차가 달리는 길이 아닌 코스에서 펼치는 오프로드 레이스도 성행하고 있다.

미니밴(minivan) (기아·카니발)

2박스 차량의 일종. 3열 시트와 짐칸이 있으며, 차량내 공간이 넓은 패밀리 형 스타일이다.

캡 오버(cap over) (GM 대우·다마스)

엔진 룸 위에 차량 실내(캡)가 배치된 형식. 1박스 차량의 거의 동의어이다.

오픈카(open car) (BMW·벤츠 카브리올레)

개폐식 혹은 탈착(脫着) 식 덮개로 지붕을 열고 닫는 형식. 달리 '컨버터블(convertible)' 또는 '카브리올레(cabriolet)'라고도 한다.

크로스오버(crossover) (마쯔다·CX-7)

SUV, 스테이션 왜건 등의 장점을 모아놓은 형식. SUV보다 가볍고 경제적이다.

TOPIC ▶▶ 스포츠카의 정의

운전하는 즐거움을 추구하는 스포츠 차량을 말함. 그 형식에 특별한 기준이 있는 것은 아니다. 다만 공력특성을 살려 공기 저항을 줄이기 위해 실내 공간은 작은 편이 바람직하다. 그 때문에 쿠페 스타일의 스포츠 차량이 가장 일반적이다.

스포츠카(페라리 488 GTB)

FF방식

FF란, 프런트 엔진·프런트 드라이브(front engine·front drive)의 약어다. 앞쪽에 엔진과 트랜스미션이 위치하고 앞바퀴가 구동되는 방식이다. 모터와 구동계통(驅動系統)이 한 곳에 집중해 있기 때문에 공간효율이 좋다. 엔진은 가로배치가 일반적이지만 세로배치 형태의 FF차량도 있다.

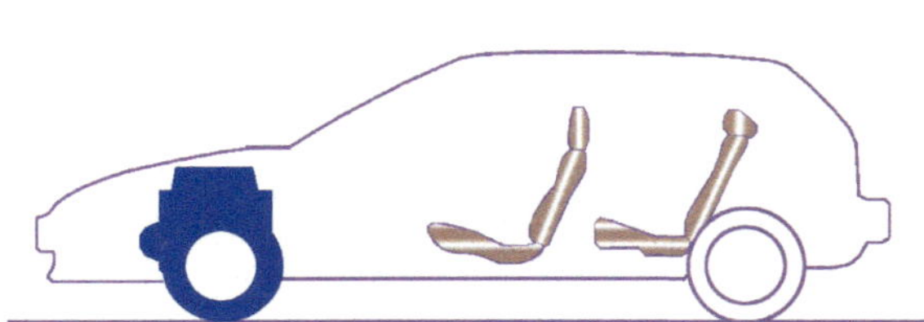
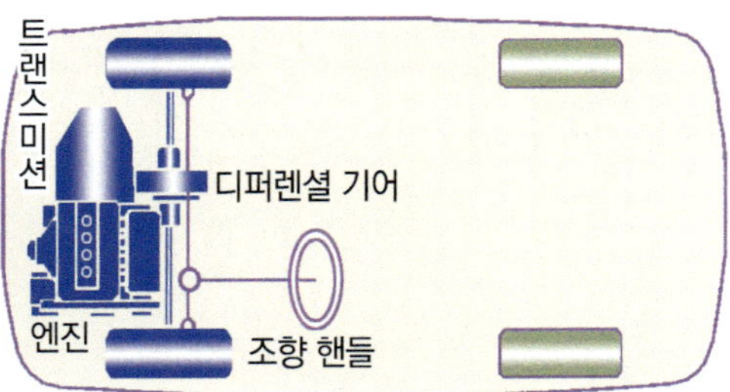

FF방식 승용차의 예

FF방식은 실내 공간을 넓게 사용할 수 있는 장점이 있기 때문에 소형차나 미니밴에 적용되는 예가 많다. 미끄러지기 쉬운 눈길과 같은 노면에서는, FR방식보다도 안정적으로 주행할 수 있어, 근년에는 세단에서도 이 방식이 주류를 이루고 있다.

기아 카니발 미니 밴

현대 i30

기아 니로

기아 K7

FR방식

FR이란, 프런트 엔진·리어 드라이브(front engine·rear drive)의 약어다. 앞쪽에 엔진을 세로로 배치하고 뒷바퀴를 구동시키는 방식. 실내 바닥에 동력을 뒷바퀴로 전달하는 프로펠러샤프트가 있어야 한다. 차체 중량비가 앞뒤 5 : 5에 가까워 중량의 균형이 뛰어나다.

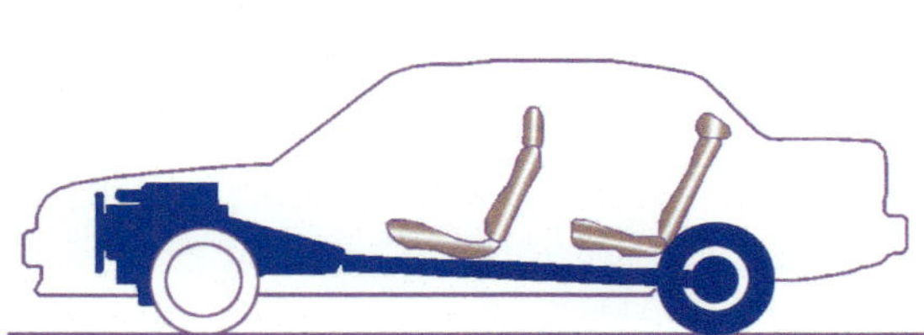

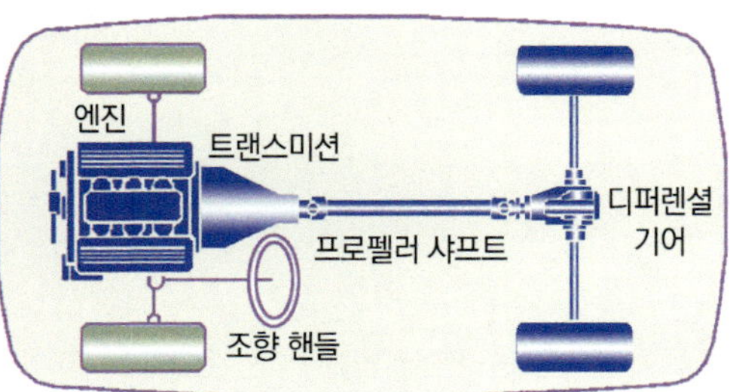

FR방식 승용차의 예

FR방식은 차체의 중량 밸런스가 좋고 코너링 특성을 자유롭게 설정할 수 있다. 그러나 부품수(部品數)가 많아져 가격이 상승하기 때문에 주로 고급차량이나 스포츠카에서 적용한다.

닛산 370Z

BMW M4 컨버터블 스페셜

쉐보레 SS

마쯔다 MX-5 미아타

MR방식

미드십 엔진·리어 드라이브(midship engine·rear drive)의 약어로서 실내와 뒷 차축 사이에 엔진을 배치해 뒷바퀴를 구동시키는 방식이다. 승용차에 채용하는 경우는 드물다.

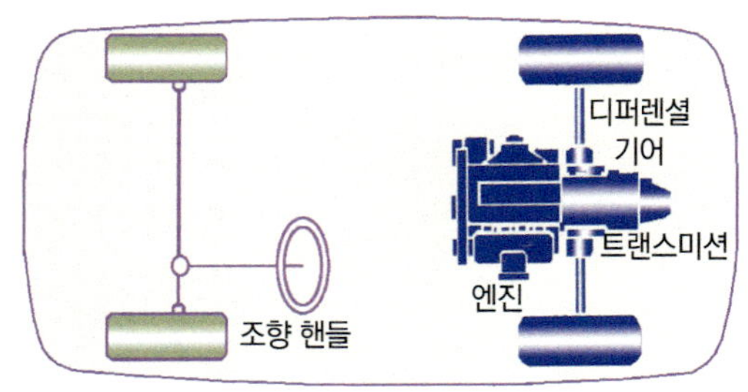

RR방식

리어 엔진·리어 드라이브(rear engine·rear drive)의 약어. 엔진과 트랜스미션이 뒷 차축보다 뒤쪽에 위치한다. MR방식과 마찬가지로 승용차에서 채용하는 예는 적다.

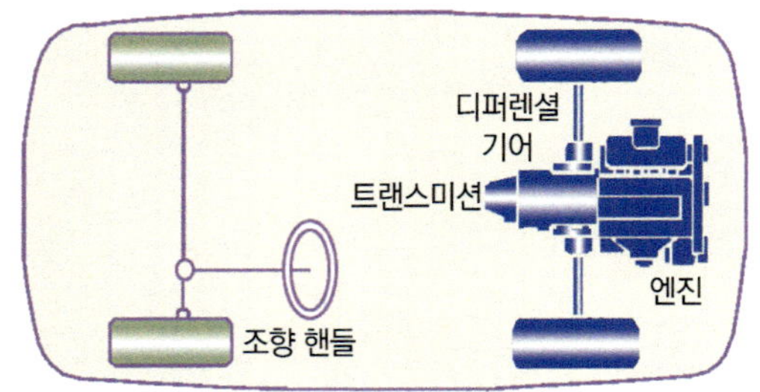

4WD

전·후륜이 모두 구동되는 방식을 4WD(4wheel drive)라고 부른다. 다양한 방식이 있지만 가장 일반적인 2가지 방식을 소개한다.

풀타임 4WD

센터 디퍼렌셜과 트랜스퍼를 이용해 4륜(輪) 전체에 항상 동력을 배분하는 방식이다. 구동력을 효율적으로 노면에 전달할 수 있다.

파트타임 4WD

주행상황에 따라 2륜구동과 4륜구동을 전환할 수 있는 방식. 우측 그림은 FR이 베이스인 파트타임 4WD다. 트랜스퍼를 통해 앞바퀴로도 동력을 배분할 수 있다.

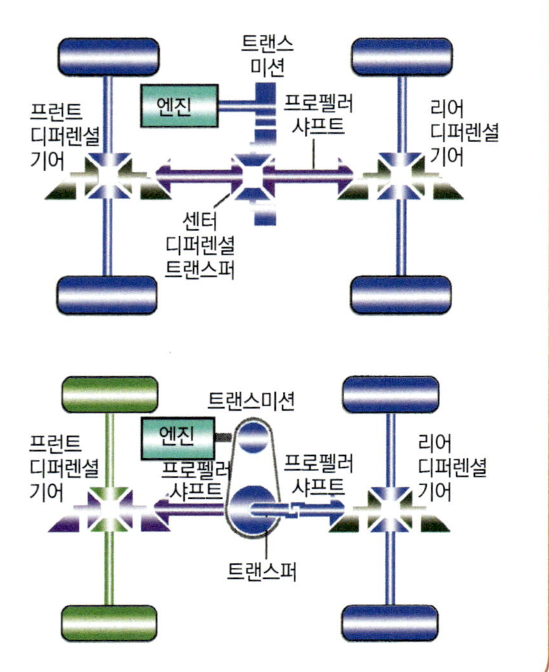

TOPIC ▶▶ FF방식과 FR방식의 차이점

종래의 승용차는 뒷바퀴가 구동되는 FR방식이 주류였다. 이것은 앞바퀴가 구동과 조향 양쪽을 담당하면 움직임이 불안정해지기 쉽고, 조인트(joint) 성능이 떨어졌던 것이 원인이다. 그러나 기술혁신으로 인해 현재는 FF방식이라도 안정된 선회가 가능하고, 장치의 고성능화와 소형화를 통해 트렁크 룸의 공간에도 여유가 생기게 되었다.

여기에는 세로배치가 기본이었던 엔진이 가로배치가 가능해진 것도 크게 영향을 주었다. FF방식의 성능이 FR방식과 견주어 손색이 없어지면서, 실내 공간을 넓게 사용할 수 있는 장점이 다시 주목을 끌게 되고 또한 미끄러지기 쉬운 노면에서 FR방식보다도 안정적으로 주행할 수 있다는 점까지 더해져 FF방식을 기본으로 한 차종이 증가하고 있다. 현재는 소형차나 중형차 시장에서 FF방식이 독무대를 차지하고 있다.

그렇다고 해서 FR방식의 장점이 없어진 것은 아니다. 자동차는 발진할 때 뒷바퀴에 힘이 걸리기 때문에 뒷바퀴 구동 쪽이 가속성능(加速性能)에서 뛰어나다. 또한 FR방식이 스티어링 측면에서 쾌적하고 낫다고 생각하는 운전자가 많다. 그 때문에 현재도 고급차에서는 FF방식보다 FR방식을 채용을 많이 하고 있다.

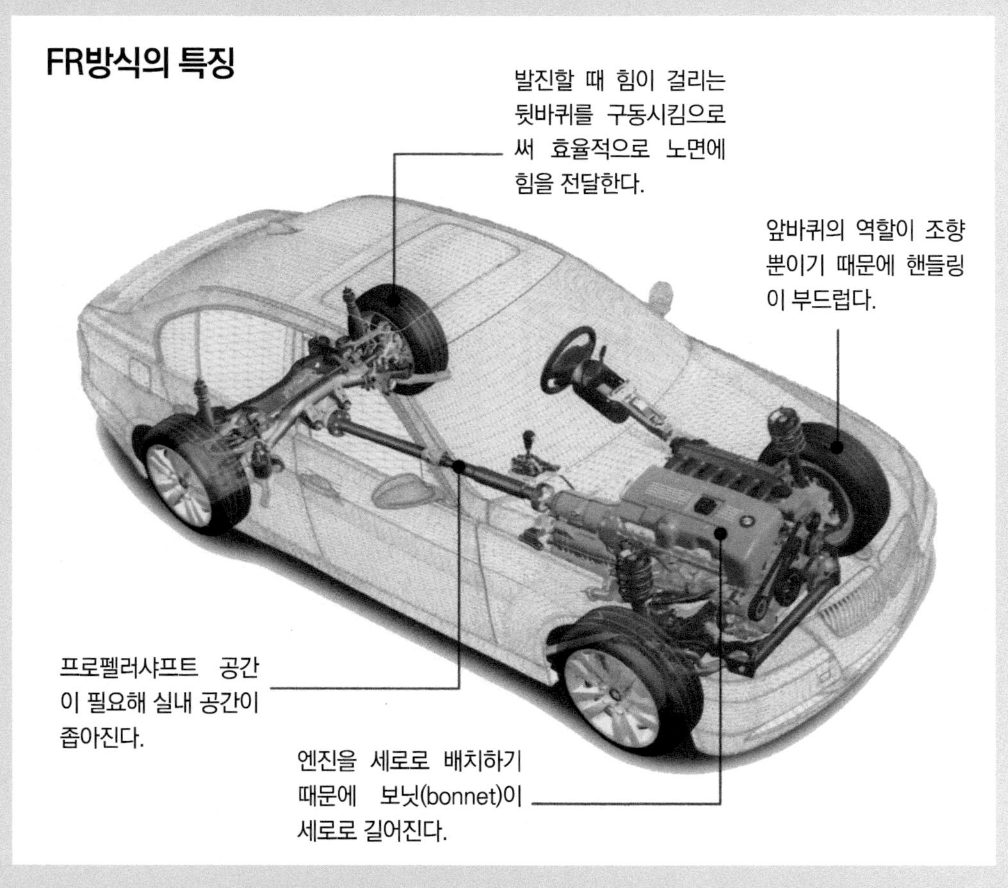

FR방식의 특징

엔진의 종류

자동차의 엔진은 기본 구조로는 리시프로케이팅(reciprocating)과 로터리(rotary)로 분류되고, 연료 공급 방식으로는 가솔린과 디젤(diesel)로 분류된다.

엔진의 분류

기본구조에 따른 분류

리시프로 엔진

리시프로케이팅(왕복운동) 엔진의 약어. 열에너지를 피스톤의 왕복운동으로 바꾸고 그 후에 회전운동으로 바꾼다. 대부분의 자동차는 이 형식이다.

로터리 엔진

피스톤을 이용하지 않고 열에너지를 그대로 회전운동으로 바꾸는 형식. 현재는 채용되는 예가 적지만, 독특한 운전감각 때문에 여전히 인기가 있다.

연료 공급 방식에 따른 분류

가솔린 엔진

가솔린(gasoline · 휘발유)을 연료로 삼아 연료와 공기를 섞은 혼합기를 압축한 다음 연소시키는 엔진. 에너지 효율이 좋고 소음도 적기 때문에 널리 사용되고 있다.

디젤 엔진

경유를 연료로 삼아 압축한 공기에 연료를 분사시킴으로써 연소되는 엔진. 엔진부피가 커지고 소음이 커지는 등의 결점이 있지만, 출력이 높고 연비도 좋다.

앞장의 10~11p에서 자동차 엔진에 관한 기본 원리를 해설했는데, 이것은 정확하게는 리시프로 엔진(recipro. engine)의 원리다. 대부분의 자동차는 이 리시프로 엔진을 채용하고 있지만, 극히 일부에는 로터리 엔진을 탑재하고 있는 차종도 존재한다.

이 2가지 엔진은 양쪽 다 내연기관이나 동력을 만들어내는 구조가 다르다. 리시프로 엔진은 열에너지를 먼저 피스톤의 왕복운동으로 바꾼 다음 그것을 크랭크기구를 통해 회전운동으로 바꾼다. 그에 반해 로터리 엔진은 열에너지를 직접 회전운동으로 바꾸는 구조다.

언뜻 보기에는 직접 회전운동으로 바꾸는 쪽이 단순하고 합리적인 것 같지만, 뒤에서 설명한

엔진의 다양한 형태

직렬 4기통 엔진 (디젤 / 리시프로)

리시프로 엔진은 실린더(氣筒)수와 배치방법에 따라 직렬 엔진, V형 엔진 등으로 구분된다. 직렬 4기통 엔진은 가장 기본적인 형식이다.

V형(型) 8기통 엔진 (디젤 / 리시프로)

실린더 수가 많아지면 직렬로 배치하는 것보다도, 2열로 배치해 V형으로 만드는 것이 공간을 효율적으로 사용할 수 있다. 이런 엔진은 V형 엔진이라고 한다.

수평대향(水平對向) 6기통엔진 (가솔린 / 리시프로)

실린더를 가로로 눕혀 서로 마주보게 배치한 형식이 수평대향 엔진이다. 엔진 진동을 줄일 수 있는 장점이 있다.

것과 같이 로터리 엔진은 몇 가지 기술적인 문제가 있으므로 자동차 엔진으로서는 리시프로 엔진이 압도적으로 주류를 이루고 있다. 기본 구조에 따른 구분과는 별도로 방식에 의한 구분도 있다. 가솔린을 연료로 하는 것이 가솔린 엔진이고, 경유를 연료로 하는 것이 디젤 엔진이다.

한편 디젤 엔진은 모두 리시프로 엔진이지만, 디젤에 로터리라는 형식은 존재하지 않는다. 가솔린 리시프로 엔진과 디젤 리시프로 엔진은 단순히 연료가 다른 것뿐만 아니라 그 공급방식도 약간 다르다. 가솔린은 연료를 혼합기로 바꿔 실린더에 보내지만, 디젤은 연료를 직접 실린더 내에 분사하는 구조로 되어있다(디젤 엔진의 구조에 대해서는 164p 참조).

가솔린 리시프로 엔진 (4기통)

가솔린 리시프로 엔진은 동력을 만들어내는 실린더를 중심으로 다양한 배치가 복잡하게 얽혀 있다. 구동력은 우측 아래의 플라이휠에서 출력된다.

뒤쪽으로 보이는 검은 부분은 공기를 공급하는 서지 탱크와 흡기 매니폴드이다.

가솔린 리시프로 엔진은 가솔린을 연료로 삼고, 혼합기의 연소를 통해 피스톤이 왕복운동을 만들어내는 형식의 엔진이다. 엔진 구조로는 가장 일반적인 형식이다.

엔진의 연소행정은 「흡기」, 「압축」, 「연소·팽창」, 「배기」 4가지 단계로 나뉜다. 먼저 피스톤이 아래 방향으로 움직이는 동시에 흡기 밸브가 열려 공기와 연료가 섞여진 혼합기가 실린더 안으로 빨려들어 온다(흡기행정).

피스톤이 가장아래에 도달하면 이번에는 다시 위로 올라가 혼합기를 압축해 나간다(압축행정). 피스톤이 가장 위에 도달하면 점화 플러그가 착화되어 연소된 혼합기가 순식간에 팽창되어 피스톤을 밀어낸다(연소·팽창행정).

마지막으로 연소가 끝난 배기가스가 배기 밸브를 통해 빠져나간다(배기행정). 이 4행정을 반복하면서 회전운동이 만들어진다. 우측 그림에서 알 수 있듯이 4행정을 하는 동안 피스톤은 2왕복을 한다. 이 가운데 운동에너지를 얻을 수 있는 것은 연소·팽창 행정뿐이며, 그 이외의 행정은 타성(惰性)으로 움직이는 것이다.

그 때문에 실린더가 하나뿐인 단기통 엔진에서는 회전이 왜곡되어 불안정해진다. 자동차 엔진은 4개 이상의 실린더를 갖고 있으며, 각각의 행정이 조금씩 어긋나 있다. 실린더 왕복운동 중에는 항상 연소·팽창 행정에 있기 때문에 안정된 회전을 만들어 낼 수 있다.

가솔린 리시프로 엔진의 연소행정

가솔린 리시프로 엔진은, 아래의 4행정을 반복함으로써
피스톤을 왕복시켜 동력을 만들어내고 있다.

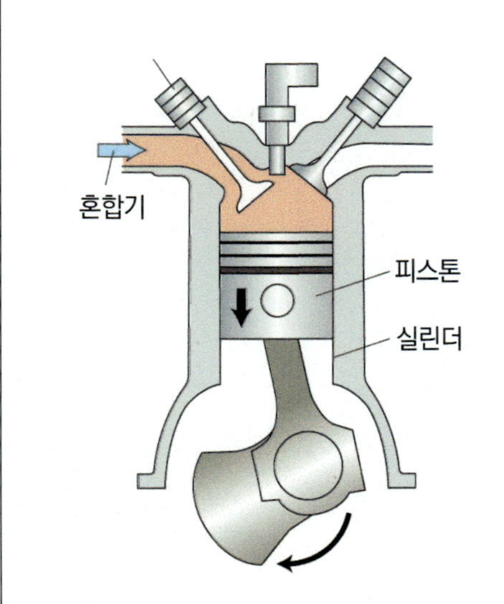

피스톤이 하강하기 시작하면 흡기 밸브가 열리고
(배기 밸브는 닫힌 상태) 혼합기가 빨려 들어온다.

흡기행정

피스톤이 상승하면 흡기 밸브가 닫히고, 혼합기
가 압축된다.

압축행정

배기행정

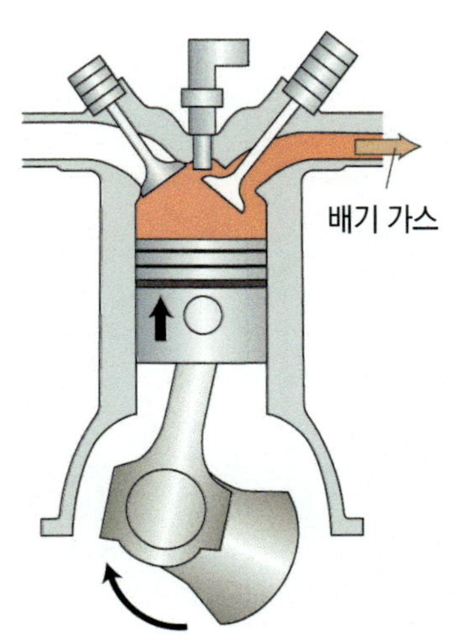

피스톤이 상승하기 시작하면 배기 밸브가 열리고
(흡기 밸브는 닫힌 상태) 연소된 가스가 배출된다.

연소·팽창행정

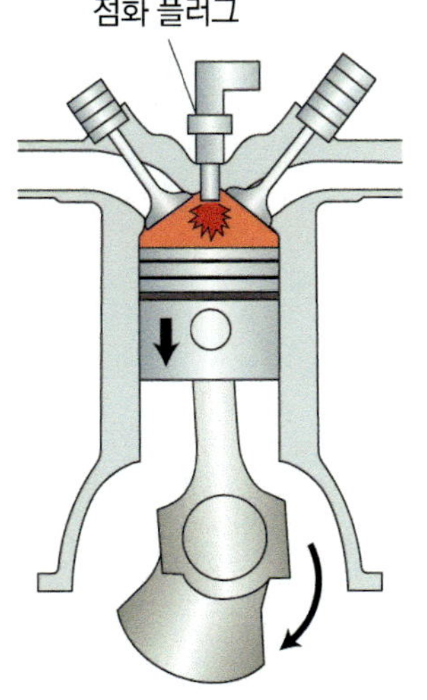

압축이 한계에 도달한 상태에서 점화 플러그가 착
화된다. 그러면 혼합기가 급격하게 연소·팽창해
피스톤을 밀어내리고 동력을 생산한다.

엔진 본체의 구조

여기서부터는 가솔린 리시프로 엔진을 예를 들어, 엔진 본체의 구조를 해부해 보기로 한다.

엔진 본체의 기구(機構)는 주 운동계통(主運動系統)과 밸브계통(動弁系統) 2가지로 나누어 진다. 동력을 만들어내는 주 운동계(主運動系)와 흡·배기를 수행하는 밸브계이다. 인간의 몸으로 예를 들면 주 운동계는 심장이고 밸브계는 호흡기관에 해당한다.

주 운동계는 왕복운동을 하는 피스톤과 그것을 회전운동으로 바꾸는 크랭크기구, 회전을 안정시키는 플라이휠 등으로 구성되어 있다. 밸브계통은 관(管)을 개폐하는 밸브와 밸브를 움직이는 캠이 주요 구성요소이다. 피스톤이나 크랭크샤프트 등과 같은 주 운동계 기기는 실린더 블록(cylinder block)이라고 하는 금속제품의 용기 안에 장착되어 있다. 실린더 블록 위에는 뚜껑처럼 생긴 실린더 헤드(cylinder head)가 장착되는데, 실린더 헤드는 동시에 밸브계통의 장치를 수납하기 위한 부품이기도 하다.

주 운동계 구조

피스톤은 커넥팅 로드를 통해 크랭크샤프트와 연결되어 있다. 플라이휠은 회전을 안정시키는 동시에 트랜스미션(85p)에 회전운동을 전달하는 역할도 담당한다.

밸브계통의 구조

캠 샤프트의 회전으로 인해 밸브가 계폐되어 흡배기가 이루어진다. 기구 전체를 '밸브 시스템(valve system)'이라고도 한다.

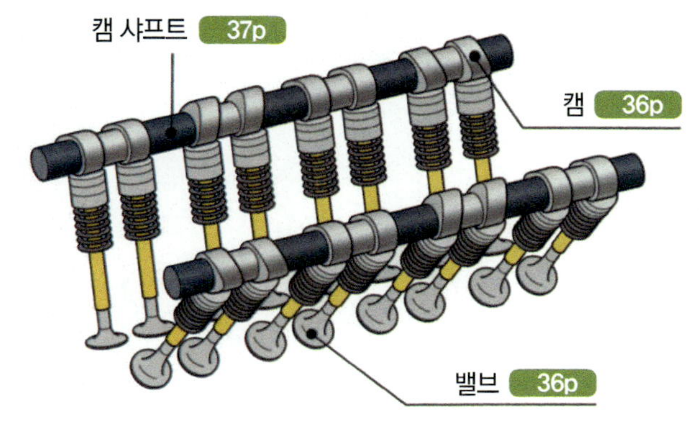

BMW 3시리즈
(6기통 가솔린 리시프로 엔진)

일반적인 엔진의 내부 구조도. 이 그림에는 나타나 있지 않지만, 부품은 모두 실린더 블록(30p) 안에 들어가 있다.

엔진 본체의 바깥쪽은 실린더 헤드 커버로 덮여 있다.

주(主) 작동 계통

동력을 만들어 내는 주 작동 계통은 엔진의 핵심을 이루는 기기(機器)다. 강도를 유지하면서 경량화(輕量化·weight lightening)를 도모하기 위해 부품에는 주철(鑄鐵·cast iron)이나 알루미늄합금이 사용된다.

● 실린더

엔진의 연소는 앞서 설명했듯이 실린더라는 통(筒) 안에서 이루어진다.

자동차 엔진에는 몇 개의 실린더가 있다. 이것들은 모두 '실린더 블록'이라는 하나의 커다란 구조물의 일부분을 구성하고 있다. 실린더 블록은 피스톤이나 크랭크샤프트 등이 장착되어 있는 용기로서 동시에 엔진의 골격을 이루는 구조물이기도 하다.

내벽(內壁·interior wall)은 혼합기의 연소로 인해 아주 고온으로 올라가며, 또한 피스톤의 왕복운동에 의해 마모되기가 쉽다. 이런 가혹한 조건에 견디도록 내벽에는 내구성(耐久性·durability)을 높인 특수한 주철을 사용하려는 연구가 진행되고 있다.

실린더 블록 전체는 주철이나 알루미늄합금 (aluminum alloy) 으로 제조되는 경우가 많다. 실린더 블록 가운데 크랭크샤프트가 있는 하부는 '크랭크 케이스(crankcase)'라고도 부른다. 크랭크 케이스가 실린더 블록과 분리되어 있는 형식도 존재한다.

실린더 블록 위에는 '실린더 헤드'라고 하는 구조물이 장착된다. 이것은 밸브나 캠 샤프트 등과 같은 밸브계통의 부품이 장착되는 용기다. 실린더 헤드 위에는 '실린더 헤드 커버'가 부착된다.

V형(型)6기통 엔진의 실린더 블록. 6개의 둥근 구멍에 각각 피스톤이 들어간다.

실린더 헤드(좌)와 그것을 반대로 뒤집은 것(우). 실린더 헤드는 실린더 블록 위에 장착된다.

● 연소실

직렬 4기통 엔진의 실린더 헤드를 밑에서 본 모습. 둥글게 파인 부분이 연소실.

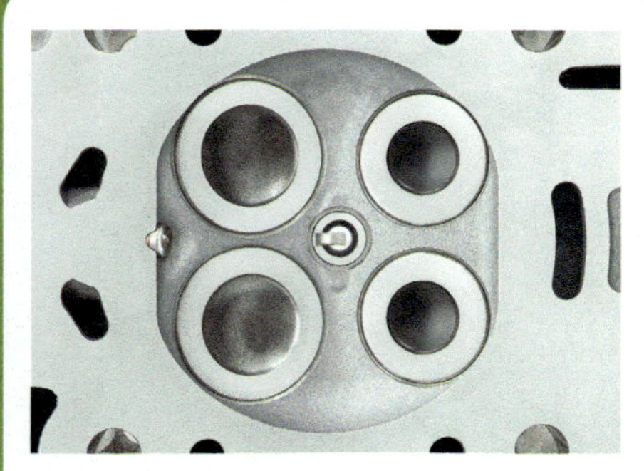

연소실을 확대해서 보면 가운데 작은 구멍을 4개의 큰 구멍이 둘러싸고 있다. 가운데 구멍에는 점화 플러그가, 4개의 구멍에는 2세트의 흡배기 밸브가 설치된다.

실린더 내부에서 피스톤이 정상부(頂上部)에 도달하는 가장 높은 지점을 상사점, 가장 낮은 지점을 하사점이라고 한다. 피스톤이 상사점에 도달했을 때에 남는 공간을 '연소실(燃燒室 · combustion chamber)'이라고 부른다. 또한 피스톤이 하사점에 위치할 때의 실린더 내의 용적을 '실린더 용적(cylinder volume)'이라고 한다.

피스톤이 하사점에서 상사점으로 이동하면 내부의 혼합기는 실린더 용적에서 연소실 용적으로 압축된다. 실린더 용적과 연소실 용적의 비율을 '압축비(壓縮比 · compression ratio)'라고 한다. 실린더 용적에서 연소실 용적을 뺀 수치가 '배기량(排氣量 · displacement volume)'이다.

연소실의 크기나 형상은 실린더 블록과 실린더 헤드의 형상으로 결정된다. 실린더 용적이 똑같다면 연소실이 작을수록 압축비가 높아지고, 생성되는 운동에너지는 더 커진다.

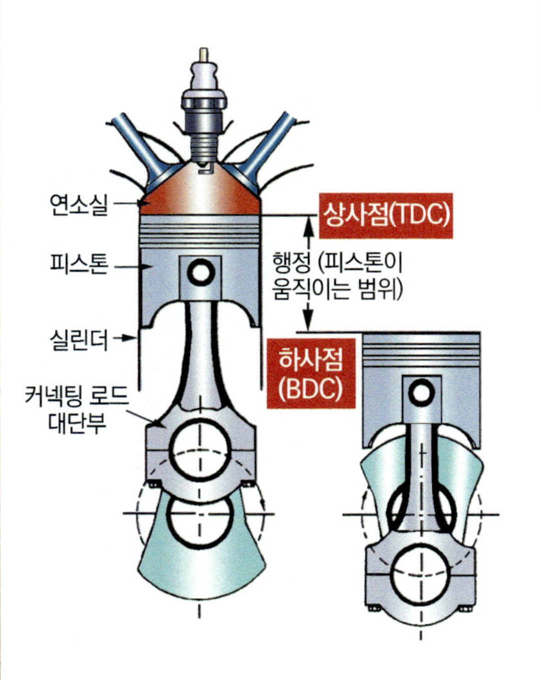

피스톤은 상사점과 하사점 사이를 왕복한다.

표면에는 혼합기의 흐름을 유도하기 위한 요철(凹凸)이 만들어져 있다.

경량화를 위해 내부는 공동(空洞·void·빈 공간)으로 되어 있다.

혼합기의 연소에 따라 실린더 내에서는 열에너지가 만들어진다. 이 열에너지에 의해 왕복운동을 함으로써 동력을 만들어내는 것이 피스톤(piston)이다. 피스톤은 내벽과의 격렬한 마찰로 인한 고온에 견뎌야 하는 강도가 필요하다. 피스톤을 두껍게 하면 강도는 올라가지만 너무 무거워지면 피스톤 자체를 움직이기 위해 에너지가 낭비되고 운동효율이 나빠진다.

가볍고 강한 피스톤을 만들기 위해, 현재는 알루미늄 합금 소재가 많이 사용되고 있다. 또한 피스톤 내부는 경량화를 위해 공동(空洞)으로 되어 있다.

피스톤 주위에는 홈이 나 있는데 여기에는 '피스톤 링(piston ring)'이라는 가느다란 링이 끼워진다. 이 링은 실린더에서 연소가스가 하부로 새지 않도록 하기 위한 것이다. 피스톤 링과 실린더 내벽과의 사이에는 오일이 들어있어 피스톤이 부드럽게 위아래로 움직이도록 되어 있다.

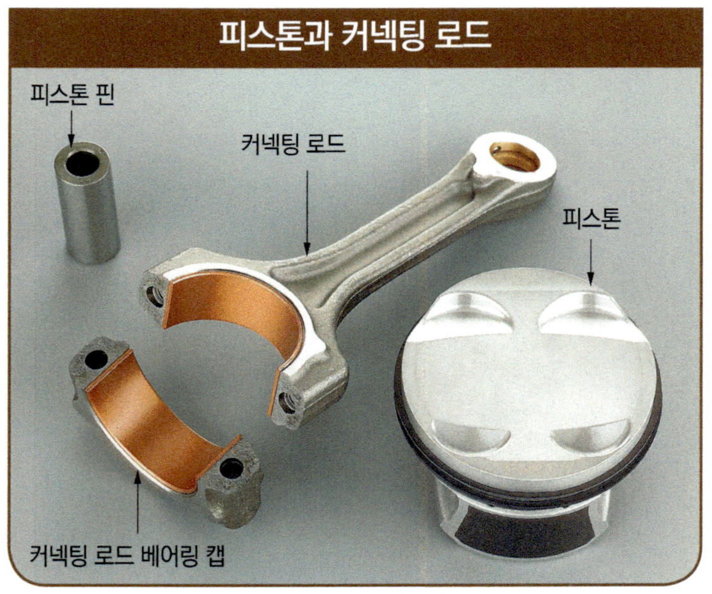

피스톤과 커넥팅로드는 피스톤 핀으로 접속(接續)되어 있다.

● 커넥팅 로드

피스톤과 크랭크샤프트를 이어주는 막대 형
상의 부품이 '커넥팅 로드(connecting rod)'이
다. 커넥팅 로드 양끝에는 구멍이 나 있고 이 구
멍에 핀을 관통시켜 피스톤과 크랭크샤프트와
연결되어 있다.

피스톤과 연결되는 작은 구멍 쪽을 소단부(小端部 · small end), 크랭크샤프트와 연결되는 큰
구멍 쪽을 대단부(大端部 · big end)라고 부른다. 소단부 구멍의 중심에서 대단부 구멍의 중심
까지의 길이가 '커넥팅 로드 길이'다. '커넥팅 로드 길이'가 길면 커넥팅 로드의 좌우의 움직임이
작아지기 때문에 피스톤 핀에 걸리는 부담이 감소한다. 그 대신에 관성력이 강해지고, 또한 커
넥팅 로드 자체의 무게도 증가한다.

이 때문에 피스톤 핀의 강도를 높인 상태에서 커넥팅 로드를 짧게 하는 경우가 많다. 대단부
는 반원형(半圓型) 모양의 부품 2개가 마주보도록 맞추어 볼트로 고정되어 있다. 대단부 안쪽에
는 크랭크샤프트가 원활하게 회전할 수 있도록 원형의 베어링이 들어간다.

커넥팅 로드는 끊임없는 횟수의 운동에 견뎌낼 수 있는 강도가 요구되며, 피스톤 핀과 같은 이
유로 가능한 한 가벼운 것이 바람직하다. 이 조건을 만족시킬 수 있는 소재로는 가볍고 튼튼한
탄소강(炭素鋼 · carbon steel)이나 크롬몰리브덴강(chrome molybden steel) 등이 사용된다.
또한 커넥팅 로드의 로드 부분은 H자형으로 파여 있으며, 이것은 경량화를 실현하기 위한 동시
에 커넥팅 로드 자체에 걸리는 힘을 분산시켜 파손을 방지하려는 의미도 있다.

직렬 4기통 엔진의 크랭크 기구

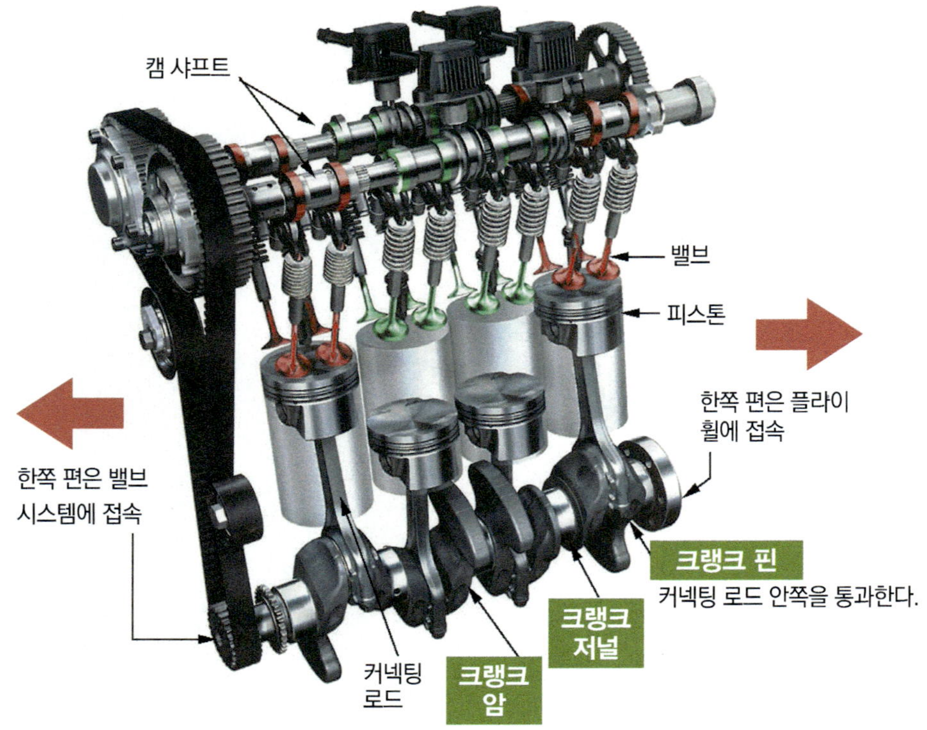

크랭크샤프트는 피스톤과 커넥팅 로드의 왕복운동을 회전운동으로 바꾸는 부품이다. 또한 연소 · 팽창행정 이외의 3행정에서는 반대로 회전운동을 시켜 피스톤을 왕복시키는 역할도 한다. 백화점 행사장 등에서 볼 수 있는 행운권 뽑기 기계 같은 것은 핸들을 돌림으로써 중심축이 회전한다.

크랭크샤프트의 구조도 이것과 똑같다. 핸들에 해당하는 부분이 '크랭크 핀'이고 커넥팅 로드의 대단부와 접속되어 있다. 중심축에 해당하는 부분은 '크랭크 저널'이라고 하며, 크랭크 핀과 크랭크 저널은 '크랭크 암'이라고 불리는 팔(arm)로 연결되어 있다. 크랭크 암은 크랭크 핀과 접속하는 쪽이 반대쪽보다 무겁도록 설계되어 있다.

이것은 회전할 때 중심(重心)의 위치를 중심축(中心軸)에 맞추어 회전에 동반되는 진동을 줄이기 위해서다. 이 무게의 추(錘)를 '밸런스 웨이트(balance weight)'라고 한다.

크랭크 핀과 커넥팅로드 사이에는 회전을 원활하게 하는 베어링이 들어있다. 더불어 크랭크 핀 내부의 유로(油路 · oil groove)를 통해 오일이 흘러들어가 베어링의 마모를 방지한다.

크랭크샤프트의 회전은 플라이휠에 전달되며, 구동력으로서 엔진 외부로 출력된다. 그뿐만 아니라 밸브 시스템 가동이나 배터리의 축전(蓄電) 등 엔진 내부장치를 움직이는 원동력으로도 사용된다.

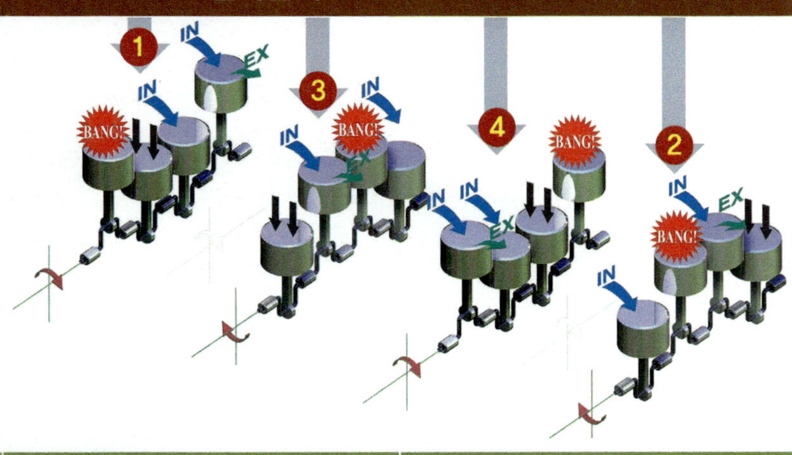

크랭크샤프트의 장착방법에 따라 각 실린더의 연소 타이밍이 결정된다. 그림은 직렬 4기통 엔진의 장착 예. 아래 표의 순서대로 4행정이 진행된다.

		크랭크1회전 째		크랭크2회전 째	
		180°	360°	540°	720°
실린더	1	연소	배기	흡기	압축
	2	배기	흡기	압축	연소
	3	압축	연소	배기	흡기
	4	흡기	압축	연소	배기

● 플라이휠

엔진의 4행정 중에서 운동에너지를 얻을 수 있는 것은 연소·팽창행정뿐이다. 실린더가 하나라면 크랭크샤프트의 회전은 불안정하게 된다. 이 때문에 자동차 엔진에서는 실린더 수를 늘려 회전을 안정시키고 있다고 앞에서 설명했다.

하지만 복수의 기통이 있다하더라도 엔진이 저속회전일 때는 어쩔 수 없이 회전이 불안정하다. 이 불안정함을 없애기 위한 부품이 플라이휠이다. 플라이휠은 금속제품의 원판(圓板)으로 크랭크샤프트와 함께 회전

바깥 둘레의 톱니바퀴는 시동장치(76p)와 접속된다.

플라이휠

운동을 한다. 일단 회전을 시작한 플라이휠에는 관성력이 붙기 때문에 그대로 계속 회전하려고 한다. 그로 인해 회전 속도가 평균화(平均化)됨으로써 안정된 구동력의 출력이 가능하다.

플라이휠은 무거울수록 관성력이 커져 회전이 안정된다. 아울러 회전속도를 바꿀 때의 저항력도 커진다. 이러한 이유로 엔진 작동을 최대한으로 끌어낼 수 있는 적절한 무게가 요구된다. 또한 AT차량(92p)에서는 토크 컨버터가 플라이휠 역할도 겸하고 있다.

밸브 계통

밸브계통이란 밸브의 개폐에 따라 흡·배기를 하는 기구의 총칭이다. 흡·배기 타이밍을 조정해 엔진 성능을 최대한으로 끌어내는 역할을 한다.

밸브와 캠

리시프로 엔진의 실린더에서는 흡기 밸브와 배기 밸브가 교대로 열리고 닫힘으로써 흡·배기가 이루어진다. 이 밸브들의 개폐에 빼놓을 수 없는 부품이 '캠'이다.

캠은 계란 모양을 한 금속부품으로서, 밸브 밑에 배치되어 있다. 캠이 회전해 돌출된 부분이 밸브에 닿으면, 밸브가 아래로 밀리면서 '열림'상태가 된다. 캠이 더 회전하면 밸브는 스프링의 작동에 의해 원래 위치로 돌아가고 '닫힘'상태가 된다.

아래 그림은 가장 심플한 직동방식이다. 이외에도 캠과 밸브 사이에 암이 있는 '로커 암' 방식이나 '스윙 암' 방식 등이 있다. 원리는 양쪽 모두 마찬가지이나 암을 이용해 지점(支点)과 역점(力点)을 둠으로써 더 크게 밸브를 움직일 수 있는 장점이 있다. 나아가 암과 캠 사이에 로드(棒)를 끼워 암에서 먼 장소에 캠을 두는 푸시로드 방식도 있다.

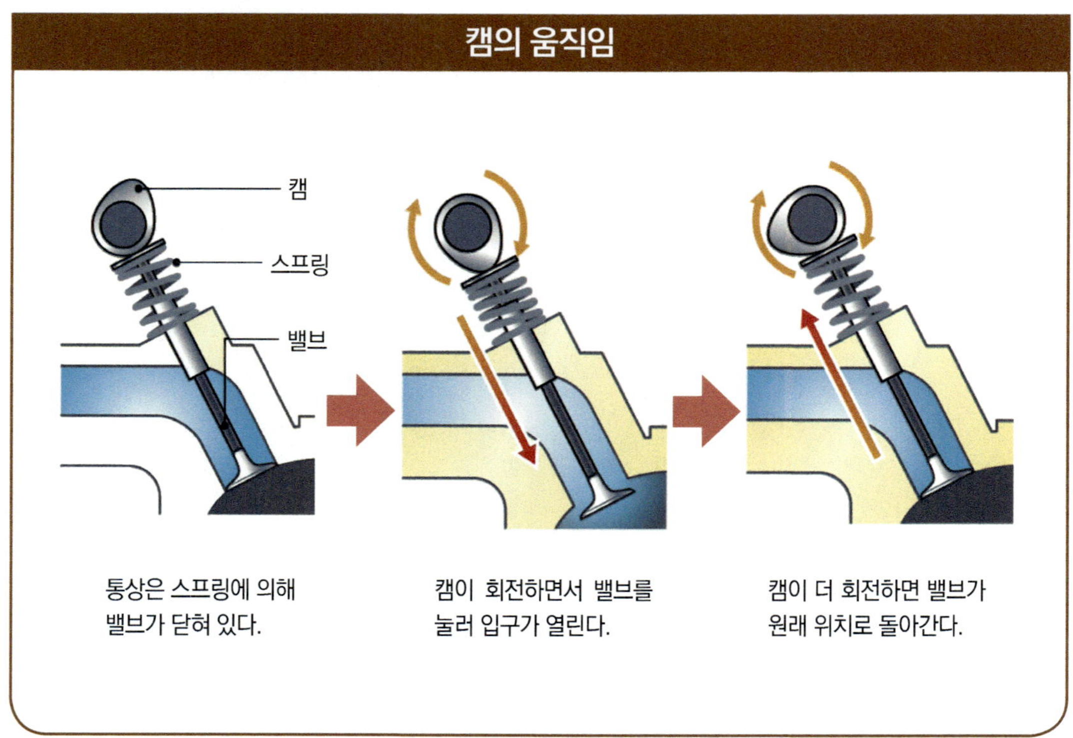
캠의 움직임

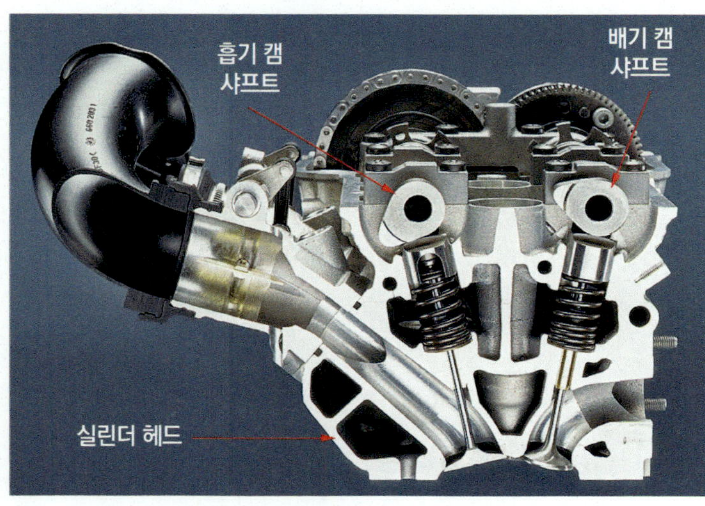

● 캠 샤프트

다기통(多氣筒)인 자동차 엔진 안에는 다수의 캠이 있으며, 이 캠들은 '캠 샤프트'로 연결되어 있다. 캠 샤프트는 캠을 꼬치 꿰듯이 엮어주는 역할이라고 생각하면 된다.

캠 샤프트에 연결된 캠의 방향은 실린더마다 다르게 되어 있다. 이로 인해 개폐하는 타이밍이 어긋나기 때문에 각 실린더의 점화순서가 다르다. 이와 같이, 캠은 크랭크샤프트와 함께 실린더의 점화순서를 결정하는 역할도 담당하고 있다.

캠 샤프트 끝에는 '캠 샤프트 풀리'라는 풀리(滑車 · pulley)가 장착되어 있고 캠 샤프트 풀리는 '타이밍 벨트'라고 하는 벨트를 통해 크랭크샤프트와 연결되어 있다. 피스톤의 왕복운동으로 인해 크랭크샤프트가 회전하면, 자동적으로 캠 샤프트도 회전하여 밸브를 개폐한다.

밸브계통은 엔진 자체의 운동에너지를 이용해 작동하는 것이다. 엔진의 4행정 동안 크랭크샤프트는 2회전하며, 캠 샤프트의 한 번만 회전한다. 그 때문에 전달 도중에 변속이 되어 회전을 2분의 1로 하고 있다. 또한 타이밍 벨트 대신에 체인을 사용하기도 한다.

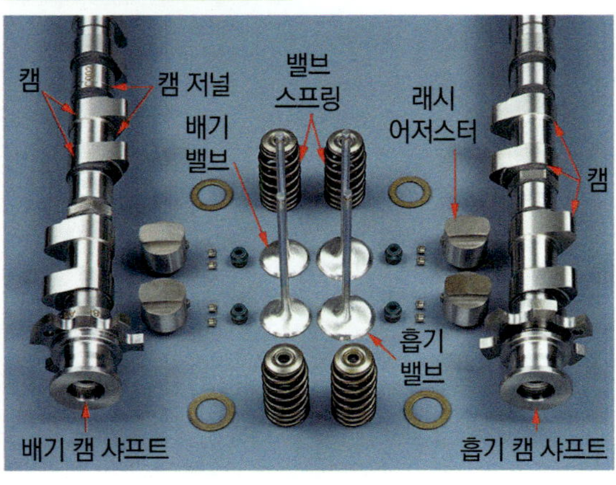

밸브 시스템

    밸브나 캠 샤프트를 엔진의 어디에 몇 개를 배치하느냐는 문제는 엔진 성능과 관련된 중요한 문제다. 이런 밸브계통 전체의 가동방식을 '밸브 시스템'이나 '밸브 메커니즘'이라고 부른다. 밸브 시스템에는 여러 종류가 있으나, 오늘날 자동차에서 주로 사용되고 있는 것은 'SOHC방식'과 'DOHC방식' 2가지 종류다.

    SOHC는 싱글 오버 헤드 캠 샤프트(single over head cam-shaft)의 약어다. 1개의 캠 샤프트가 실린더 위에 배치되어 모든 밸브를 열고 닫는다.

    DOHC는 더블 오버 헤드 캠 샤프트(double over head cam-shaft)의 약어다. '더블'이라는 말 그대로 캠 샤프트를 2개 장착하고 있으면서 각각 흡기 밸브와 배기 밸브의 개폐를 담당한다.

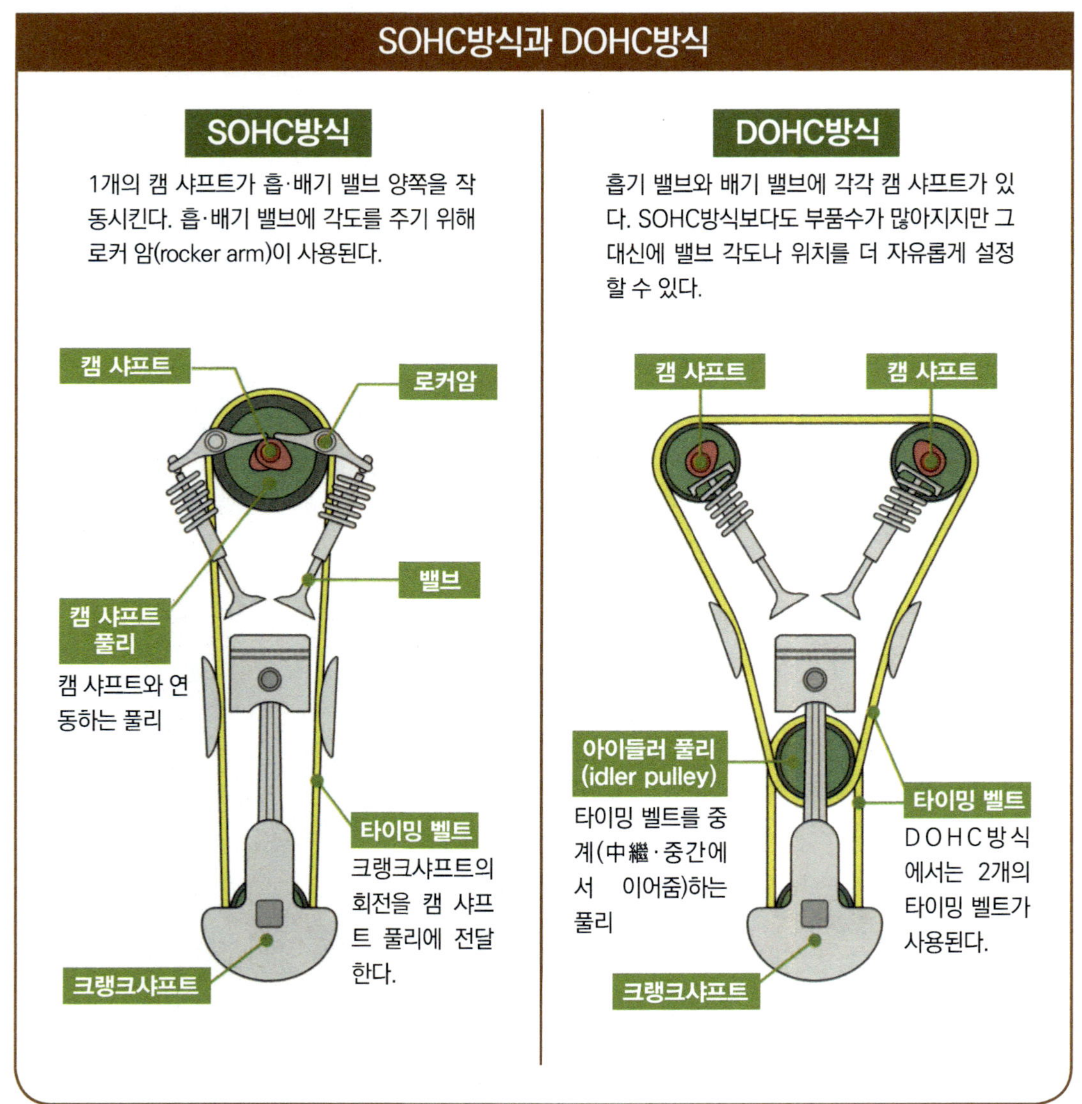

스바루(Subaru) R2 SOHC

직렬 4기통 엔진은 밸브 수가 8개다. 이와 같이 실린더 하나에 밸브 2개가 사용되는 경우는 구조가 심플한 SOHC방식의 채택이 일반적이다.

실린더 하나에 밸브 2개가 배치되어 있다.

스바루(Subaru) R2 DOHC

위와 동일한 직렬 4기통 엔진이지만, 밸브 수는 2배인 16개다. 실린더 하나에 4개의 밸브가 배치되어 있다. 이와 같은 경우에는 DOHC방식이 많이 사용된다.

흡기·배기에 2밸브 씩, 총 4밸브가 장착되어 있다.

밸브 타이밍(valve timing)

엔진의 4행정 가운데 흡기행정에서는 흡기 밸브가 열리고, 배기행정에서는 배기 밸브가 열린다. 그러나 엄밀하게는 밸브 개폐 타이밍이 각각의 행정과 완전하게 일치하는 것은 아니다.

물체의 움직임과 마찬가지로 공기의 움직임에도 관성법칙이 작용한다. 한 곳에 머무르고 있는 공기는 그대로 계속 멈춰 있으려 하고 흐르는 공기는 계속해서 움직이려고 한다. 그 때문에 밸브를 개폐하고 나서 흡배기의 흐름이 바뀔 때까지는 약간의 시간차가 생긴다. 흡배기 흐름을 더 원활하게 하기 위해서는 흡배기 밸브 개폐의 타이밍을 약간 어긋나게 하는 것이 좋다. 이런 사정 때문에 밸브의 개폐 타이밍(밸브 타이밍)은 4행정 시기와 약간 어긋나도록 설정해 두고 있다.

흡기 밸브의 밸브 타이밍에 대해 살펴보자. 흡기행정에서는 피스톤이 상사점에서 하사점으로 이동하는 동안에 가능한 많은 혼합기를 흡입하는 것이 바람직하다. 그러나 흡기 밸브가 열리고 나서 혼합기가 흡입되기까지는 시간차가 있기 때문에 피스톤이 상사점에 도달하고 나서 흡기밸브가 열리면 흡입 기회를 잃어버리게 된다. 이러한 이유로 인해 흡기 밸브는 피스톤이 상사점에 도달하기 전에 미리 열리도록 설정하는 경우가 많다. 또한 피스톤이 하사점에 도달해서 상승으로 전환한 뒤에도 관성에 따라 얼마간은 혼합기가 계속해서 흡입되므로, 흡기 밸브를 닫는 것은 피스톤이 하사점을 지난 다음이 된다.

배기 밸브의 경우도 이것과 마찬가지로 배기행정이 시작되기 조금 전부터 열리고 행정이 끝난 다음에 닫히는 것이 일반적이다. 즉 배기행정의 종반과 흡기행정 초반은 흡배기 밸브 어느 쪽이든 열려있게 된다. 이 상태를 '밸브 오버랩(valve overlap)'이라고 한다.

밸브 오버랩에서는 흡입한 혼합기가 배기와 함께 빠져나갈 것처럼 생각되지만 실제로는 아래 그림 같은 메커니즘 때문에 흡배기 효율이 높아진다.

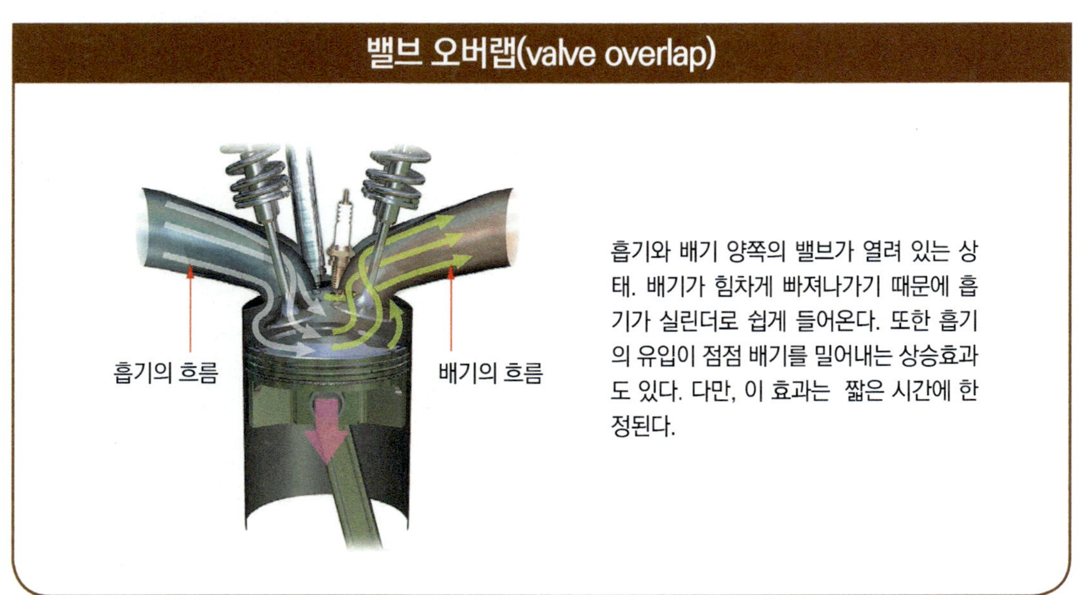

흡기와 배기 양쪽의 밸브가 열려 있는 상태. 배기가 힘차게 빠져나가기 때문에 흡기가 실린더로 쉽게 들어온다. 또한 흡기의 유입이 점점 배기를 밀어내는 상승효과도 있다. 다만, 이 효과는 짧은 시간에 한정된다.

밸브는 아래와 같이 개폐된다.

엔진의 4행정 시간 축(時間 軸)을 원의 1회전으로 나타내면, 밸브의 개폐시기는
아래와 같다. 흡기 밸브와 배기 밸브의 열림시기가 일부에서 겹치게 되고
오버랩 상태가 된다는 것을 알 수 있다.

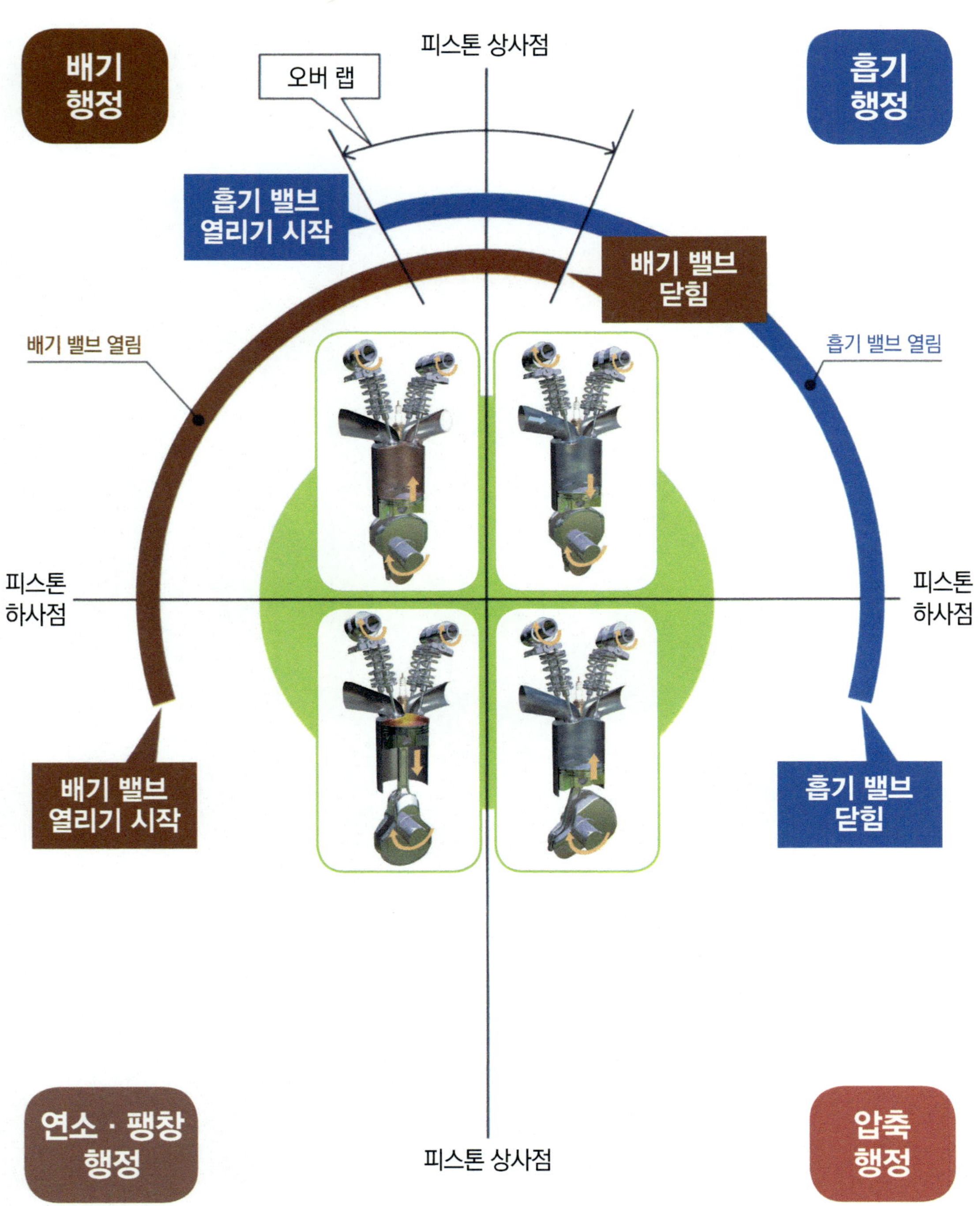

● 가변 밸브 타이밍 기구와 가변 밸브 리프트 기구

　엔진의 고속회전 영역과 저속회전 영역에서는 최적의 밸브 타이밍이 변화된다. 고속회전일 때는 효율적인 밸브 오버랩의 작용이 되도록 오버랩이 긴 것이 좋다. 반면에 저속회전일 때는 밸브가 오버랩 될 때 배기가 흡기포트(intake port) 쪽으로 흘러들어가 흡기효율이 떨어지는 현상이 일어난다. 만약 엔진 상태에 따라 밸브 타이밍을 변화시킬 수 있다면 엔진 효율을 더 높일 수 있다.

　이렇게 해서 만들어진 것이 '가변 밸브 타이밍 기구(variable valve timing mechanism)'다. 다양한 형태로 개발되고 있으며, 기어의 맞물림 상태에 따라 캠 샤프트 전체의 타이밍을 어긋나게 하는 '위상변환 방식', 복수의 캠을 상황에 맞춰 전환하는 '캠 변환 방식'등이 있다.

　또한 이것과는 별도로 밸브가 이동하는 거리를 변화시켜 흡배기 흐름을 조정하는 '가변 밸브 리프트 기구(variable valve lift mechanism)'를 사용하는 차종도 늘어나고 있다.

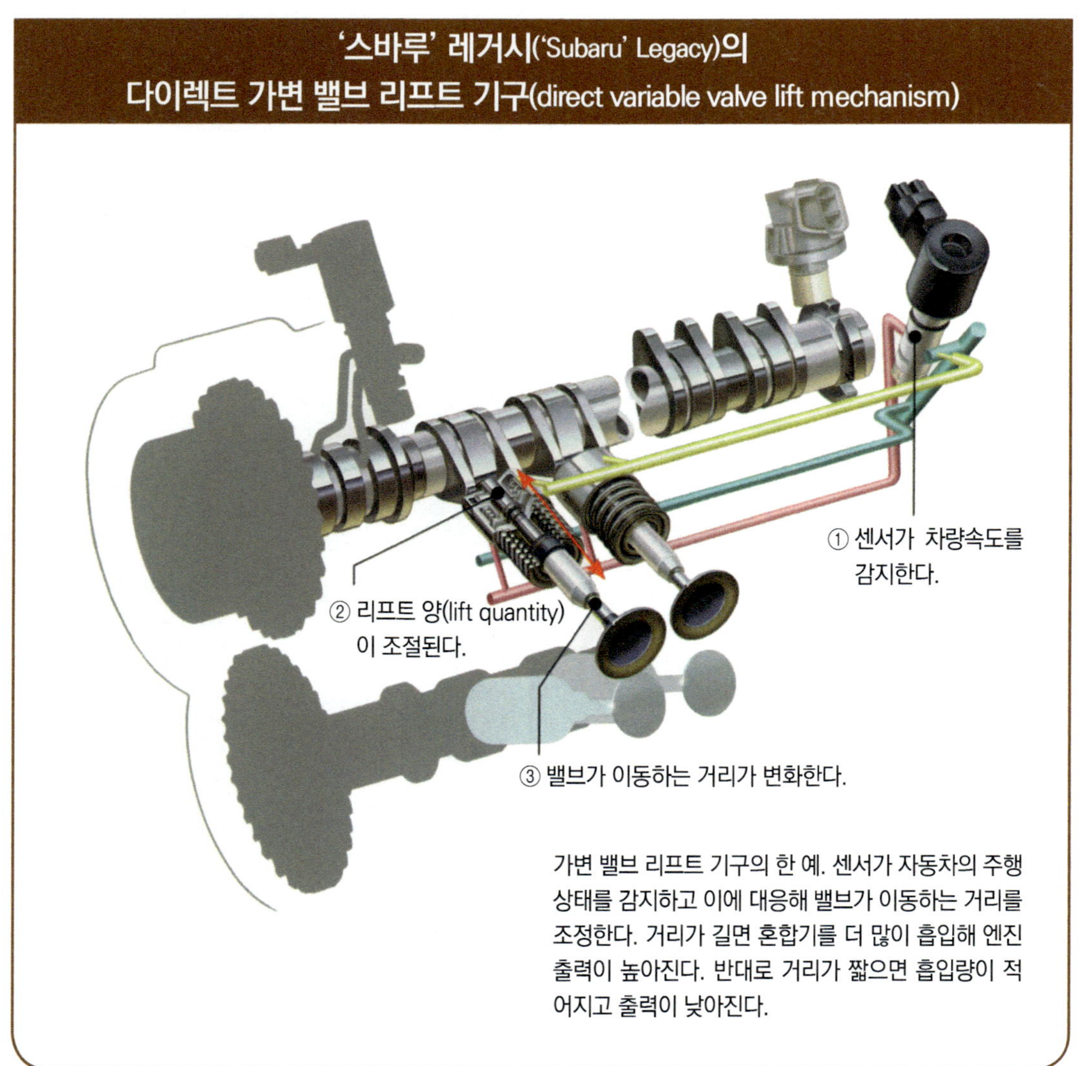

가변 밸브 리프트 기구의 한 예. 센서가 자동차의 주행 상태를 감지하고 이에 대응해 밸브가 이동하는 거리를 조정한다. 거리가 길면 혼합기를 더 많이 흡입해 엔진 출력이 높아진다. 반대로 거리가 짧으면 흡입량이 적어지고 출력이 낮아진다.

CITROËN

http://www.citroen.com
http://www.citroen-kr.com

철을 가공생산하면서 부를 축적한 앙드레 시트로엥은 1919년에 자동차 업계로 진출한다. 2개의 산 모양을 한 엠블럼은 자동차 생산을 시작하기 전에 그가 특허를 딴 더블 헬리컬 기어에서 유래했다고 한다. 그런 시트로엥의 특징은 어쨌든 기술과 디자인 모두 유니크하다는 것이다. 후륜구동이 당연했던 34년에 세계 최초의 전륜구동인 트랙션 아방을 발표. 또한 55년에 등장한 DS는 서스펜션에 오일과 가스를 사용한 하이드로뉴매틱 서스펜션이나 우주선 같은 디자인 등으로 전 세계를 놀라게 했다. 76년에는 푸조에 흡수되었지만, 파츠를 공유하는 등으로 비용을 절감하면서 독자적인 내외장 디자인이나 DS에서 이어받은 유입 서스펜션 등, 유니크한 자동차를 계속적으로 생산해 왔다.

PEUGEOT

http://www.peugeot.com
http://www.epeugeot.co.kr

세계최초의 자동차 양산 메이커인 푸조가 창업한 것은 1810년의 일이다. 제강소로 시작한 푸조는 커피밀이나 공구, 자전거 등을 제조했었는데, 1889년에 증기기관을 얹은 최초의 삼륜차를 발표. 이윽고 가솔린 엔진을 탑재한 승용차 제조에도 착수한다. 1896년에는 알만 푸조가 자동차에 특화된 오토모빌 푸조를 설립해 라인업을 확충해 나가다가 1900년에 연간 500대의 자동차를 생산하게 되었다. 제2차 세계대전 후에는 대중차와 실용차를 주축으로 한 라인업을 갖추며, 뒤에 라이벌이었던 시트로엥 등을 흡수합병하는 등, 기업으로서의 규모도 확대한다. 또한 WRC나 르망24시간 레이스 같은 모터스포츠에도 적극적으로 참가해 많은 우승컵을 들어올린다. 그리고 2015년에는 25년만의 다카르랠리 참가 등, 모터스포츠 현장에서의 건재도 과시하고 있다.

RENAULT

http://www.renault.com

현재 그룹기업 전체를 포함하면 세계 톱클래스의 기업규모를 자랑하는 르노. 그 원점인 르노·프레르사는 젊은 프랑스인 기술자 르노 루이와 형제에 의해 1899년에 설립되었다. 뛰어난 기술력과 획기적인 구동 시스템을 발명해 신뢰를 얻은 르노·프레르사는 확대를 계속해 1900년대 초기에는 프랑스 국내뿐만 아니라 여러 외국으로도 수출길을 열게 된다. 그 역사를 되돌아보면 라인업의 중심을 이루는 것은 소형 대중차지만, 세계 각지의 생산거점이나 그룹산하의 자동차 메이커와의 협력을 통해 수출시장에 적합한 모델을 만들어온 것도 특징이다. 나아가 99년에는 닛산과 얼라이언스를 체결해 플랫폼이나 부품의 공용화 등, 차량개발과 제조에 있어서 장점을 더불어 나누고 있다.

보조기기의 전체 모습

지금부터는 엔진의 작동을 뒷받침하는 보조기계(補助機械) 종류와 그 구조를 살펴본다. 보조기기류는 트렁크 룸(trunk room·정식 명칭은 'trunk lid'임) 안쪽뿐만 아니라 차체 후부에까지 퍼져 있다.

엔진 본체의 작동을 뒷받침하는 보조적인 장치들을 한 마디로 정리해서 「보조기기류」라고 한다. 보조기기류는 엔진 본체가 가동하기 위해서 꼭 있어야 하는 제품으로서 넓은 의미에서는 엔진의 일부로 생각할 수도 있다. 보조기기류는 크게 3가지 그룹으로 나눌 수 있다.

첫 번째는 연료나 공기의 흡입과 배출을 담당하는 장치들이다. 연료장치, 흡기장치, 배기장치가 여기에 속한다.

두 번째는 엔진의 작동을 원활하게 하는 장치로서 윤활장치와 냉각장치 2종류가 있다. 세 번째가 전기 계통에 속하는 장치들로서 충전장치, 시동장치 및 점화장치가 여기에 해당한다. 이 장에서는 각 장치의 역할에 대해 자세히 살펴보겠다.

⑤ **냉각장치(冷却裝置·cooling device ·cooling system)**

72p~

엔진이 과열되지 않도록 물이나 공기의 힘으로 냉각하는 장치.

⑥**충전장치(充電裝置·charging system), 시동장치(始動裝置·starting system)**

76p~

엔진 가동 중에 전력을 모아두는 장치(충전장치)와 그 전력을 사용해 엔진을 시동시키는 장치(시동장치).

① 연료장치
(燃料裝置·fuel system)　46p~

연료를 탱크에 저장해 두었다가 적절한 타이밍에 엔진으로 공급하는 장치.

② 흡기장치
(吸氣裝置·intake system)　56p~

연료의 연소를 위해 필요한 공기를 흡입해 엔진까지 공급하는 장치.

③ 배기장치
(排氣裝置·exhaust system)　62p~

연소를 끝마친 배기를 정화한 상태에서 차량 밖으로 내보내는 장치.

④ 윤활장치
(潤滑裝置·lubricating device)　68p~

엔진 부품의 작동을 원활하게 하기 위해 오일을 순환시키는 장치.

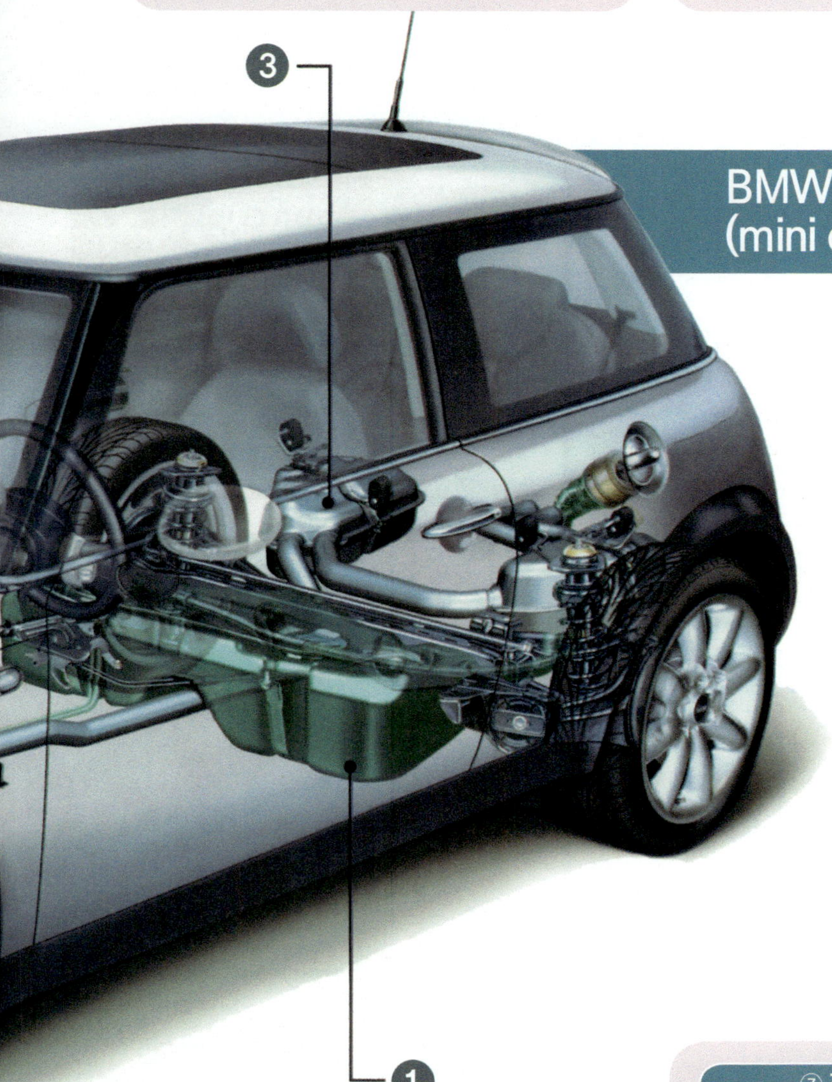

⑦ 점화장치
(點火裝置·ignition system)　80p~

혼합기를 연소시키기 위해 전력을 사용해 착화(着火)시키는 장치.

연료장치

연료를 엔진에 공급하는 장치를 통틀어 연료장치라고 부른다. 오늘날의 자동차는 컴퓨터 제어를 통해 연료의 공급량을 조정함으로써 연비개선을 도모하고 있다.

연료장치의 구조

연료장치는 연료를 저장하는 연료 탱크, 연료를 엔진으로 공급하는 연료 펌프 및 인젝터(injector) 등 공급장치(供給裝置·feeder)로 구성된다. 이 가운데 공급장치를 가리켜 '퓨얼 딜리버리(fuel delivery)'로 부르는 경우도 있다.

연료는 액체 상태로 연료 탱크에 저장되어 있다가 공급할 때는 안개처럼 미세한 입자로 바뀌어 엔진으로 보내진다. 이것은 안개상태로 만들면 연료가 공기에 닿는 면적이 커지고 쉽게 타기 때문이다.

이 행정을 '무화(霧化·atomization)'라고 한다. 예전에는 기화기(氣化器·carburetor)라고 하는 장치로 무화가 이루어졌지만 현재 자동차에서는 인젝터를 사용하는 방식이 주류를 이루고 있다.

탱크에 저장된 연료는 먼저 연료 펌프로부터 압력을 받는다. 다음으로 이물질을 제거하는 연료 필터를 통과해 인젝터로 향한다. 연료 펌프와 연료 필터는 연료 탱크 안에 배치되는 경우가 일반적이다. 인젝터는 실린더마다 하나씩 장착되어 있으며, 여기서 연료를 무화시켜 분사한다.

안개상태가 된 연료는 공기와 뒤섞여 혼합기가 되어 실린더 안으로 들어간다. 연료 탱크 안에는 가솔린에서 증발한 탄화수소 가스가 가득차 있다. 이런 가스는 차콜 캐니스터(charcoal canister)를 통해 흡기계통으로 보내진다. 이 구조에 대해서는 67p에서 소개하고 있다.

연료 탱크에 저장되어 있는 연료는 탱크 안의 연료펌프로부터 압력을 받아 파이프를 통해 인젝터로 보내진다. 이것과 병행해 탱크 안의 유해한 탄화수소 가스를 차콜 캐니스터로 보내는 파이프도 장착되어 있다.

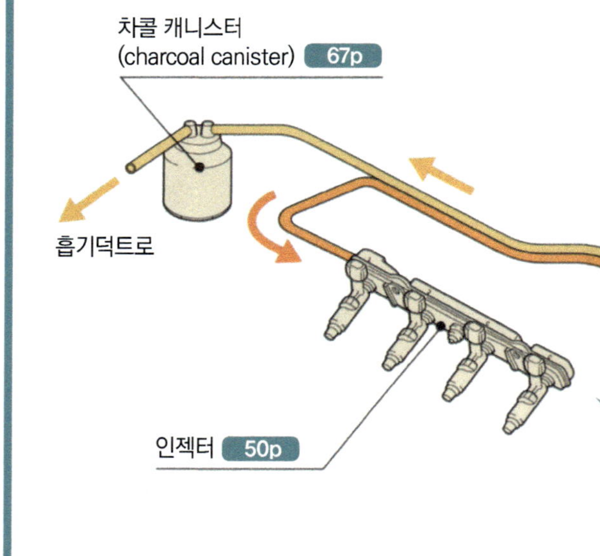

연료장치의 위치

연료 탱크는 충돌 상황에서의 안전을 위해 차체 후방에 배치하는 것이 일반적이다. 연료 펌프는 연료 탱크 안에 들어가 있으며, 인젝터는 엔진 안에 위치한다.

연료 탱크

연료 펌프	49p
연료 필터	49p
압력 레귤레이터	49p

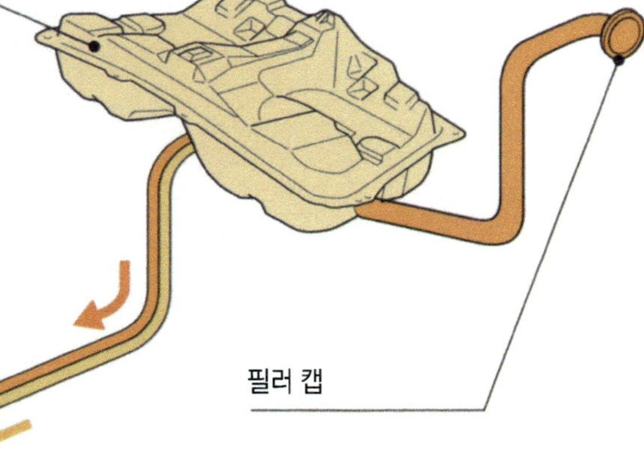

컴퓨터 제어　52p

인젝터는 컴퓨터에 의해 제어되면서 시동, 가속 등의 상황에 따라 최적의 연료를 분사한다. 우측 사진은 BMW V12 엔진의 다이렉트 인젝션 시스템(direct injection system·筒內噴射方式).

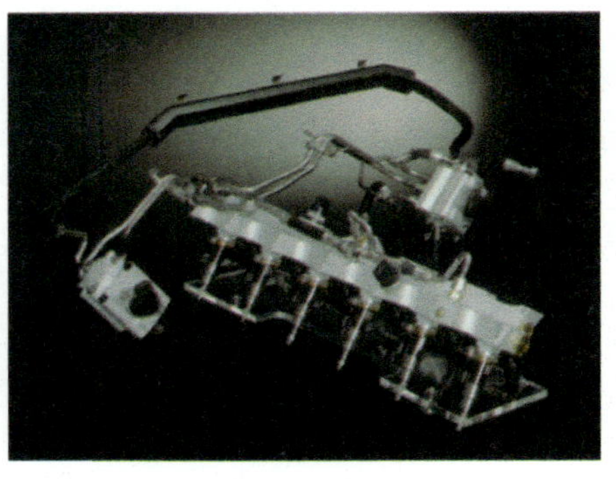

● 연료의 흐름

연료 탱크에서 인젝터로 가는 경로를 '피드(feed)계' 또는 '퓨얼 피드(fuel feed)'라고 한다. 연료가 지나가는 파이프는 방청처리(防錆處理·rust-proofing)를 한 강관이 사용되는데 배치장소에 따라 고무제품이 사용되는 경우도 있다.

인젝터가 올바로 작동하기 위해서는 공급되는 연료의 압력이 일정해야 한다. 연료 펌프는 항상 일정량의 연료를 압송하고 있으며, 인젝터에서 사용되는 연료량은 주행상황에 맞춰 변화하기 때문에 연료공급 도중에 공급의 지체로 압력이 높아질 위험이 있다. 이 때문에 '압력 레귤레이터'라고 하는 장치로 압력을 일정하게 유지하며, 여분의 연료는 다시 탱크로 돌아가게 하는 경로가 설계·제작되어 있다. 이 경로를 '리턴(return)계' 또는 '퓨얼 리턴(fuel return)이라고 한다.

리턴계를 설치하면 파이프가 2배가 필요하고 엔진의 열로 인해 따뜻해진 연료가 리턴계에서 기포를 발생시키는 경우가 있다. 이 때문에 압력 레귤레이터(pressure regulator)를 연료 탱크 안에 배치함으로써 리턴계를 없애는 경우도 있다.

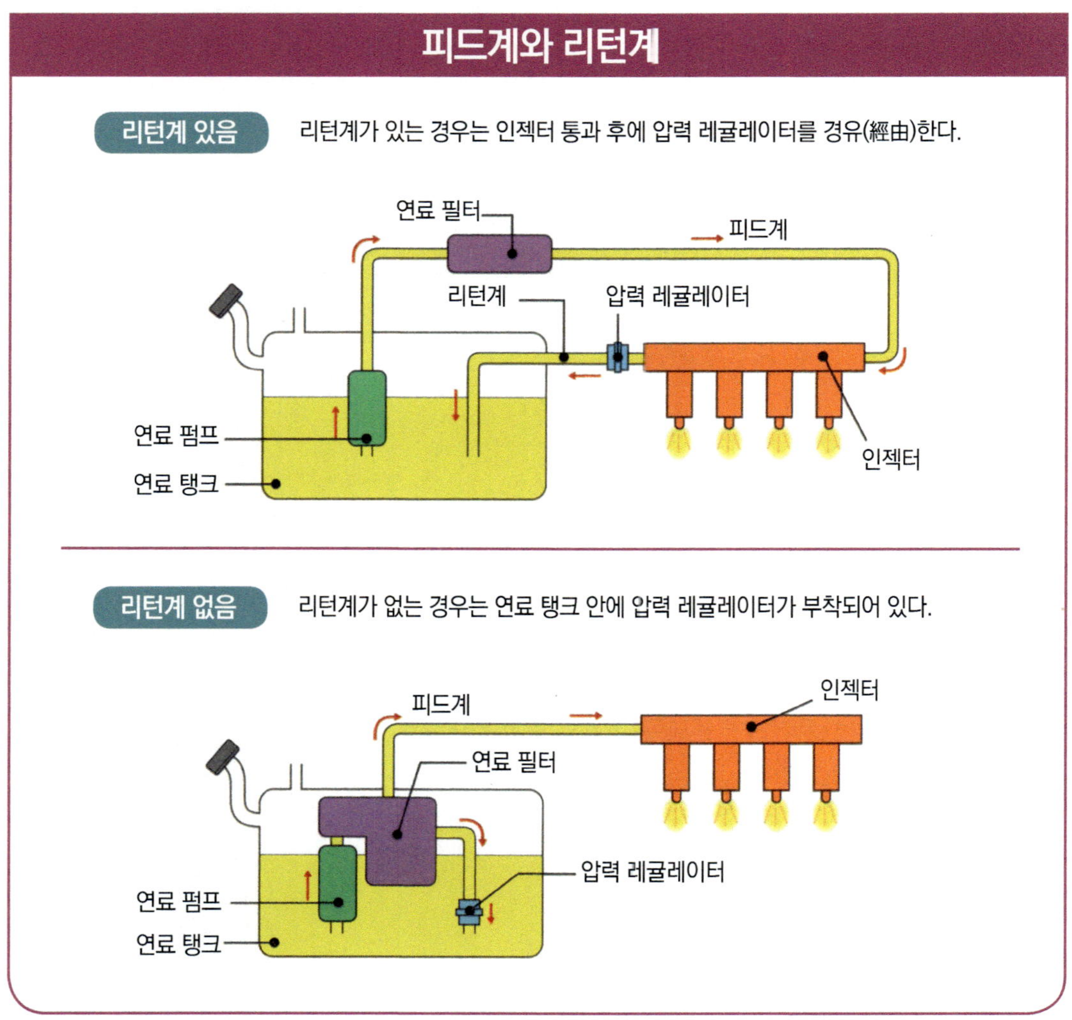

● 연료 펌프(fuel pump)

연료 펌프는 연료에 압력을 가해 연료 탱크에서 인젝터로 밀어내는 기구다. 몇 종류가 있으나 현재는 전기 터빈 방식의 연료 펌프가 가장 일반적이다. 터빈식 펌프에는 임펠러(im-peller)라고 하는 날개 바퀴가 달려 있어 모터의 작용으로 임펠러가 회전해 연료를 보내는 구조로 되어 있다.

● 연료 필터(fuel filter)

연료 안에 금속찌꺼기 등과 같은 이물질이 섞여 있을 경우 그대로 인젝터로 가면 고장의 원인이 된다. 이런 이물질을 중간에서 여과(濾過 · filtra-tion · 거름 종이나 여과기를 써서 액체 속에 들어 있는 침전물이나 입자를 걸러 내는 일)하는 기구가 연료 필터다. 필터 내부에는 아코디언의 주름처럼 생긴 주름진 여과재(濾過材 · filter medium)가 들어 있어서 연료에 섞인 이물질을 걸러준다.

● 압력 레귤레이터(pressure regulator)

압력 레귤레이터는 연료의 압력을 일정하게 유지하는 역할을 한다. 일반적으로 리턴계로 통하는 밸브가 닫혀있지만 압력이 한계를 넘어 강해지면 밸브가 열리면서 여분의 연료를 리턴계로 방출한다. 리턴계가 없는 경우는 연료 탱크 안에 설치되는데, 기본적인 구조는 동일하다.

● 인젝터(injector)

　인젝터란 컴퓨터 제어로 작동하는 분사 노즐을 말한다. 인젝터를 이용한 분사장치를 '인젝터 시스템(injector system)'이라고 한다. 인젝터는 솔레노이드 코일(solenoid coil)이라는 권선(捲 線·winding wire)에 전기가 흘렀을 때만 끝부분에 있는 분사공이 열리는 구조로 되어 있다. 인 젝터 내부에는 플런저 코어(plunger core)라고 하는 금속이 배치되어 있어 솔레노이드 코일에 전기가 통하면 자력에 의해 플런저 코어가 당겨진다. 이렇게 전기가 통하는 동안에만 노즐 구멍 이 열리는 구조인 것이다. 연료 분사량은 노즐의 분사공(噴射孔·spray hole·injector orifice) 크기가 아니라 열리는 시간으로 제어된다. 인젝터에는 포트 분사식(port injection) 과 직접분사 식(gasoline direct injection type) 2종류가 있으며, 각각 분사가 이루어지는 위치가 다르다. 포

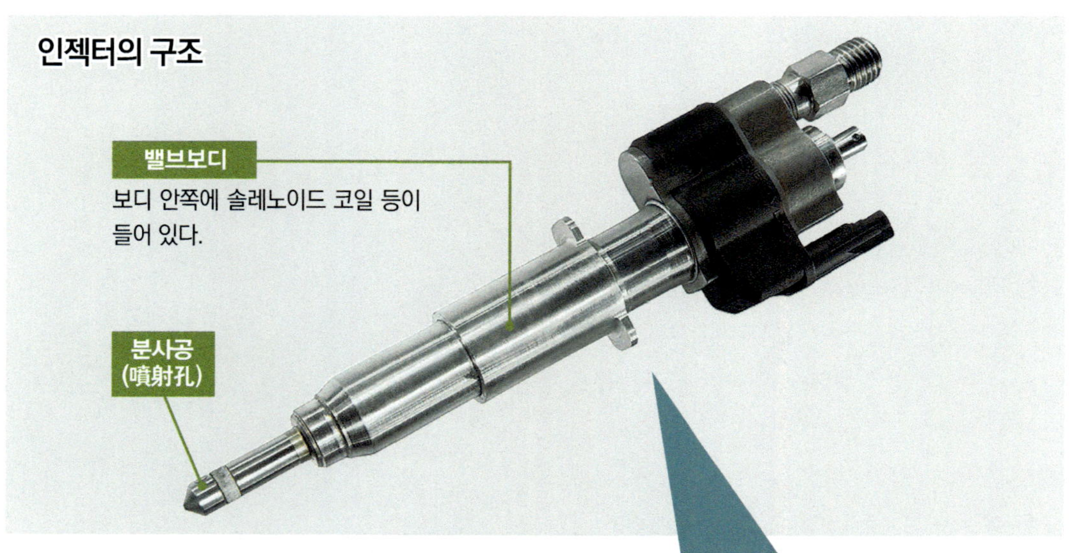

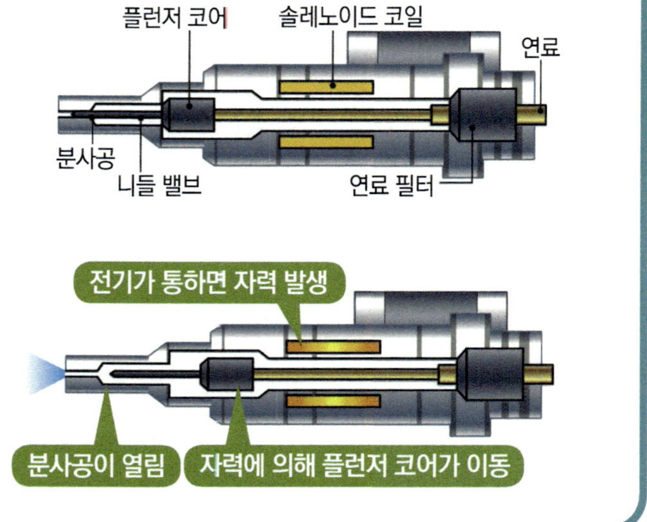

트 분사식은 각 실린더의 흡기포트(흡기가 지나는 길)에 인젝터가 배치되어 연료가 분사된다. 연료는 공기와 적절하게 뒤섞여 실린더로 보내지기 때문에 연소실에는 균질의 혼합기로 채워진다. 이것은 연소효율을 높이는데 알맞은 방법이다. 때문에 인젝션 시스템이 가장 일반적이다. 한편 직접분사식은 흡기포트가 아니라, 실린더 안에서 직접분사가 이루어진다.

뒤에서 설명하게 될 초(超)희박연소 엔진이나 디젤엔진에서 이 방식이 사용된다. 직접분사식은 포트 분사식보다 강한 압력으로 분사할 필요가 있기 때문에 통상적인 연료 펌프를 보완하여 고압 연료 펌프를 사용해 압력을 가한다.

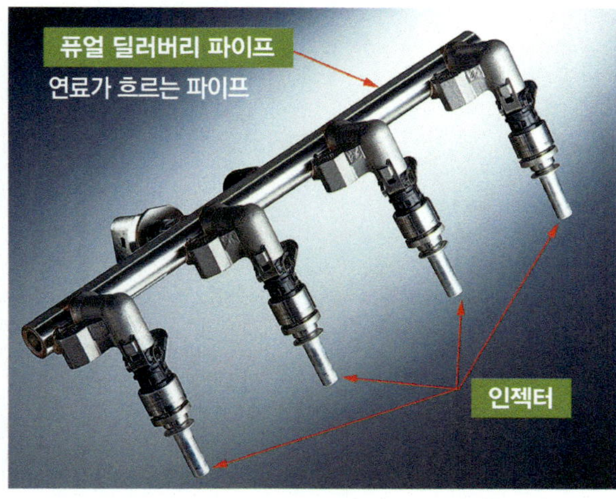

인젝터의 주변

포트 분사식과 직접분사식

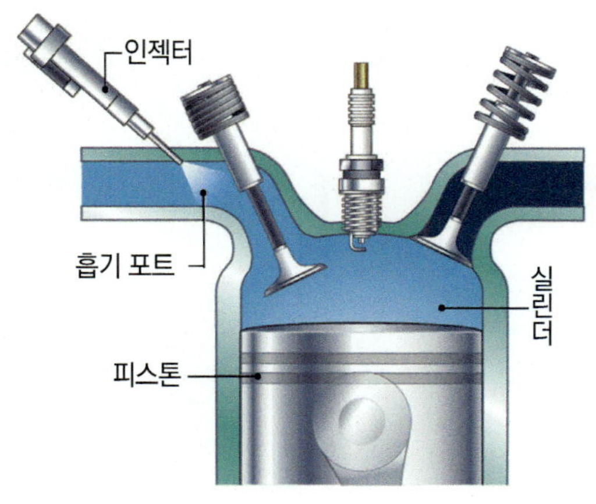

포트 분사식

흡기포트로 연료가 분사되는 방식. 연료와 공기가 균질해진 상태로 실린더에 보내지기 때문에 연소효율이 좋다. 종래의 가솔린 엔진 자동차는 대부분이 이 방식이었다.

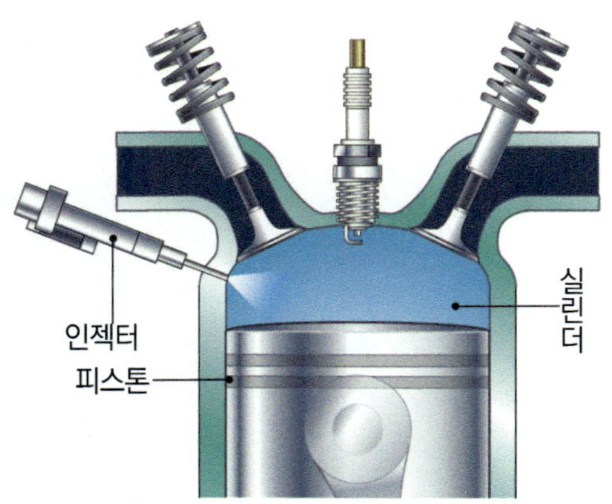

직접분사식

실린더 안으로 연료가 분사되는 방식. 혼합기가 균질해지지 않고 연료가 짙은 부분과 얇은 부분이 생긴다. 점화플러그 주위로만 짙은 연료 층을 만들어냄으로써 적은 연료로 연소시킬 수 있다.

컴퓨터 제어

여러 센서를 통해 엔진 각 부분의 상황이 전기 신호로 바뀌어 그 정보가 ECU(Electronic Control Unit)라고 하는 엔진 컨트롤의 중추부분으로 모아지면 여기서 나온 지령을 토대로 액추에이터(actuator)라고 불리는 기계요소가 물리량을 만들어내는 것이 기본적인 엔진 컴퓨터 제어의 구조다. 그렇게 해서 인젝터(50p)의 가솔린 분사량(분사시간)을 결정하는 것이 그 역할이다.

제어를 위한 기본적인 정보는 여러 센서에 의해 모아진다. 여러 센서는 인간에 비유하면 감각기관에 해당하며, 자동차의 물리량을 정확하게 검출하고 그것을 ECU를 사용하여 전기 신호로 전달한다. 예를 들면 연료 분사 제어에 관한 기본적인 정보는 흡기량이다. 이것은 공기유량계(空氣流量計 · airflow meter)라 불리는 센서로 검출되며, 또한 온도 검출에는 온도 센서가 사용된다.

다음으로 ECU는 여러 센서로부터 획득한 입력 신호를 통해 정해진 수순에 따라 산술 연산(「+−×÷」사측 연산), 논리 연산(2진법을 사용해 계산한다. AND연산, OR연산 등)을 하고 그 결과를 액추에이터로 전달한다. 사람으로 치면 뇌에 해당하는 부분이라 할 수 있다.

그리고 ECU에서 출력된 전기 신호를 기계계통의 움직임으로 바꿔 작동하는 장치가 액추에이터라 불리는 것으로서 인간의 수족에 해당한다. 예를 들면, 엔진 시동이나 제어 밸브의 개폐를 위해 사용하는 모터나 전기 신호를 직선운동으로 바꾸는 솔레노이드 등이 대표적인 액추에이터다. 이렇게 해서 엔진의 가솔린 분사량이 정해진다.

연료분사제어 맵

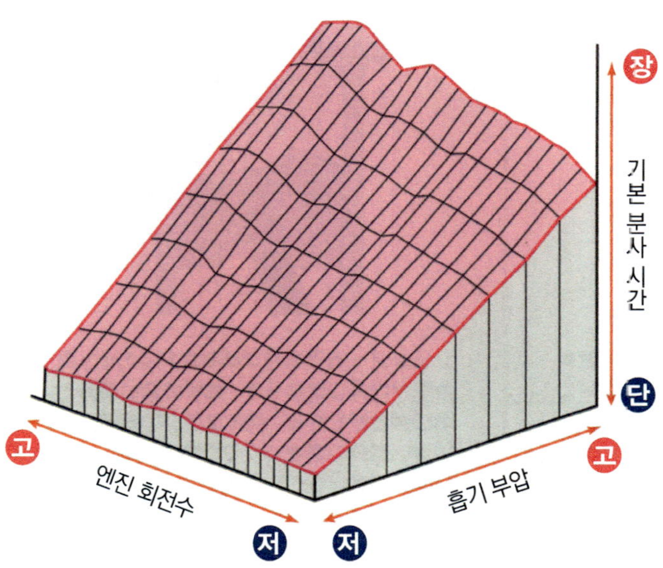

엔진의 기본 분사 시간, 흡기 부압, 회전수를 3D 맵으로 바꾼 것이다. 이 적합치는 적합실험에 의해 결정되며, 각각의 엔진에 따라 다르다. 이것을 ECU에 기억시키고, 이 정보를 토대로 연료 분사량이 결정된다.

엔진 제어 시스템

각종 센서

에어플로 미터
흡입 공기량을 검출.

크랭크 포지션 센서
크랭크샤프트의 회전 각도를 검출.

액셀러레이터 포지션 센서
액셀러레이터를 밟는 힘(踏力)의 정도를 검출.

O₂ 센서
배기 중의 산소 농도를 검출해 이론 공연비대로 연소가 이루어지는지 감지.

수온 센서
냉각장치 안의 냉각액 온도를 검출.

탱크 내압 센서
연료 배관계의 압력을 검출.

캠 포지션 센서
엔진 밸브를 개폐하는 캠 샤프트가 지금 어느 위치에 있는지 검출하는 센서.

노킹 센서
노킹(엔진 혼합기가 원래 착화시기보다 빨리 연소해 이상 진동이 일어나는 현상)을 감지.

흡기압 센서
흡기관 내의 흡기압을 측정.

스로틀 포지션 센서
액셀러레이터 페달의 밟는 양(스로틀 열림 정도)을 검출하는 센서.

각각의 센서가 자동차 부품의 여러 가지 물리량을 측정한 다음 전기량으로 변환해 ECU로 출력.

ECU

각종 센서로부터 입력된 입력 신호를 연산이 가능한 전기신호로 변환하고, 그것을 토대로 이론 연산 등을 한 다음, 그 결과를 액추에이터 작동신호로 변환해 출력한다.

ECU에 의해 처리된 전기 신호를 액추에이터로 출력한다.

액추에이터

ECU로부터 받은 전기 신호를 엔진 각 부분을 움직이기 위한 정보로 변환하여 다양한 액추에이터가 작동함으로써 최종적인 엔진의 가솔린 분사량이 결정된다.

공연비

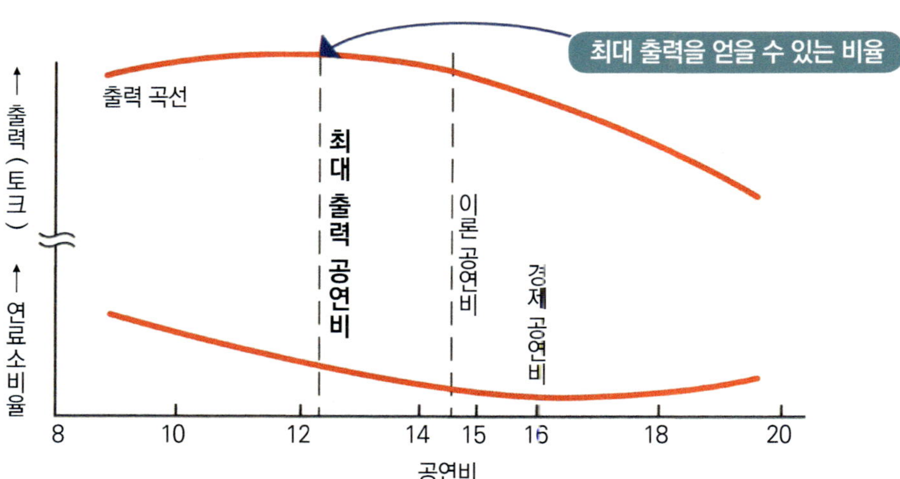

    엔진의 연소행정에서는 무화된 연료와 공기가 뒤섞여 혼합기가 된다. 혼합기에서 공기와 연료의 중량비율을 공연비(空燃比)라고 부른다. 이 비율은 엔진에 흡입되는 혼합기 속의 공기 중량을 연료 중량으로 나눈 수치로 표시된다.

    엔진 안에서 연료를 태울 때는 산소가 필요하다. 산소량이 바뀌면 그에 따라 타들어가는 속도나 연소 온도도 바뀐다. 따라서 공기와 연료비율을 어느 정도로 설정하느냐에 따라 엔진 성능도 크게 바뀌게 된다.

    레귤러 가솔린(regular gasoline · 보통 휘발유)이 연소하는데 가장 효율이 좋은 공연비는 14.8 : 1로서 이 비율을 '이론 공연비(理論空燃比 · theoretical air−fuel ratio)'라고 한다. 다만 이것은 이론상의 수치로서 실제로는 12~13 : 1 부근에서 가장 엔진 출력이 올라간다고 알려져 있다. 이 비율을 '최대 출력 공연비(最大出力空燃比 · max. output air fuel ratio)'라고 부른다.

    최대 출력 공연비보다 연료비율이 커지면 산소가 부족해지기 때문에 불완전 연소를 일으키기 쉽다. 더불어 연료소비도 많아지기 때문에 이 비율로 연소를 하는 장점이 전혀 없다. 이와는 반대로 최대 출력 공연비보다 연료비율이 낮은 경우는 출력이 떨어지긴 하지만 동시에 연료 소비도 줄어든다는 장점이 있다. 이 때문에 현재 자동차에서는 컴퓨터 제어로 인젝터의 연료 분사량을 조정해 큰 출력을 필요로 하지 않을 때는 공기비율을 높여 연비를 좋게 하고 있다. 연료 소비율이 가장 낮은 것은 16~18 : 1 부근으로 이것을 '경제 공연비(經濟空燃比 · economical airfuel ratio)'라고 한다.

    가솔린 엔진으로 안정되게 주행할 수 있는 공연비는 10~17 : 1 정도로 판단되며, 실제로 엔진이 요구하는 공연비는 냉각수 온도나 주행상태 등에 따라 달라진다. 또한 최근에는 연비 절약의 수단으로 뒤에서 설명할 희박연소(린번(lean−burn))나 초(super)희박연소(ultra lean−burn)처럼 연료가 매우 옅은 상태에서 연소를 하는 경우도 있다.

스월 소용돌이와 텀블 소용돌이

스월 소용돌이 (swirl vortex)

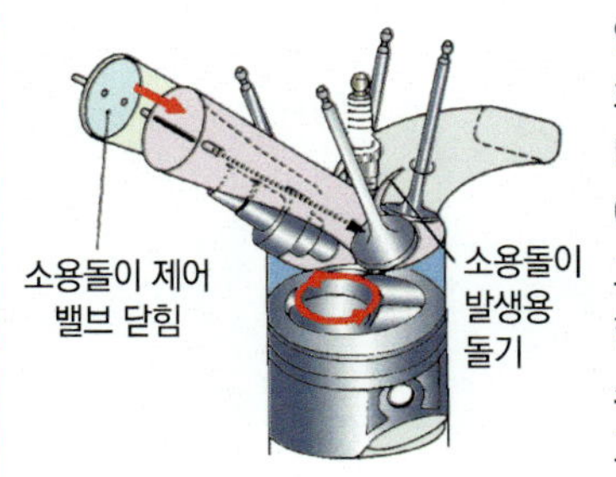

연료의 원활한 기화를 위한 실린더 안의 공기흐름에 연구도 집중되고 있다. 가로 방향의 소용돌이를 스월 소용돌이라고 한다.

텀블 소용돌이 (tumble vortex)

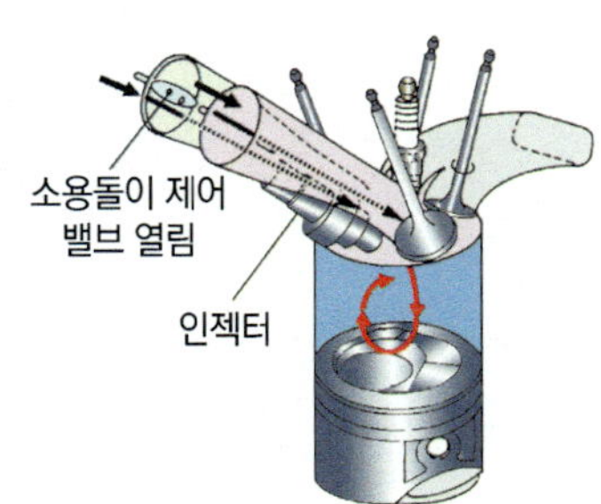

세로 방향의 소용돌이를 텀블 소용돌이라고 한다. 피스톤의 정점 부분에 패인 곳을 만들어 공기가 세로 방향으로 순회하도록 한다.

● 희박 연소와 초(超)희박 연소

'희박 연소'란 공연비가 20~25 : 1 상태에서의 연소를 가리킨다. 원래 이 정도로 연료가 옅으면 충분한 연소를 할 수 없다. 그러나 흡기포트나 피스톤 형상을 개선하고 공기흐름을 빨리 해 연료의 기화를 촉진시킴으로써 연소가 가능하다. 희박 연소에서는 대량의 흡기가 필요해 스로틀 밸브가 크게 열리기 때문에 흡기 흐름이 원활해진다. 이 효과로 연비가 더욱 향상된다.

아울러 공연비가 40~50 : 1이라고 하는 매우 옅은 연료상태로 연소가 되는 것을 '초희박 연소'라고 한다. 이것을 가능하게 한 것은 51p에서 해설한 직접분사식 인젝터다. 초희박 연소에서는 점화플러그 부근에 연료를 분사해 한정된 범위의 연료 농도를 높이는 '성층 연소'라고 하는 방법이 사용된다. 이로 인해 종래는 생각하지 못했던 소량의 연료만으로도 연소를 할 수 있게 되었다.

한편, 희박 연소나 초희박 연소를 사용하는 엔진이라도 통상적인 연소는 가능하므로 주행 상황에 맞춰 구분해서 사용한다.

균질 연소와 성층 연소

균질 연소(均質燃燒· constant volume combustion)

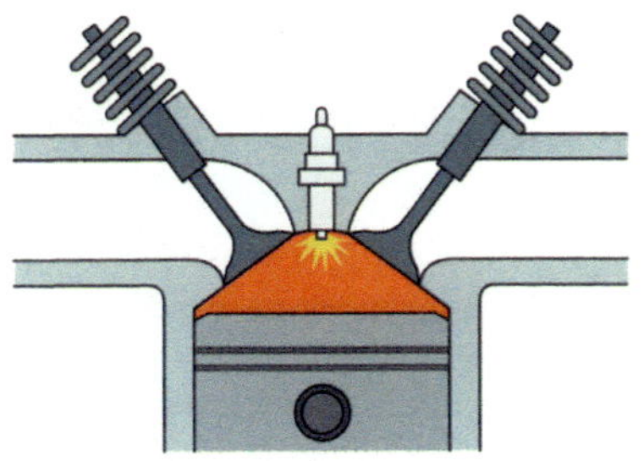

통상적인 연소는 연소실 안의 공연비가 어디든 균질하다.

성층 연소(成層燃燒· stratified charge combustion)

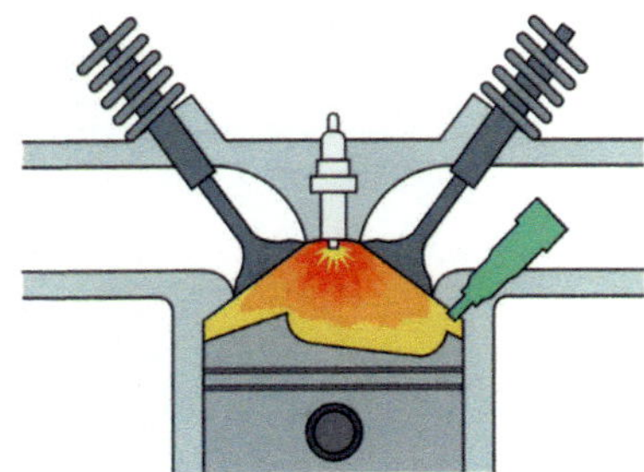

성층연소는 점화플러그 주변에서만 연료 농도가 진하다.

흡기장치

연료가 타기 위해서는 산소가 필요하다. 흡기장치는 엔진에 공기를 공급하고, 심지어 공급량으로 엔진 출력을 조정하는 역할도 한다.

흡기장치의 구조

　흡기장치는 엔진에 공기를 보내는 기구다. 공기를 정화하는 에어클리너, 흡기량을 조정하는 스로틀 밸브 및 각 실린더에 배분하는 흡기 매니폴드 등으로 구성되며, 모든 것이 흡기 덕트라고 하는 파이프로 연결되어 있다.

　공기를 빨아들이려면 '흡입 부압(吸入負壓 · suction pressure)'이라는 힘이 이용된다. 실린더 안에서 피스톤이 하강하면 실린더 용적이 커지기 때문에 기압이 내려간다. 공기는 기압이 높은 곳에서 낮은 곳으로 흐르기 때문에 실린더로 공기가 빨려 들어간다. 이것이 흡입 부압이다.

　효율적으로 빨아들이려면 중간에서 공기 저항을 줄이는 것이 중요하다. 그 때문에 흡기 덕트 형상에도 연구를 하고 있다.

V형(型) 엔진과 흡기장치
(BMW V10 엔진)

흡기장치

엔진으로 공기를 보내는 파이프 (흡기 매니폴드).

흡기장치의 위치

흡기장치 중에서 흡기 매니폴드와
서지탱크는 엔진과 일체화되어 있
다. 흡기 덕트는 엔진 앞부분에 배
치되는 경우가 많다.

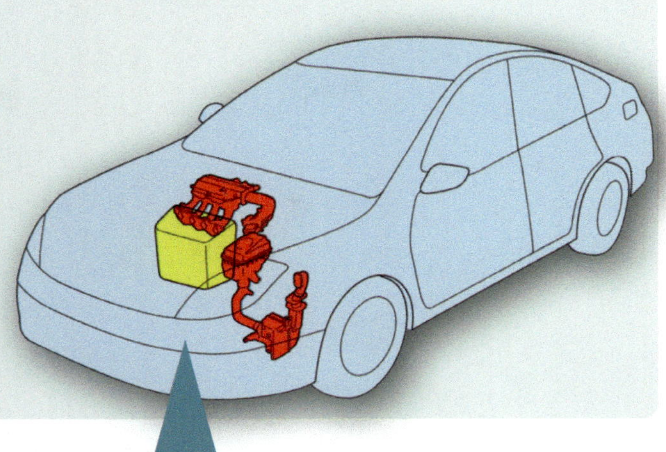

외부에서 흡입된 공기는 레조
네이터(resonater), 에어클리
너(air cleaner) 등을 통과해
서지탱크(surge tank)로 보내
진다. 이어서 흡기 매니폴드를
통해 각 실린더로 분산된다.

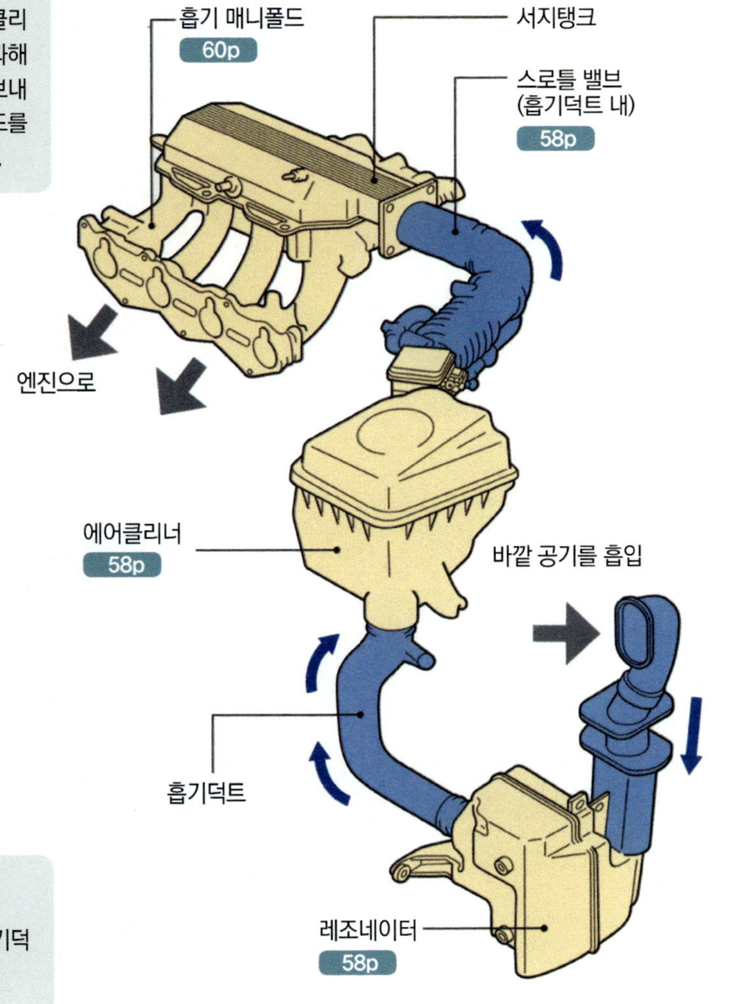

과급기　61p

공기를 압축하는 장치. 흡기덕
트 중간에 설치된다.

● 에어클리너와 레조네이터

공기 속의 먼지 등과 같은 이물질이 실린더 안으로 들어가면 연소찌꺼기가 부착하면서 피스톤이나 흡배기 밸브의 작용에 방해를 주거나 공기흐름을 정체시키는 경우가 있다. 이런 이물질을 제거해 흡기를 깨끗하게 만들기 위해 에어클리너가 장착된다.

에어클리너는 흡기덕트 중간에 설치되어 케이스 안에 '에어클리너 엘리먼트(air cleaner element)'라고 불리는 필터가 들어 있으며 이물질을 걸러주는 구조로 되어 있다. 부직포(不織布·non woven fabrics)를 사용한 건식 엘리먼트나 특수한 오일을 종이에 발라 이물질의 흡착성을 높인 습윤식 엘리먼트를 사용하는 것이 현재의 주류다.

흡기덕트에는 에어클리너 외에 '레조네이터'라고 하는 장치도 장착되어 있다. 이것은 공기가 흐를 때 발생하는 소음을 줄여 주는 장치다. 레조네이터 내부는 비어 있으며 음(音)과 음이 공명(共鳴)하면서 진동을 줄이게 된다.

● 스로틀 밸브

실린더로 보내는 공기량을 조절하는 것이 스로틀 밸브다. 운전자가 액셀러레이터 페달을 밟거나 떼면 거기에 맞춰 밸브가 개폐한다. 이로 인해 공급되는 산소량을 조절해 연소 속도를 바꿀 수 있다. 액셀러레이터 페달을 밟으면 엔진의 회전수가 바뀌는 것은 이런 구조에 의한 것이다.

스로틀 밸브는 흡기덕트 중간의 스로틀 보디라 불리는 부위에 설치된다. 액셀러레이터 페달을 밟으면 그에 비례해 밸브가 크게 열리고 흡기량도 증가한다. 액셀러레이터 페달을 놓으면 밸브는 닫히고 공기 흐름은 멈춘다. 다만 이때 엔진이 멈춰서는 곤란하기 때문에 스로틀 보디에는 밸브가 닫힌 상태라도 소량의 공기를 흐르게 하는 바이패스 통로(bypass duct)가 설치되어 있다.

바이패스 통로로부터의 공기만으로 엔진이 가동되는 상태를 '아이들링(idling)'이라 한다.

스로틀 밸브에는 그림과 같은 원판식(圓板式) 버터플라이 밸브(butterfly valve) 외에 슬라이드식으로 개폐하는 슬라이드 밸브(slide valve)도 있다.

TOPIC ▶▶ 스로틀 바이 와이어(throttle-by-wire)

오늘날의 자동차에는 스로틀 밸브를 '바이 와이어(by-wire)'라 불리는 전자제어식으로 작동시키고 있다. 바이 와이어에서는 액셀러레이터 페달과 밸브가 기계적으로 연결되지 않는다. 액셀러레이터 페달에 부속된 센서에서 ECU를 매개로 밸브에 전기 신호를 보내어 개폐를 하게 된다. 밸브가 열리는 정도는 밸브쪽 센서에서 ECU로 통지되고, 나아가 그에 따라 개도(開度·개구의 정도)의 미세한 조정이 이루어진다.

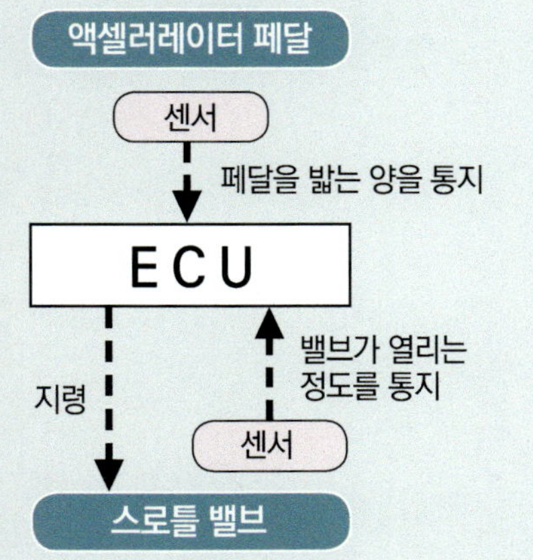

스로틀 밸브의 구조

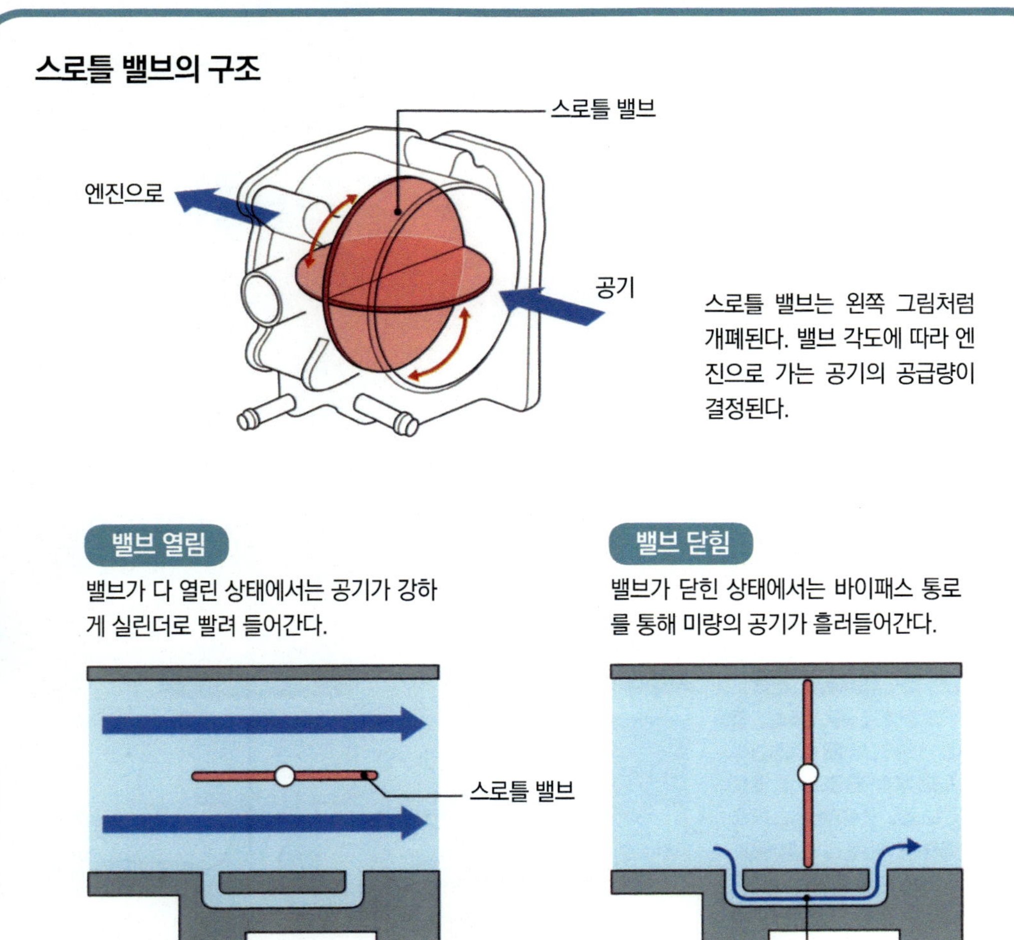

스로틀 밸브는 왼쪽 그림처럼 개폐된다. 밸브 각도에 따라 엔진으로 가는 공기의 공급량이 결정된다.

밸브 열림

밸브가 다 열린 상태에서는 공기가 강하게 실린더로 빨려 들어간다.

밸브 닫힘

밸브가 닫힌 상태에서는 바이패스 통로를 통해 미량의 공기가 흘러들어간다.

● 흡기 매니폴드(suction manifold)

흡기를 자동차 엔진의 각 기통으로 분산시키는 것이 흡기 매니폴드다. 매니폴드란 다기관(多岐管)으로서 갈라져 나온 파이프를 가리킨다.

엔진이 작동하는 동안에는 흡기 매니폴드에 항상 부압이 걸리기 때문에 내부 압력이 떨어진 상태가 된다. 그 결과 흡기효율이 나빠지거나 한 개의 파이프가 다른 파이프의 공기를 빼앗아 전체 흡기효율을 악화시키는 경우도 있다. 이런 사태를 막기 위해 불필요한 굴곡을 줄이고 길이를 균일하게 하는 등 파이프 구조를 아주 세밀하게 개량하고 있다.

흡기 매니폴드 직전에 공기를 저장하는 '서지 탱크'를 배치하는 경우도 있다. 이 경우는 나누어진 흡기 매니폴드가 아니라 서지 탱크에서 개별 파이프가 실린더에 접촉하게 된다. 이런 방식이라면 흡기를 더 원활하게 분배할 수 있다.

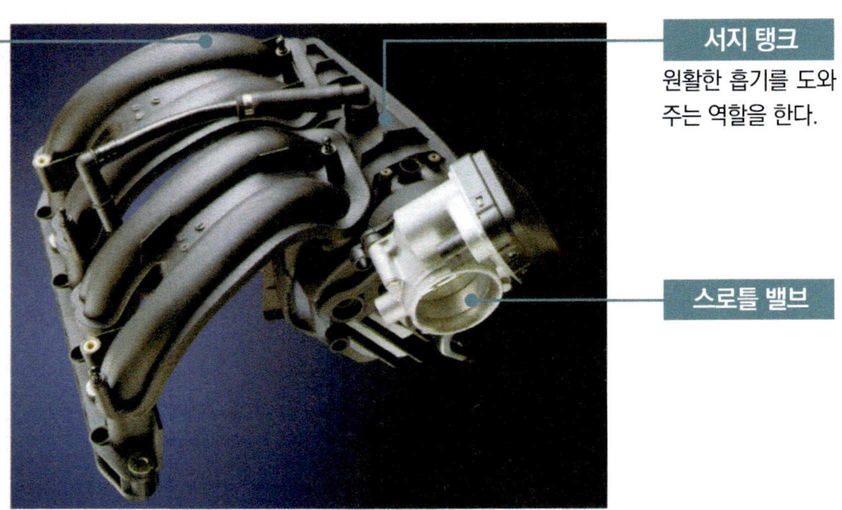

서지 탱크가 있는 형식(BMW 4기통 가솔린 엔진)

가변 흡기 시스템

엔진은 고속회전을 할 때는 파이프가 굵고 짧을수록, 저속회전을 할 때는 가늘고 길수록 흡입효율이 높아진다. 이 때문에 밸브의 열림 정도를 이용해 상황에 맞게 경로를 변환하는 '가변 흡기 시스템(variable intake system)'을 사용하는 자동차도 있다.

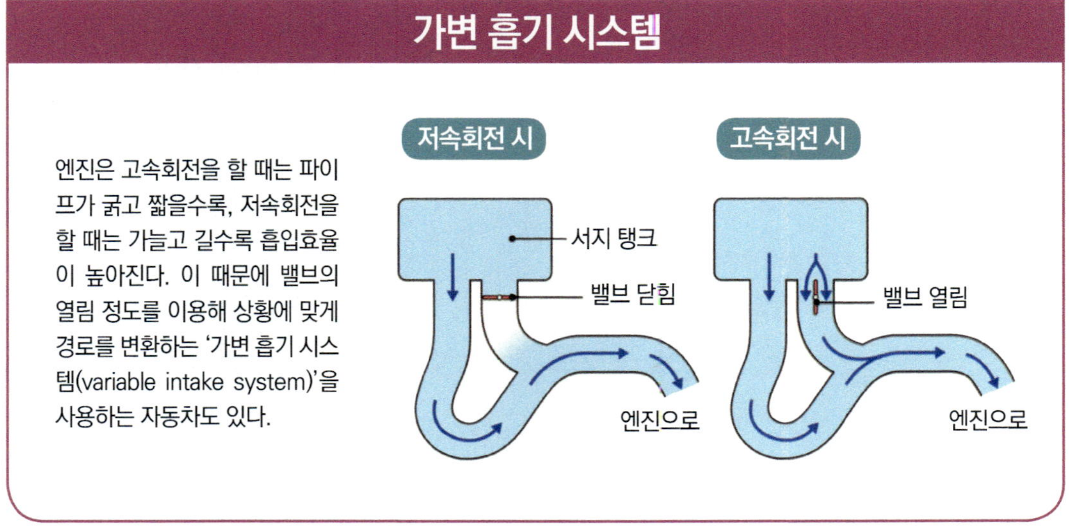

과급기

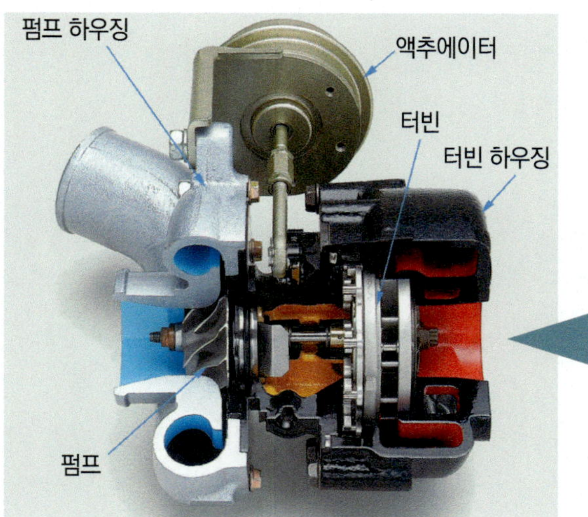

펌프 하우징
액추에이터
터빈
터빈 하우징
펌프

터보차저. 양쪽의 날개바퀴는 각각 흡기덕트와 배기덕트에 배치된다.

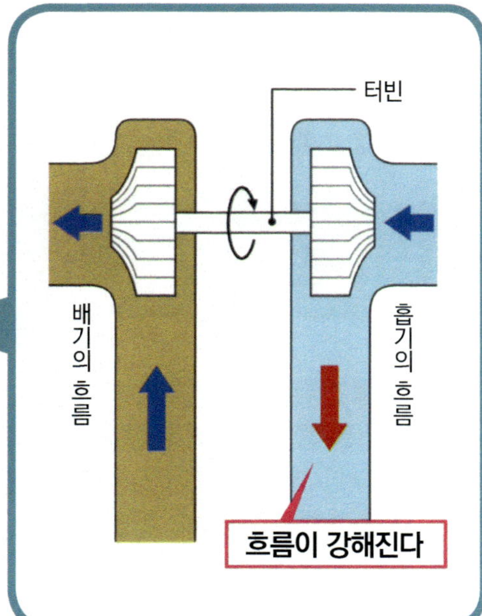

엔진의 출력은 실린더로 보내지는 공기량으로 결정된다. 앞서 설명했듯이 가솔린 연료는 최대출력 공연비 부근이 가장 효율이 좋기 때문에 공기량이 일정할 때는 연료공급을 아무리 늘려도 출력이 올라가지는 않는다.

그러나 만약 실린더 용적보다 많은 공기를 압축해서 엔진에 보낼 수 있다면 출력을 높일 수 있다. 이 역할을 하는 장치가 '과급기(過給機 · turbo charger · supercharger)'인 것이다.

과급기는 크게 2종류가 있다. 하나는 엔진의 힘을 이용해 작동하는 장치로서 '케니컬 슈퍼차저', 줄여서 '슈퍼차저'라고 한다. 또 하나는 배기가 흐르는 힘을 이용한 장치로서 '터보차저'라고 한다. 여기서는 많이 사용하는 터보차저를 예로 들어 해설하겠다.

터보차저는 양 끝에 날개바퀴(impeller)가 달린 터빈을 중심으로 한 기구다. 한쪽 날개바퀴는 배기 덕트에, 다른 한쪽은 흡기 덕트에 배치되어 있다. 배기흐름에 의해 배기 쪽 터빈이 회전하면 그것과 연동해 흡기 쪽 펌프도 회전한다. 이 회전운동으로 인해 흡기흐름이 가속되면서 공기가 압축되어 엔진의 출력을 높일 수 있다.

공기를 압축하는 힘이 너무 강하면 흡기가 고온이 되면서 자연발화하는 '노킹(knocking)'이라는 현상이 일어난다. 이것을 막기 위해 배기 쪽에 터보차저를 통과하지 않는 바이패스 통로를 만들어 줌으로써 압력이 어느 한도를 넘어서면 배기가 바이패스 경로로 빠져나가는 구조로 만들어져 있다. 이 작용을 '과급압력 제어(boost pressure control)'라고 한다. 현재는 컴퓨터로 과급압력을 제어하는 경우가 많다.

배기장치

엔진에서 만들어진 배기가스는 파이프를 통해 자동차 밖으로 배출된다. 파이프 중간에는 소음이나 대기오염물질을 줄이는 장치가 장착되어 있다.

배기장치의 구조

　연소행정에서 발생한 배기가스를 자동차 밖으로 배출하는 장치가 배기장치다. 배기장치는 배기가스를 모아 원활하게 합류시키는 배기 매니폴드, 배기가스를 정화하는 각종 장치 및 소음을 줄이는 머플러 등으로 구성되며, 이것들은 배기 덕트르 연결되어 있다. 배기가스가 흐를 때는 배기장치 내부의 압력인 배압이 높아진다. 배압이 너무 높아지면 배기가스가 원활하게 빠져나가기 힘들어지고 배기효율도 떨어진다. 그 때문에 배기 덕트는 약간 굵게 설계된다.

　자동차의 배기가스는 대기오염의 원인이 되는 탄화수소, 질소산화물, 일산화탄소 등이 대량으로 포함되어 있다. 예전에는 이 물질들을 그대로 자동차 밖으로 배출했지만 환경의식이 높아지면서 배기가스에 의한 대기오염이 문제가 되었다.

　그 때문에 현재 자동차는 배기 파이프 중간에 대기오염물질의 배출을 억제하기 위한 정화장치가 몇 개나 설치되어 있다. 각국의 배출기준은 해마다 엄격해지고 있기 때문에 자동차제작회사 각사는 정화장치의 성능을 향상시키기 위해 각종 연구를 거듭하고 있다.

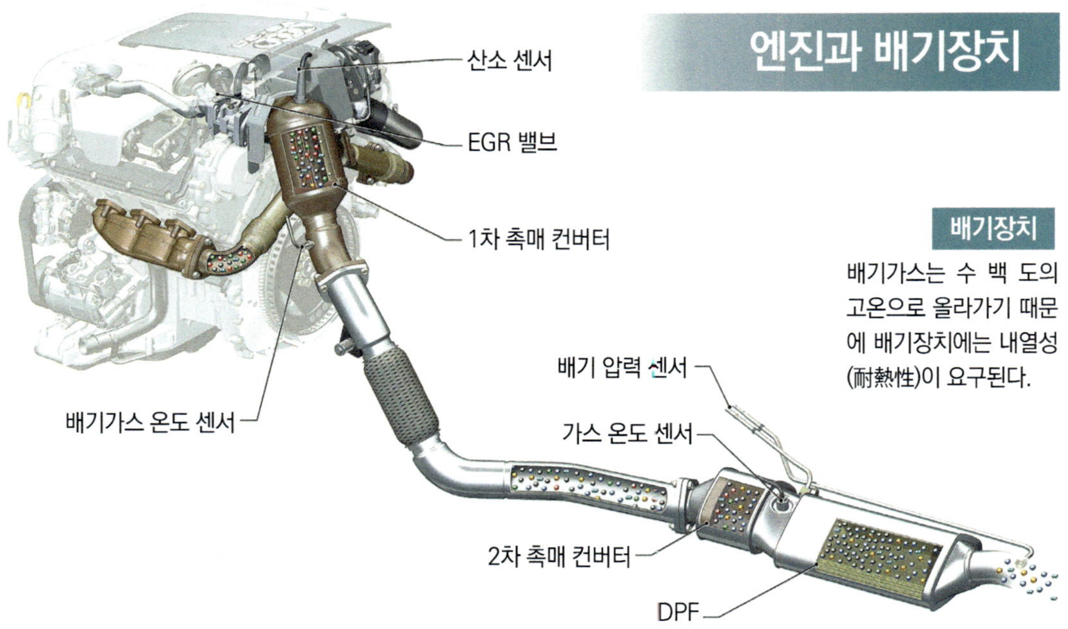

엔진과 배기장치

배기장치

배기가스는 수 백 도의 고온으로 올라가기 때문에 배기장치에는 내열성(耐熱性)이 요구된다.

배기장치의 위치

엔진에 이어진 배기덕트는 차체를 종단해 뒤쪽의 배출구로 연결된다. 배기가스 정화장치, 머플러 등은 파이프 중간에 분산해서 설치된다.

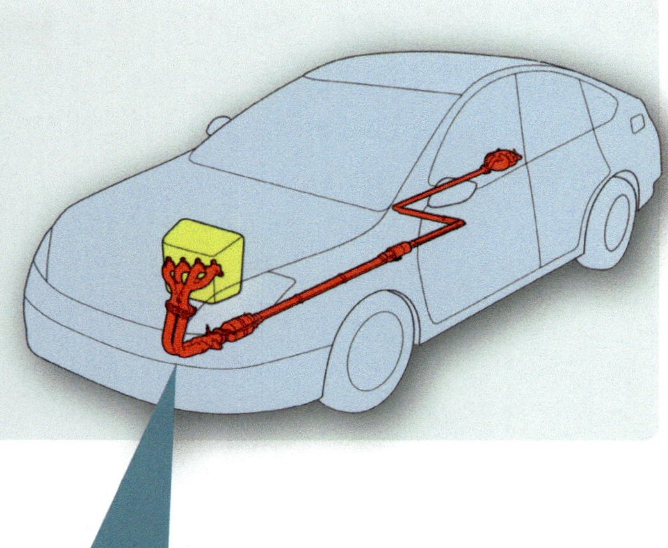

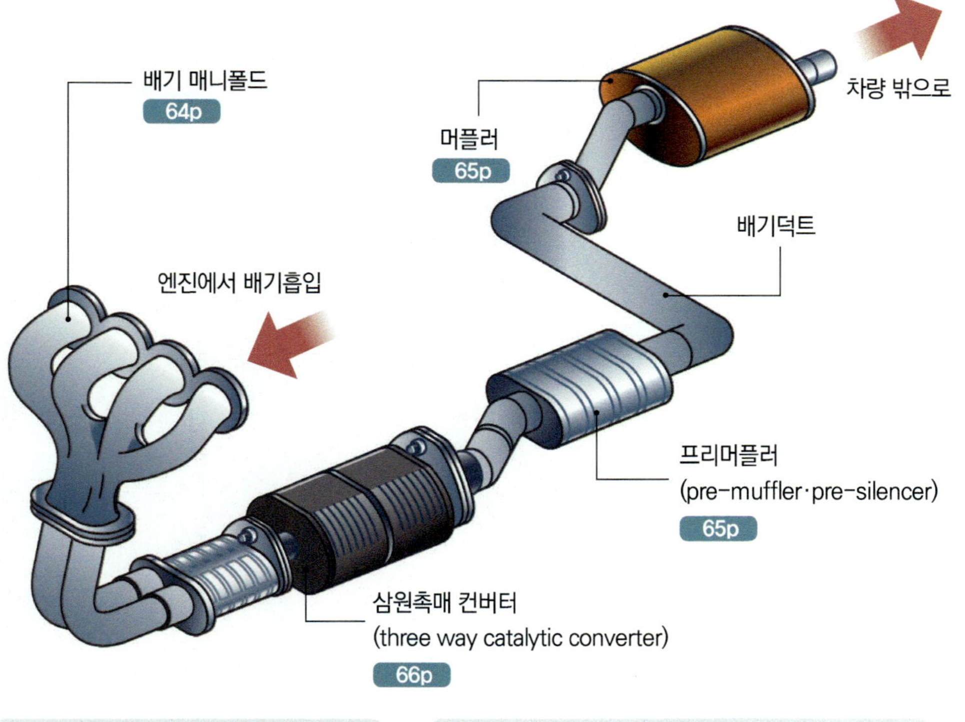

엔진에서 배출된 배기가스는 고온이면서 유해물질을 많이 함유하고 있다. 이 때문에 긴 배기덕트 중간에 몇 개의 정화장치를 설치하여 배기가스를 정화한다. 머플러는 가스배출로 발생하는 소음을 줄여주는 장치다.

배출가스 정화장치

연료 증발가스 배출억제장치	67p
블로바이가스(blow-by gas) 환원장치	67p
배기가스 재순환장치	67p

● 배기 매니폴드

각 실린더에서 발생한 배기를 하나의 관으로 합류시키는 기관(岐管)이 '배기 매니폴드'다. 엔진에서 막 배출된 배기가스는 수 백 도의 고온이므로, 내열성(耐熱性 · heat resistance)이 있는 주철이나 경량화 구조의 스테인리스 강관 등으로 만들어진다.

배기 매니폴드의 중요한 역할은 배기흐름을 정체시키지 않는 것이다. 한 개의 실린더에서 배기를 계속해서 하고 있는데 또 다른 실린더에서 배기가 시작되면 배기끼리 부딪쳐 막히는 '배기 간섭(排氣干涉 · exhaust interference)'이 발생한다. 이런 현상을 방지하기 위해 배기 매니폴드 형상에는 갈라지는 기관(岐管)의 길이를 통일하거나 합류되는 지점을 엔진에서 멀게 배치하는 등 다양한 연구가 진행 중이다.

V형(型) 엔진 및 수평대향형(水平對向型) 엔진은 실린더가 2열로 되어 있으며, 각 열에 배기 매니폴드가 설치되어 그 끝의 배기덕트에서 하나로 합류되는 방식으로 되어 있다.

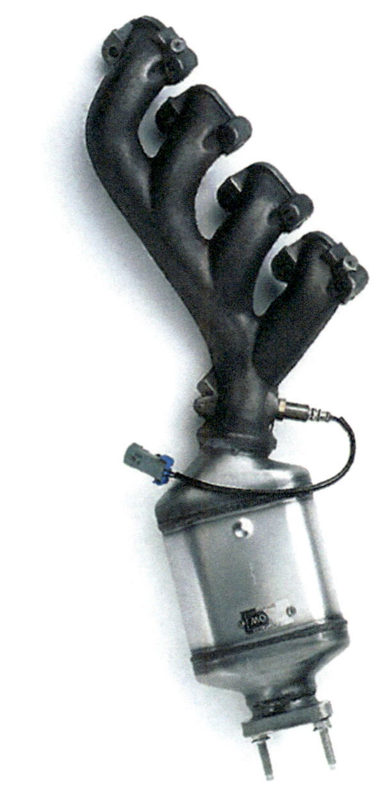

배기 매니폴드와 삼원촉매 컨버터

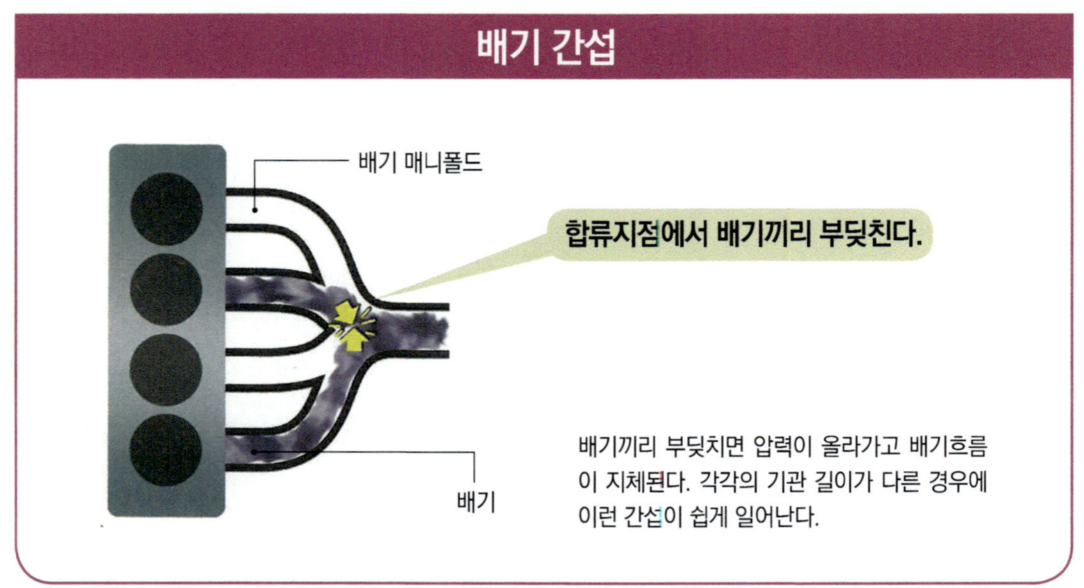

배기끼리 부딪치면 압력이 올라가고 배기흐름이 지체된다. 각각의 기관 길이가 다른 경우에 이런 간섭이 쉽게 일어난다.

● 머플러(muffler)

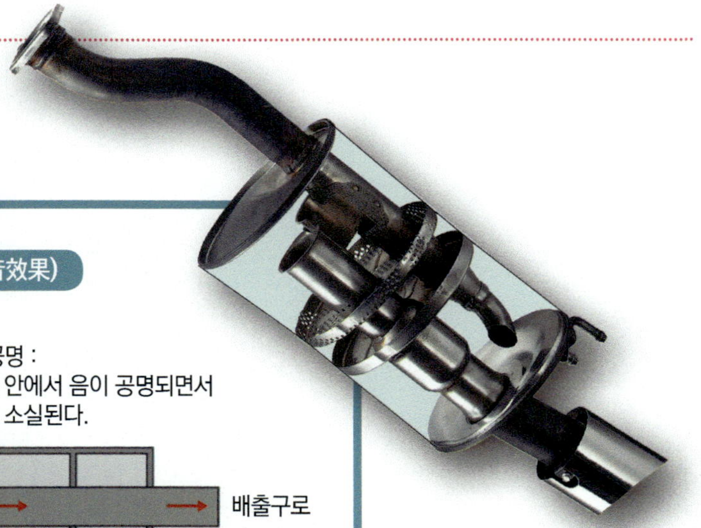

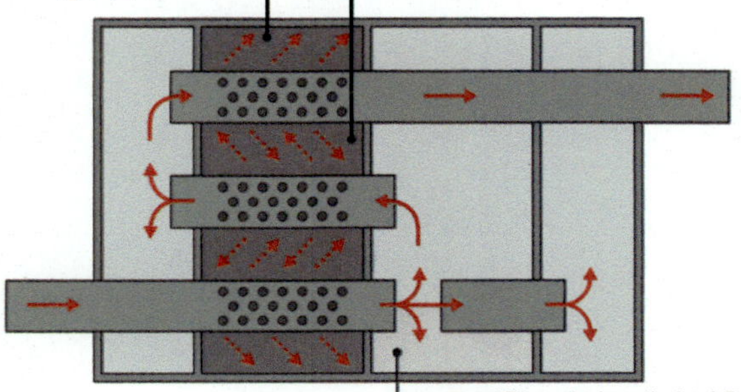

고온의 배기가스가 그대로 외부공기에 노출되면 급속하게 팽창해 큰 소음(騷音)이 발생된다. 이 소음을 줄이기 위해 배출구 바로 앞에 소음기(消音器 · muffle · silencer)가 장착된다.

소음방식(消音方式)에는 팽창식(膨脹式), 흡음식(吸音式), 공명식(共鳴式) 3가지가 있으며, 이것들이 함께 사용되고 있다. 팽창식은 머플러 안에 복수의 격실을 설치해 단계적으로 배기를 팽창시킴으로써 음의 발생을 억제한다. 흡음식은 면(綿)모양으로 된 유리섬유를 흡음재로 사용해 소음을 흡음재로 흡수시킨다. 공명식은 머플러 안에 만들어진 공간에서 소음을 반사시키고 튀어서 돌아온 소음을 다음에 방출되는 소음과 서로 부딪치게 해서 음을 억제한다. 머플러 바로 앞에 '프리 머플러'를 장착해 2단계로 소음을 줄이는 경우도 있다. 또한 엔진의 작동상황 등에 맞춰 소음력(消音力)을 조정하는 '가변 머플러(variable muffler)'도 실용화되어 있다.

머플러 커터(muffler cutter)

배출구에는 스테인리스로 만들어진 '머플러 커터'라고 불리는 부품을 장착하는 경우가 있다. 단순한 장식품이므로 소음을 줄이는 효과는 없다.

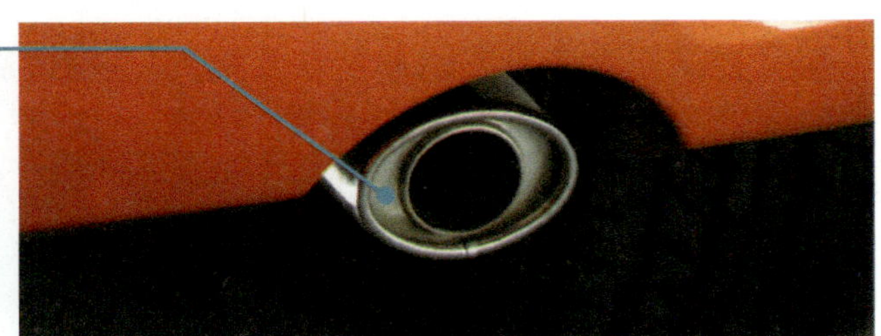

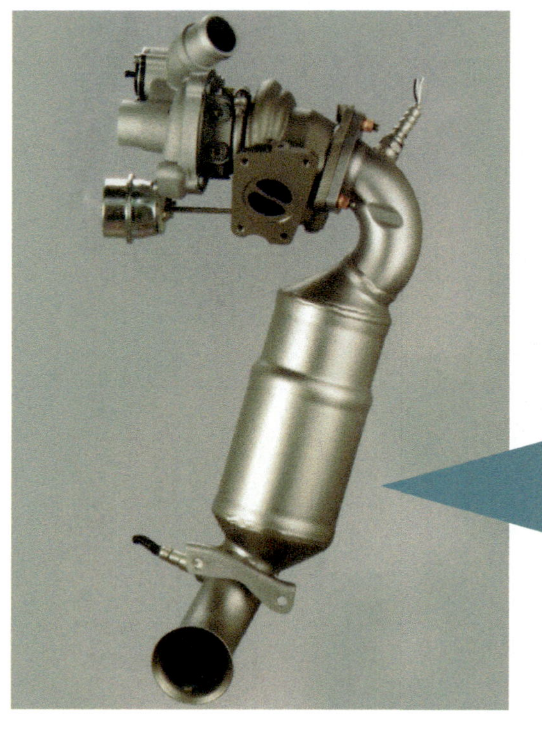

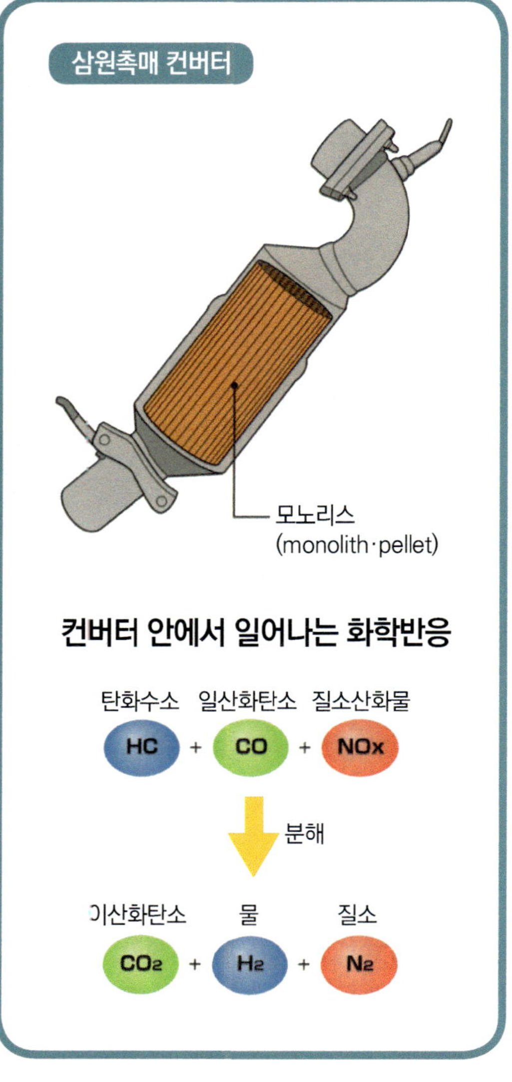

　배기가스에 포함된 대기오염물질을 줄이기 위해 배기 파이프에는 다양한 정화장치가 장착되어 있다. 그 중에서 핵심을 이루는 것이 삼원촉매 컨버터다. 컨버터 케이스 안에는 모노리스(격자 형상으로 조립된 산화물) 또는 펠릿(입자 형상으로 된 산화물)이 들어가 있고, 거기에 플라티나(白金·platinum·platin) 등과 같은 화학물질이 부착되어 있다. 이 화학물질이 촉매가 되어 대기오염물질에 화학반응을 일으켜 무해한 물질로 바뀌는 구조로 되어 있다.

　배기가스에 포함되어 있는 주요 대기오염물질은 탄화수소, 일산화탄소, 질소산화물 3종류이다. 이것들이 삼원촉매 컨버터를 통과하면 화학반응을 일으켜 물과 질소, 이산화탄소로 변화한다.

　이론 공연비(54p)에서는 대기오염물질이 거의 완전하게 무해한 것으로 되며, 공연비가 높아지거나 낮아지거나 하면 대기오염물질이 다 분해되지 못하고 잔류하는 경우가 있다. 이 때문에 될 수 있는 한 이론 공연비에 가까운 상태로 연소하는 것이 바람직하다.

그 밖의 배출가스 정화장치

삼원촉매 컨버터 이외에도 자동차에는 다양한 배출가스 정화장치가 있다.
대표적인 것을 소개한다.

연료 증발가스 배출억제장치

'이배퍼레이터(evaporator)' 가솔린을 저장하는 연료 탱크에서는 유해한 탄화수소 가스가 자연적으로 발생한다. 이것을 차콜 캐니스터(charcoal canister)에 축적했다가 흡기행정으로 보낸다.

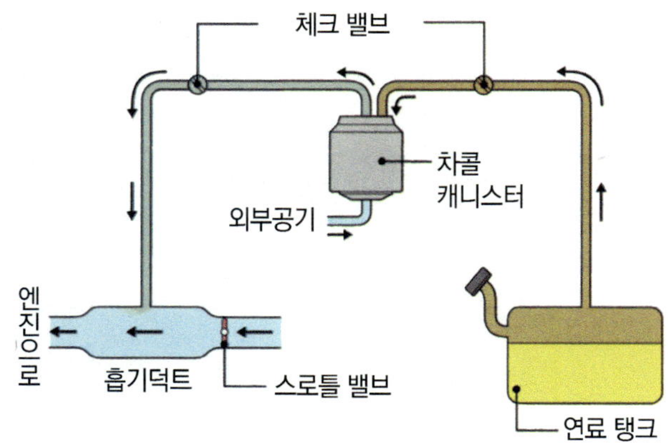

블로바이가스 환원장치

실린더 하부에서 새어나간 혼합기를 부압의 힘을 통해 흡기덕트로 보내는 기구. 저(低)부하일 때와 고(高)부하일 때는 공기흐름이 우측 그림처럼 바뀐다.

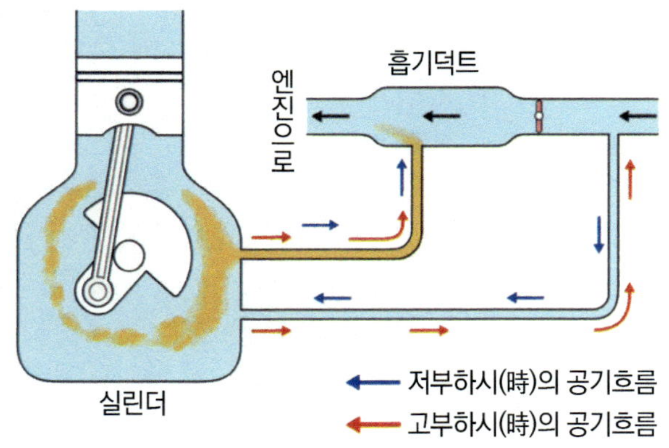

배기가스 재순환장치

배기덕트와 흡기덕트를 가느다란 파이프로 연결한 다음, 배기가스를 연소행정으로 재순환시킨다. 배기량이 너무 많아지지 않도록 전자제어장치로 컨트롤하고 있다.

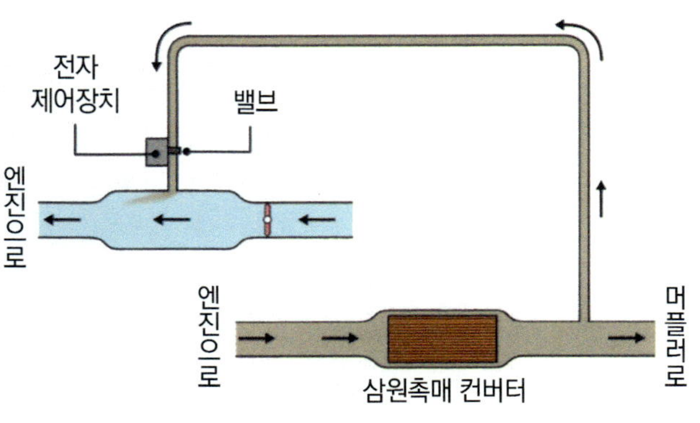

윤활장치

엔진 부품끼리 마찰을 일으키는 것을 방지하기 위해 엔진 오일이 항상 내부를 순환한다. 이것을 지탱하는 기구를 윤활장치(潤滑裝置·lubricating device)라고 한다.

윤활장치의 구조

가동 중인 엔진에서는 피스톤이나 크랭크샤프트, 캠 샤프트 등이 심하게 움직인다. 이런 부품들이 서로 스치면서 마찰을 일으키면 운동에너지를 불필요하게 소비하거나 금속피로를 일으키는 폐해가 발생한다. 이런 폐해를 방지하기 위해 윤활유를 사용해 부품의 동작을 원활하게 할 필요가 있다. 이 윤활유를 '엔진 오일(engine oil)'이라고 부른다.

엔진이 가동되는 동안에는 엔진 내부의 각 부품에 계속적으로 엔진 오일을 공급해줘야 한다. 그래서 설치된 것이 윤활장치다. 윤활장치 능력이 높을수록 연비향상이나 고출력으로 이어진다. 윤활장치는 엔진 오일을 담아두는 오일 팬(oil pan), 오일을 정화하는 오일 필터(oil filter), 오일을 엔진 안의 각 부분에 보내는 오일 펌프(oil pump) 및 오일이 지나가는 길인 오일 갤러리 (oil gallery) 등으로 구성되어 있다.

오일 팬에 저장된 엔진 오일은 오일 펌프로 빨아올려져 오일 필터로 보내진다. 거기서 미세한 이물질이 제거된 다음 오일 갤러리를 따라 이동해 엔진의 각 부품으로 공급된다. 오일은 부품과 부품 사이로 흘러들어가 '유막(油膜 · oil film)' 이라고 하는 막을 만든다. 이 막으로 인해 부품끼리 마찰이 최소한으로 억제된다.

각 부품에 공급된 오일은 엔진 안의 벽면 등을 따라 오일 팬으로 돌아가고 거기서 다시 움직인다. 이런 식으로 엔진 오일은 엔진 안을 순환하고 있다.

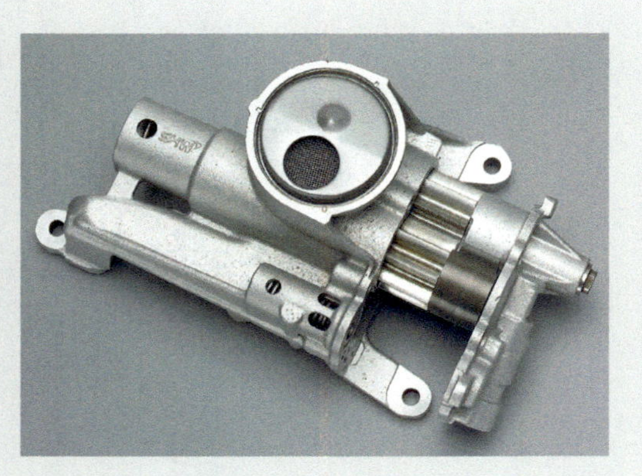

오일 펌프(oil pump)

엔진 오일을 순환시키는 동력원인 오일 펌프는 크랭크샤프트(34p)에 접속되어 있다. 크랭크샤프트가 회전하면 동시에 펌프가 오일을 끌어올려 엔진 내부의 각 부품으로 공급한다.

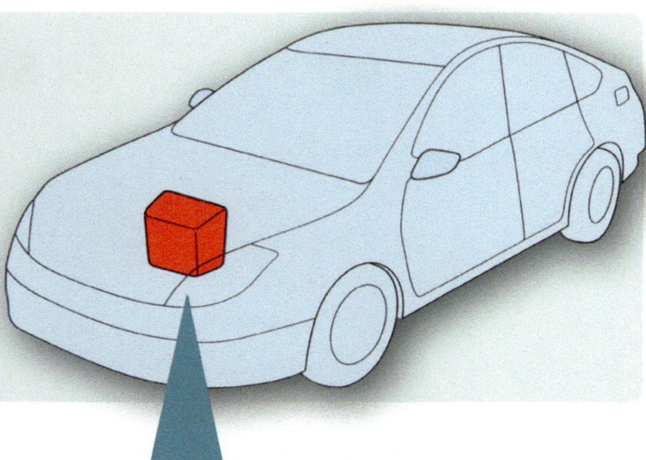

윤활장치의 위치

윤활장치는 엔진 본체와 일체화되어 있으며 엔진의 움직임에 맞춰 오일이 순환된다.

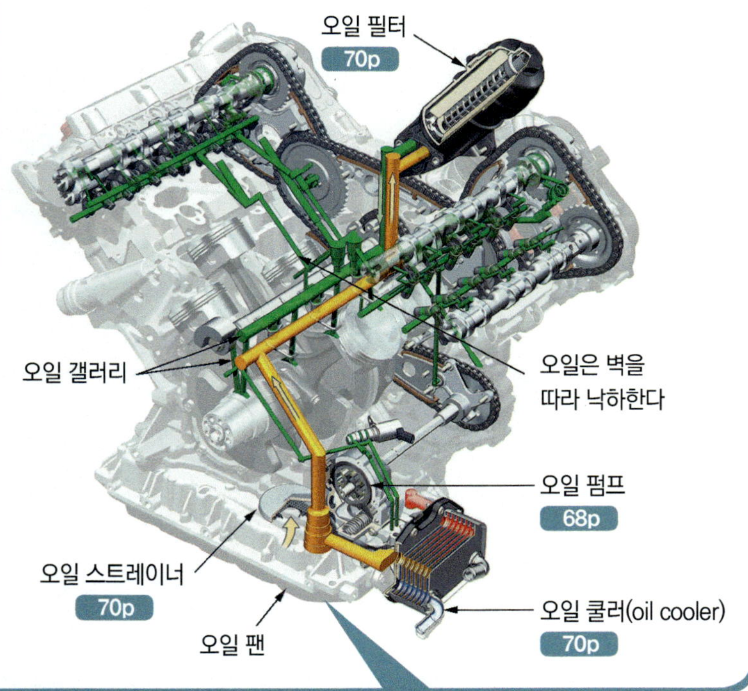

엔진 오일은 엔진 내부에 설치된 오일 갤러리를 따라 각 부품으로 전달된다. 그 다음 중력으로 인하여 낙하되어 오일 팬으로 돌아오는 구조로 되어 있다.

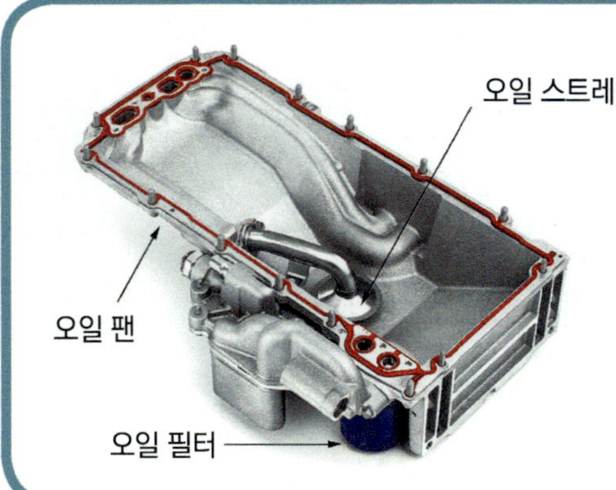

오일 팬

오일 팬은 엔진 아래쪽에 설치된다. 오일 흡입구인 오일 스트레이너(oil strainer)에는 철망이 쳐 있으며 여기서 이물질이 걸러진다.

여과재는 표면적을 가능한 크게 하기 위해 주름이 접혀 있다. 표면적이 크면 면적당 저항이 줄어들어 오일이 쉽게 흐르게 된다.

엔진오일이 엔진 안을 순환하면 금속분말이나 외부로부터의 이물질이 오일에 섞인다. 그대로 방치하면 윤활효과가 약해질 뿐만 아니라 오일의 열화나 부품마모를 일으키는 원인이 된다. 이것을 방지하기 위해 오일 갤러리 중간에 오일 필터를 장착해 혼입된 이물질을 제거하고 있다.

오일 필터에는 금속제품의 케이스에 여과지 등 정화용 소재가 들어간다. 필터 면적이 클수록 이물질을 효과적으로 걸러낼 수 있기 때문에 얇은 여과재를 여러 겹으로 접어서 표면적을 늘려놓고 있다. 최근에는 부직포 소재를 사용한 필터도 많다.

필터를 장기간 사용하면 이물질이 달라붙어 윤활효과가 나빠진다. 필터는 오일을 교환할 때마다 바꿔주는 것이 좋지만 만약 필터가 막혔을 경우를 대비해 필터 내에는 바이패스 밸브(by-pass valve)가 설치되어 있다. 이물질로 인해 필터가 막히면 밸브가 열리면서 오일이 필터를 통과하지 않고 흐르게 되어 있다. 오일 필터와 더불어 또 하나의 정화장치가 있으며, 바로 금속제망(金屬製網)으로 된 오일 스트레이너다. 오일 스트레이너는 오일 팬에서 오일을 빨아올리는 파이프 끝에 설치되어 있어서 큰 이물질이 올라오는 것을 막아준다.

오일 쿨러

오일 쿨러는 오일이 너무 고온으로 올라가지 않도록 해주는 장치다. 오일필터에 부속되어 있다.

엔진 오일의 6가지 작용

엔진 오일의 역할은 윤활만이 아니다. 그밖에도 부품과 부품의 틈새를 메꾸어 주는 기밀작용(氣密作用), 열을 흡수하는 냉각작용(冷却作用) 등 모두 6가지의 작용이 있다. 이 때문에 엔진오일이 부족해지면 연소효율이 나빠지거나 엔진이 오버히트(72p)하는 등 여러 가지 문제점이 발생된다. 엔진을 양호한 상태로 유지하기 위해서는 정기적으로 오일을 교환하여야 한다.

① 방청작용(防錆作用)

유막으로 산소나 물의 부착으로부터 부품을 지켜줌으로써 녹이 슬지 않도록 한다.

② 윤활작용(潤滑作用)

마찰을 줄여 부품들이 잘 미끄러지도록 함으로써 운동효율을 높인다.

③ 세정작용(洗淨作用)

각 부품의 운동으로 인해 생겨난 금속가루나 이물질 등을 씻어낸다.

④ 기밀작용(氣密作用)

피스톤과 실린더 내벽의 틈새를 메꾸어 혼합기가 실린더 하부로 새지 않도록 한다.

⑤ 냉각작용(冷却作用)

엔진 열을 흡수해 오버히트(overheat)를 막아준다. 오일의 온도는 일시적으로 상승하지만, 오일 팬에서 방열을 한 뒤에는 원래 온도로 돌아온다.

⑥ 완충작용(緩衝作用)

부품끼리의 충돌을 부드럽게 하는 쿠션 역할을 한다.

냉각장치

엔진의 오버히트를 방지하기 위해 빼놓을 수 없는 것이 냉각장치다. 일반적인 수냉식은 냉각액을 이용해 엔진의 열을 떨어뜨리고 있다.

냉각장치의 구조

엔진은 열에너지를 운동에너지로 전환함으로써 동력을 만들어낸다. 그러나 열에너지의 일부는 운동에너지로 바뀌지 않고 발열해 엔진을 고온으로 만든다. 이 상태를 '오버히트'라고 한다.

엔진이 오버히트되면 착화하기 전에 혼합기가 자연 발화하는 '조기점화((早期點火·pre-ignition)'나 '노킹' 등의 현상이 일어나 엔진에 손상을 주게 된다. 또한 금속부품이 열로 인해 팽창되어 정상적 기능을 하지 않거나 엔진 오일의 순환에도 악영향을 끼친다. 이런 사태를 방지하기 위해 엔진에는 냉각장치가 장착되어 있다.

냉각장치에는 수냉식(水冷式·water cooling type)과 공랭식(空冷式·air cooling type) 두 종류가 있다. 수냉식 냉각장치에는, 엔진 내부에 워터 재킷(water jacket)이라고 하는 순환통로가 설치되어 있어 이곳으로 물, 부동액 및 방부(防腐)작용을 하는 약품을 섞은 냉각액이 흐른다.

냉각액은 엔진의 열을 흡수한 다음, 방열기(放熱器)인 라디에이터(radiator)에 의해 냉각된다. 그리고 다시 워터 펌프를 통해 보내지고 워터 재킷을 순환하는 구조로 되어 있다. 냉각효율이 좋고 엔진 본체도 작게 설계할 수 있기 때문에 대부분의 자동차는 이 수냉식 냉각장치를 사용한다. 공랭식 냉각장치는 엔진 표면에 '핀(fin)'이라 불리는 요철(凹凸)판을 설치함으로써 공기에 닿는 부분을 크게 해서 냉각한다. 수냉식에 비해 냉각효과는 그다지 크지 않다.

워터 펌프(water pump)

워터 펌프는 효율적으로 냉각액을 순환시키기 위해 압력을 가하는 기구다. 크랭크샤프트(P. 34)와 접속되어 있으며, 엔진 회전을 이용해 펌프를 작동시킨다.

냉각장치의 위치

수냉식 냉각장치는 엔진 내부에 형성
된 워터 재킷과 뜨거워진 냉각액을 식
히는 라디에이터 등으로 구성된다. 라
디에이터는 외부공기와 접촉이 잘 되
도록 자동차 앞쪽에 설치된다.

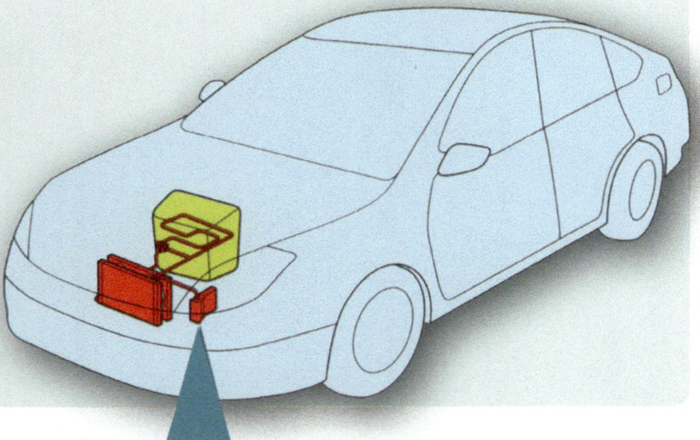

냉각액은 워터 펌프의
압력으로 인해 엔진
안을 순환한다. 엔진
열을 흡수한 냉각액은
라디에이터를 통해 열
을 방출한다. 이때 냉
각팬도 방열을 돕는
작용을 한다.

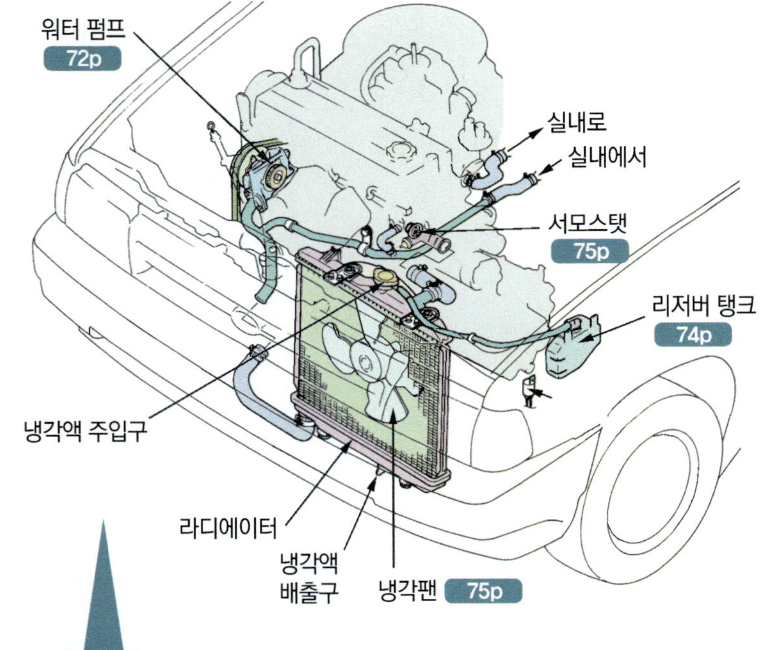

라디에이터

엔진의 열을 흡수해 고온이 된 냉각액은 라디에
이터에서 외부 공기에 노출되면서 차가워진다.
라디에이터에는 핀(fin·요철이 있는 판)이 부착
되어 있으며, 냉각액이 핀 내부를 통과하는 동
안에 방열을 함으로써 온도가 내려가는 구조로
되어 있다.

리저버 탱크

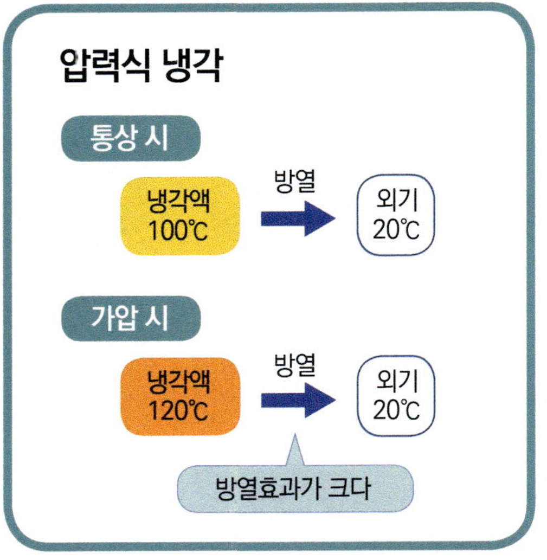

　냉각액 온도와 외부 공기와의 온도차가 크면 클수록 방열효과는 크다. 이 때문에 워터 재킷을 길게 만들어 냉각액이 가능한 고온이 되도록 설계하는 편이 효율적인 방열을 할 수 있다. 물은 100℃를 넘으면 수증기가 되기 때문에 통상은 그 이상의 고온이 되는 것은 불가능하지만, 압력을 가하면 비점(沸點 · boiling point)이 높아지기 때문에 더 고온으로 올릴 수 있다. 이런 구조를 '압력식 냉각(pressurized type cooling system)'이라고 한다.

　압력식 냉각에서는 압력이 너무 높아지지 않도록 항상 일정하게 유지시킬 필요가 있다. 그 때문에 리저버 탱크를 이용해 압력을 조정한다.

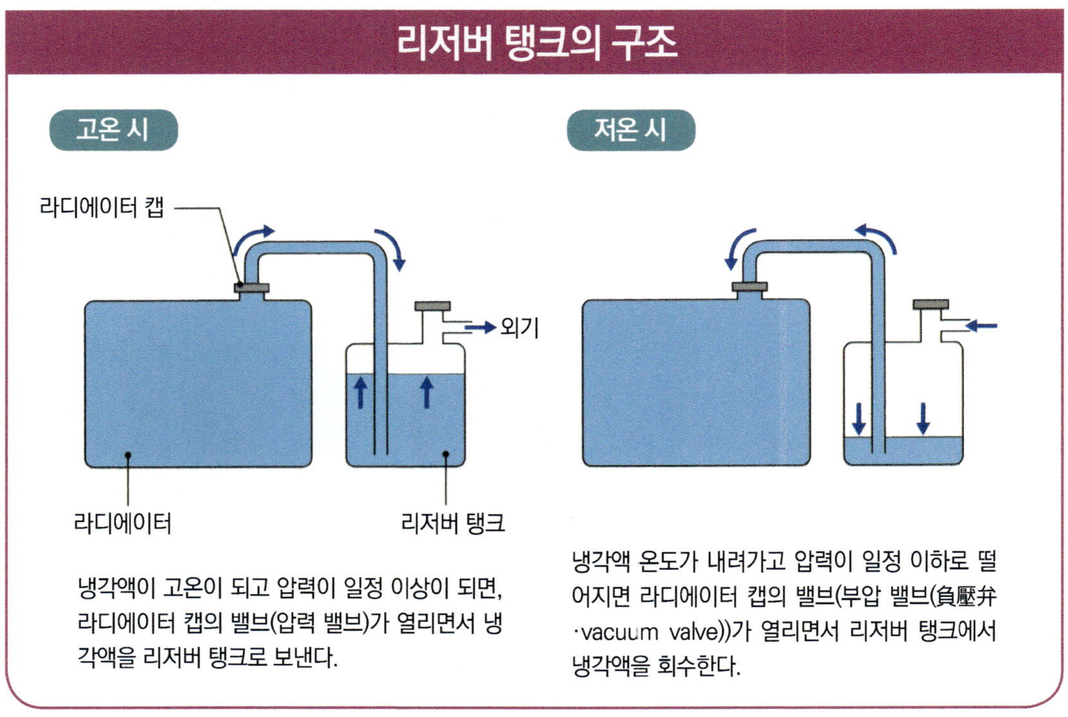

냉각액이 고온이 되고 압력이 일정 이상이 되면, 라디에이터 캡의 밸브(압력 밸브)가 열리면서 냉각액을 리저버 탱크로 보낸다.

냉각액 온도가 내려가고 압력이 일정 이하로 떨어지면 라디에이터 캡의 밸브(부압 밸브(負壓弁 ·vacuum valve))가 열리면서 리저버 탱크에서 냉각액을 회수한다.

● 서모스탯(thermostat)

엔진이 고온이 되면 오버히트를 일으키지만 반대로 온도가 너무 낮아도 좋지 않다. 엔진이 막 움직이기 시작한 상태에서는 금속이 따뜻하지 않기 때문에 부품이 수축해 미세한 틈새가 생기거나 연소상태가 나빠지는 문제가 발생한다.

이럴 때는 서모스탯이 작동해 냉각액 순환을 멈추게 하여 엔진의 온도가 높아지는 것을 돕는 구조로 되어 있다. 일반적으로 엔진의 적정온도는 80~90℃이기 때문에 이것보다 온도가 낮아지면 서모스탯이 밸브를 닫고 냉각액을 바이패스 통로로 우회시킨다.

서모스탯의 하우징 커버.
이 안에 서모스탯이 들어간다.

● 냉각팬

라디에이터는 외부공기에 냉각액을 노출시킴으로써 방열을 하는데 정차 중이나 저속운전 중에는 방열효과가 약해진다. 이 때문에 인공적으로 바람을 만들어내는 냉각팬이 라디에이터 바로 뒤에 설치되어 있으며, 저속일 때는 엔진을 식혀 오버히트 등의 문제점을 방지한다.

냉각팬은 전동식과 벨트 구동식(belt drive type) 등 2가지 구동방식이 있다. 현재의 주류인 전동식 냉각팬은 컴퓨터에 의한 제어로 팬의 회전수를 조정할 수 있다는 것이 큰 장점이다. 냉각액 온도가 상승하면 팬을 돌리고 온도가 떨어지면 팬을 정지시키는 식으로 상황에 따라 제어를 한다. 벨트 구동식 냉각팬은 엔진 회전이 풀리(pulley)와 벨트로 팬에 전달됨으로써 엔진이 회전할 때는 항상 팬이 돌아가는 구조다.

충전·시동장치

자동차의 여러 가지 장치를 움직이려면 전력이 있어야 한다. 전력을 공급하는 충전장치와 엔진을 움직이게 하는 시동장치에 대해 알아본다.

충전·시동장치의 구조

　엔진은 일단 움직이기 시작하면 연료가 있는 한은 자력으로 계속해서 가동되지만 시동을 걸 때는 외부에서 힘을 가할 필요가 있다. 이 때문에 장착되어 있는 것이 시동장치(스타터 모터(starter motor))다. 스타터 모터는 전력을 사용해 회전운동을 만들어낸 다음 플라이휠로 전달한다. 그러면 크랭크샤프트가 회전해 압축행정이 시작되면서 엔진에 시동이 걸린다.

　이 스타터 모터를 비롯해 자동차에는 전력으로 움직이는 장치가 많이 장착되어 있다. 등화장치나 와이퍼(wiper), 에어컨 외에도 파워 스티어링이나 냉각팬 등도 대부분이 전동식이다. 이런 장치에 사용되는 전력은 엔진 회전을 이용해 발전되었다가 필요할 때를 위해 축전된다. 발전(發電)·축전과 관련된 기구를 통틀어 충전장치라고 한다.

　충전장치 가운데 발전을 담당하는 것이 올터네이터(alternator), 축전을 담당하는 것이 배터리(battery·蓄電池)다. 올터네이터는 벨트를 통해 크랭크샤프트와 접속되어 있으며 엔진 회전력으로 발전한다. 통상적인 주행 때는 올터네이터에서 발생하는 전력만으로 수요를 담당할 수 있지만 시동을 걸 때나 저속주행 때는 전력이 부족하기 때문에 배터리에 축전된 전력을 사용한다.

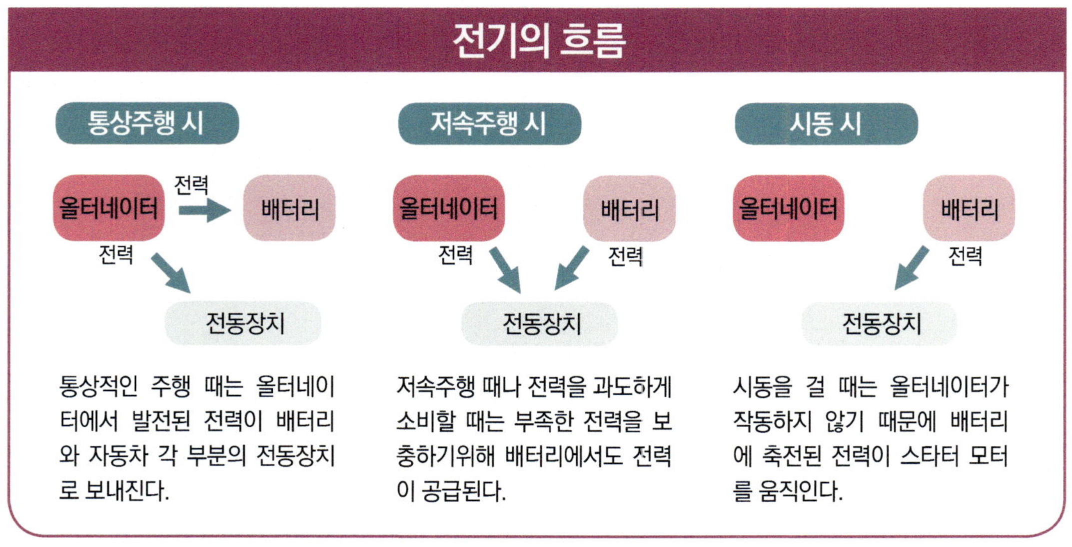

충전·시동장치의 위치

올터네이터와 스타터 모터(starter motor)는 그 역할 때문에 엔진 바로 옆에 장착된다. 스타터 모터는 플라이휠과 기어로 접속되어 있다. 배터리도 엔진룸 안에 배치되어 있다.

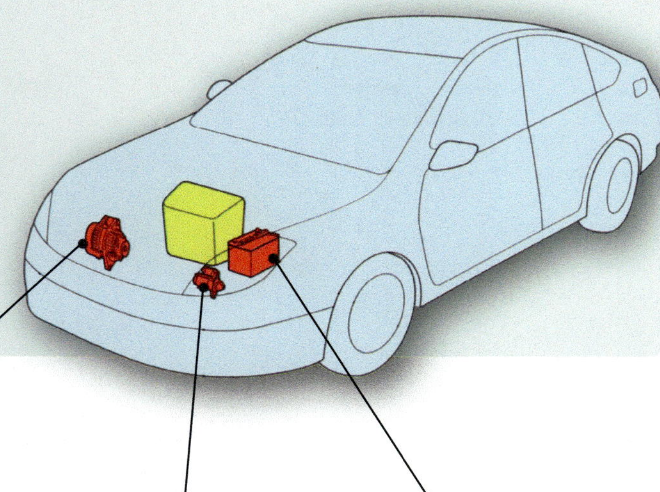

올터네이터
`77p`

엔진의 동력으로 전기를 발생시켜, 자동차 각 부분에 전력을 공급한다.

스타터 모터
`79p`

배터리에 축전된 전력을 사용해 엔진의 시동을 건다.

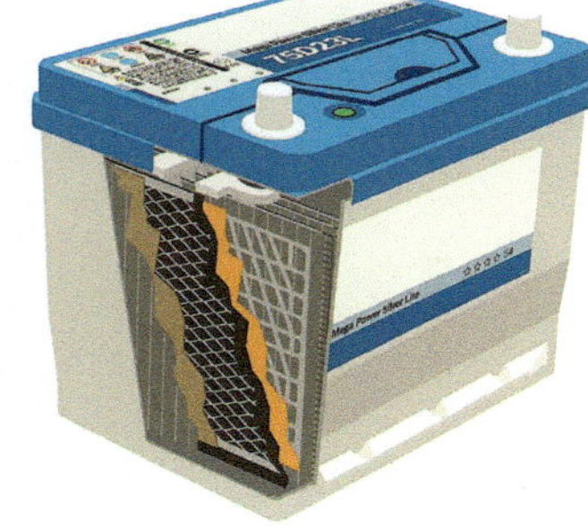

배터리
`78p`

올터네이터에서 발전(發電)된 전력을 저장했다가 필요할 때 전기를 방전한다.

올터네이터

올터네이터(alternator)란 교류 발전기(交流發電機·AC generator)를 말한다. 엔진 회전이 풀리(pulley)를 경유해 내부에 있는 로터(rotor)로 전해지면 로터에 감겨있는 코일과 주변 코일 사이에 자계(磁界·magnetic field)가 생성되면서 전력이 발생한다.

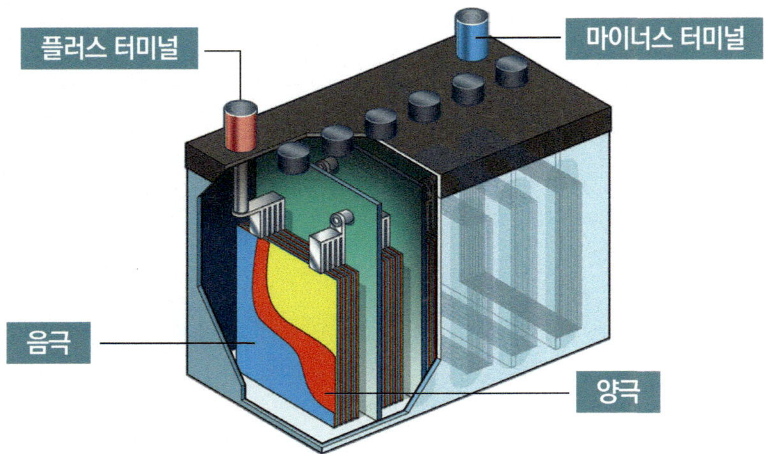

자동차 배터리에는 화학반응에 따라 충전(充電·charging)과 방전(放電·discharge) 양쪽을 할 수 있는 납(鉛)축전지가 사용되고 있다.

납축전지는 전해액인 묽은황산 안에 양극인 이산화 납판과 음극 납판이 교대로 겹쳐있는 구조로 되어 있다. 방전할 때는 도선을 통해 음극에서 양극으로 전자가 이동해 황산납이 생긴다. 이 과정에서 도선에 전류가 발생해 전력이 만들어진다. 충전할 때는 이것과는 반대의 화학반응이 일어나면서 황산납이 이산화납으로 바뀐다.

1개의 납축전지에서 발생하는 전압은 매우 낮기 때문에 전지 6개를 모아놓음으로써 전압을 높이고 있다. 배터리 케이스에는 6개의 셀이 있으며, 각각의 셀에 전지가 1개씩 들어가 있다.

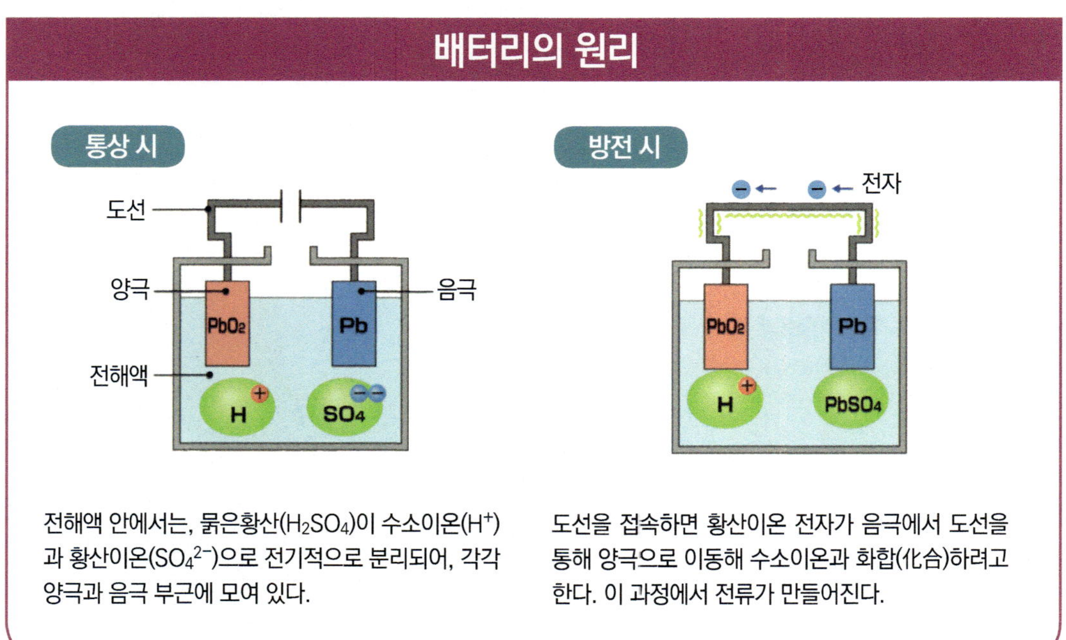

전해액 안에서는, 묽은황산(H_2SO_4)이 수소이온(H^+)과 황산이온(SO_4^{2-})으로 전기적으로 분리되어, 각각 양극과 음극 부근에 모여 있다.

도선을 접속하면 황산이온 전자가 음극에서 도선을 통해 양극으로 이동해 수소이온과 화합(化合)하려고 한다. 이 과정에서 전류가 만들어진다.

● 스타터 모터

엔진 시동을 거는 스타터 모터는 전자석(電磁石)을 이용한 마그네트 스위치(magnet switch)와 모터(motor)가 하나로 된 형식이 일반적이다.

자동차의 키를 돌리면 마그네트 스위치로 전류가 흐르고 레버가 당겨지면서 피니언 기어(pinion gear)와 플라이휠(flywheel) 이 맞물린다. 그와 함께 모터에도 전류가 흐르고 회전운동이 발생해 플라이휠이 돌면서 엔진이 움직이기 시작한다.

엔진 시동이 걸리면 엔진의 강력한 회전이 모터로 전해져 모터가 손상될 위험이 있다. 이 때문에 모터와 피니언 기어 사이에 '오버런닝 클러치(overrunning clutch)'라고 하는 한 쪽으로만 힘이 전달되는 클러치가 장착되어 엔진 회전이 전달되지 않도록 되어 있다.

스타터 모터(starter motor)의 구조

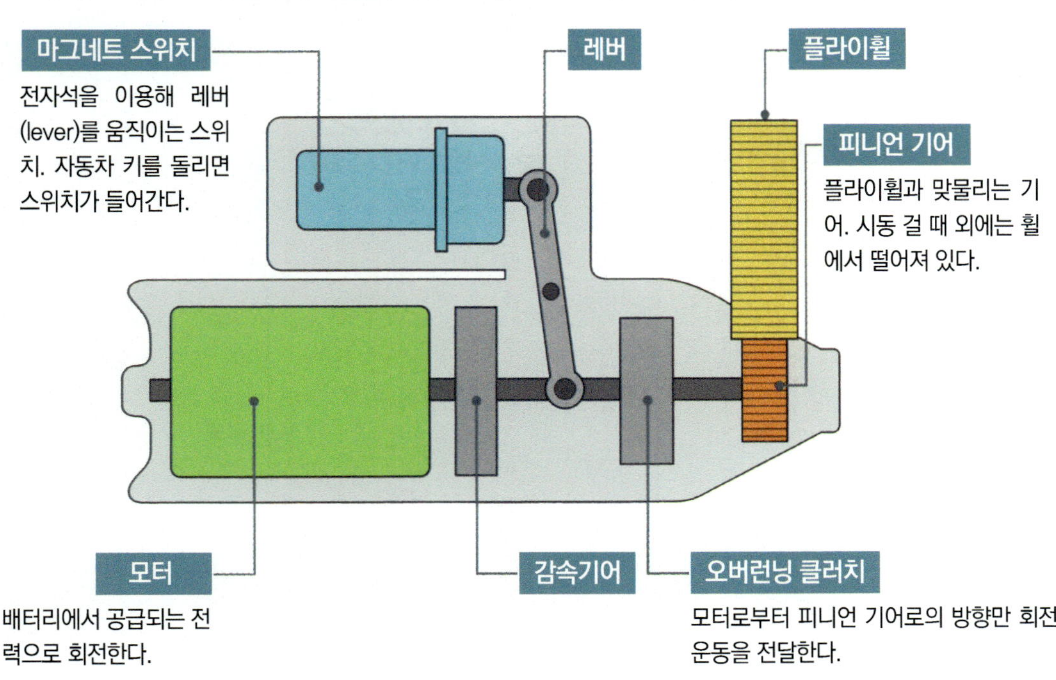

점화장치

엔진의 연소행정에서는 혼합기에 착화(着火)시키는 점화장치가 필요하다. 점화장치는 배터리에 저장된 전력을 이용해 착화시킨다.

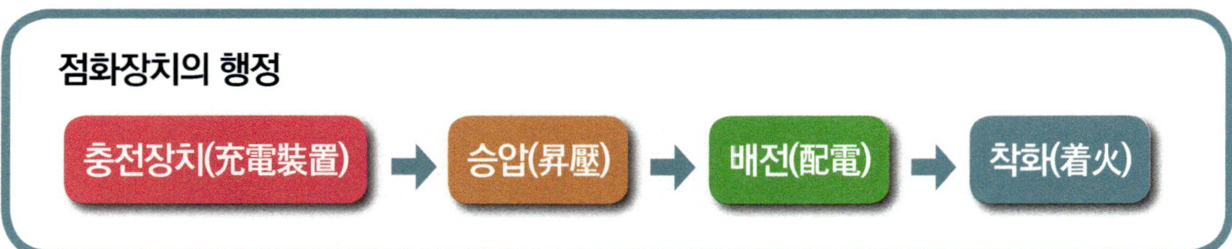

엔진의 4행정 가운데 연소·팽창행정에서는 혼합기에 착화를 할 필요가 있다. 이 기능을 담당하는 것이 점화장치다. 자동차에는 안전을 위해 저압 전류가 사용되며, 착화에는 1만 볼트 이상의 고압 전류가 필요하다. 따라서 먼저 전압을 상승시켜 고압 전류로 만들 필요가 있다. 이 행정을 '승압(昇壓 · pressure rising)'이라고 한다.

승압에는 전기가 가진 상호유도작용(相互誘導作用 · mutual induction action)이라는 힘을 이용한다. 먼저 2개의 코일을 배열하고 한 쪽 코일(1차코일)에 전기를 흘린다. 전류를 흐르게 하면, 바로 순간적으로 다른 한 쪽의 코일(2차코일)에 전류가 발생한다. 이때 2차코일의 권수(捲數 · number of turns)를 1차코일보다 많게 하면 그에 비례해 2차코일로 흐르는 전류의 압력이 높아진다. 이것이 상호유도작용이다. 이 구조를 이용한 승압기구를 '이그니션 코일(ignition coil)'이라고 한다.

승압 다음의 행정이 '배전(配電 · electric power distribution)'이다. 점화는 실린더마다 이루어지기 때문에 고압 전류를 실린더 수만큼 분배할 필요가 있다. 이 작업을 배전이라고 하며, '디스트리뷰터(distributor)'라고 하는 장치가 담당한다. 디스트리뷰터는 회전하는 로터 주위에 실린더와 같은 수의 돌기가 배치된 장치로서 로터 회전과 동시에 로터의 끝과 돌기가 접촉하면서 통전을 함으로써 전류를 각 실린더로 균등한 간격으로 배분한다. 로터 회전은 캠 샤프트 회전과 같이 이루어지는데 통상은 압축행정이 끝나기 직전에 착화하는 구조로 되어 있다.

디스트리뷰터 내부에는 '시그널 제너레이터(signal generator)'라고 하는 발신기가 장착되어 있다. 시그널 제너레이터는 로터 회전에 따라 단속적(斷續 · 끊어졌다 이어졌다 하는, 또는 그런 것)으로 전기 신호를 발생한다. 이 전류는 '이그나이터(igniter)'라고 하는 장치를 통과하면서 증폭되어 이그니션 코일의 1차코일 전류로 이용된다.

한편, 현재는 디스트리뷰터를 사용하지 않는 점화장치가 많다. 이에 관해서는 82p에서 설명하기로 한다.

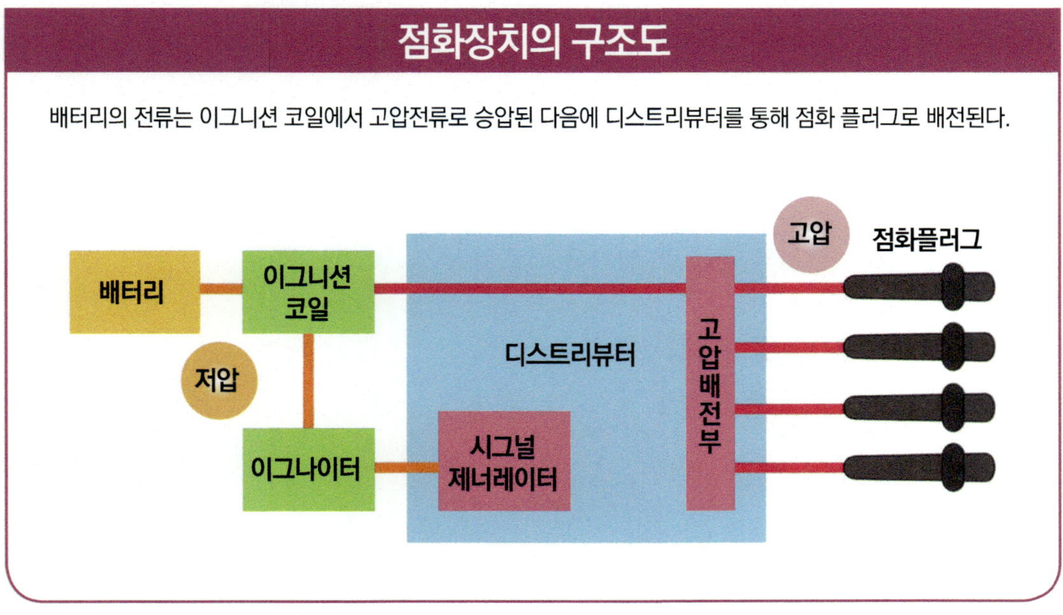

● 점화 플러그

연소실 내에서 혼합기에 점화하는 장치가 점화 플러그(spark plug)다. 플러그 끝에는 플러스 전극인 중심전극(中心電極)과 마이너스 전극인 접지전극(接地電極)이 있으며, 양극 사이에서 공중방전(空中放電)을 일으켜 착화하는 구조다.

점화 플러그는 누전을 막기 위해 절연소재인 애자(碍子·insulator)로 덮여 있으며, 그 안쪽으로 플러스 쪽 전극이 지나간다. 마이너스 쪽 전극은 애자 외측의 하우징이라고 하는 금속제 부품을 지나간다. 이와 같이 양극과 음극이 접촉하지 않도록 애자를 사이에 두고 절연된 구조로 되어 있다.

전극은 가늘수록 방전성(放電性)이 올라간다. 그 때문에 전극을 가느다란 형태로 만들 수 있고 내구성이 뛰어난 플래티넘이나 이리듐 합금을 소재로 사용하는 경우가 많다. 또한 이 소재들은 방전할 때 매우 고온으로 올라가기 때문에 불완전연소로 발생하는 그을음을 다 태울 수 있어서 유지보수 측면에서도 좋다.

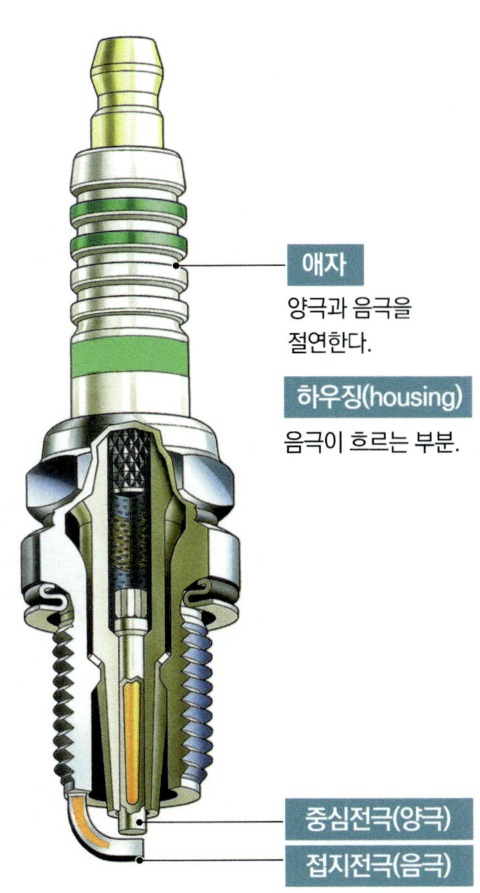

다이렉트 점화장치란 디스트리뷰터와 시그널 제너레이터를 사용하지 않고 컴퓨터 제어로 배전하는 점화장치를 말한다. '디스트리뷰터-리스 점화장치(distributor-less ignition)'라고도 한다.

기존방식에서는 로터와 접촉하는 돌기 부분이 마모되어 전력 손실을 일으키는 결점이 있었다. 그러나 컴퓨터 제어로 배전을 하면 이런 문제는 일어나지 않는다. 또한 디스트리뷰터 방식에 비해 점화시기 제어를 정확하게 할 수 있는데다가 전류 손실이나 소음발생을 억제할 수 있다는 장점도 있다.

구조로서는 엔진제어 컴퓨터가 최적의 점화 타이밍을 판단해 전기 신호가 되는 미약한 전류를 발생시킨다. 전류는 이그나이터로 증폭되어 이그니션 코일에서 고압 전류로 승압되어 점화가 일어난다. 고압전류의 전달손실을 최소한으로 줄이기 위해 이그나이터와 타이밍 코일은 점화 플러그 캡에 내장(內藏)되는 경우가 많다.

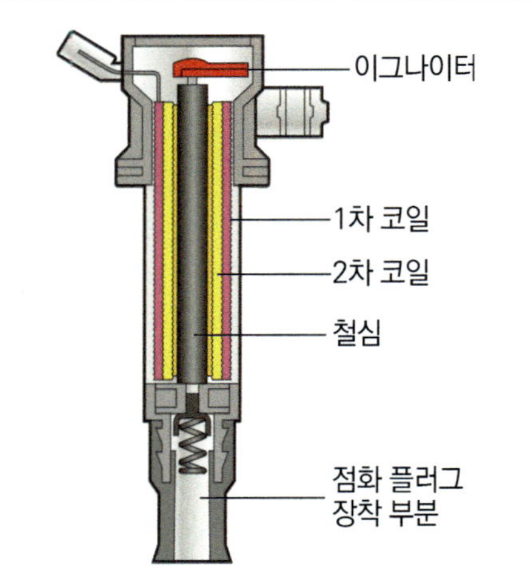

다이렉트 점화장치의 구조도

다이렉트 점화장치에서는, 전류가 저압 상태로 점화 플러그까지 간 다음,
점화 플러그 내의 이그니션 코일로 승압된다.

AUDI

http://www.audi.com

1909년에 아우구스트 호르히가 창업한 독일의 자동차 메이커. 제1차 세계대전 후인 32년에 중견 자동차 메이커였던 DKW, 호르히, 반더러와 함께 아우토유니온을 결성. 아우디의 엠블럼은 이때의 4회사의 단결을 의미한다. 그 후 로터리엔진을 개발한 NSU를 병합해 사명을 아우디NSU 아우토유니온으로 변경했다가 85년에 다시 아우디로 바꿔서 현재에 이르고 있다. 기술면에서는 콰트로라 불리는 승용차용 풀타임 AWD시스템을 세계최초로 실용화한다. 80년대 중반에 WRC를 석권하면서 시판차량에 있어서 풀타임 AWD의 초석이 된다. 시판차로는 근간이 되는 A시리즈와 스포티한 S/RS시리즈, 스페셜 쿠페 TT, SUV인 Q시리즈, 스포츠 모델의 플래그십 R시리즈로 일대 라인업을 이루고 있다.

BMW

http://www.bmw.co.kr

독일 바이에른주 뮌헨에 본사를 두고 있는 자동차&바이크 메이커. 전신은 1917년에 창립된 항공기 엔진 메이커로서, 원을 가로세로로 4등분한 엠블럼은 프로펠러를 의미한다. 22년에 사명을 BMW(바이에른 발동기 제작소라는 의미)로 변경. 바이크에서 시작해 29년부터는 자동차 생산을 시작했다. 제2차 세계대전 뒤에는 경영난에 빠졌지만, 62년에 발매한 1500시리즈가 히트를 치면서 자동차 메이커로서의 입지를 확립한다. 94년에 미니(로버)를, 98년에는 롤스로이스를 산하에 편입시켰다. BMW의 아이덴티티는 스티어링을 잡는 운전자 중심의 자동차 제조에 있다. 그것은 FR 구동방식이나 직렬6기통 엔진, 앞뒤 중량 밸런스 등에 심혈을 기울이는 것에서도 엿볼 수 있다. 또한 2001년에는 세계최초로 밸브트로닉을 실용화하는 등, 선진기술 도입에 적극적인 것도 특징이다.

MERCEDES-BENZ

http://www.mdrcedes-benz.co.kr

가솔린 자동차는 1885년부터 86년에 걸쳐 발명되었다. 85년에 가솔린 엔진을 얹은 3륜자동차를 만든 것이 칼 벤츠이고, 이어서 86년에 4륜자동차를 만든 것이 고틀리프 다임러(와 기술자인 마이바흐)로서, 둘 다 독일인이었다. 이 두 회사가 제1차 세계대전 후에 합병해 설립된 것이 다임러·벤츠 회사이다(2007년 이후의 사명은 다임러AG). 다임러가 「자동차를 발명한 메이커」로서 세계로부터 존경 받는 이유는 이러한 역사적인 사실에 따른 것이다. 다임러가 만든 승용차 브랜드 이름인 「메르세데스 벤츠」는 합병 전의 다임러사가 사용하고 있던 제품명(당시의 유력 판매점 경영자의 딸 이름에서 가져 온 것)과 벤츠사의 이름을 합친 것이다. 다임러벤츠사에는 현재도 자동차 리더라는 자부심이 기업 풍토로 자리잡고 있으며, 디젤이나 플러그인·하이브리드와 같은 최신 파워 트레인에도 적극적으로 대처하고 있다.

파워트레인의 구조

파워트레인은 엔진에서 만들어진 동력을 바퀴로 전달하기 위한 장치다. 트랜스미션(trans-mission), 디퍼렌셜 기어(differential gear) 등으로 구성된다.

60p에서 설명했듯이 엔진에서 만들어진 회전운동은 파워트레인(동력전달장치)을 통해 타이어로 전달된다. 이 장에서는 파워트레인의 구조에 대해서 설명한다.

파워트레인의 중추를 이루는 트랜스미션은 엔진에서 출력된 회전수를 주행상황에 따라 바꿔주는 장치다. 트랜스미션의 방식은 MT, AT, CVT 등 3가지로 분류된다. 각각의 구조를 순서대로 살펴본다.

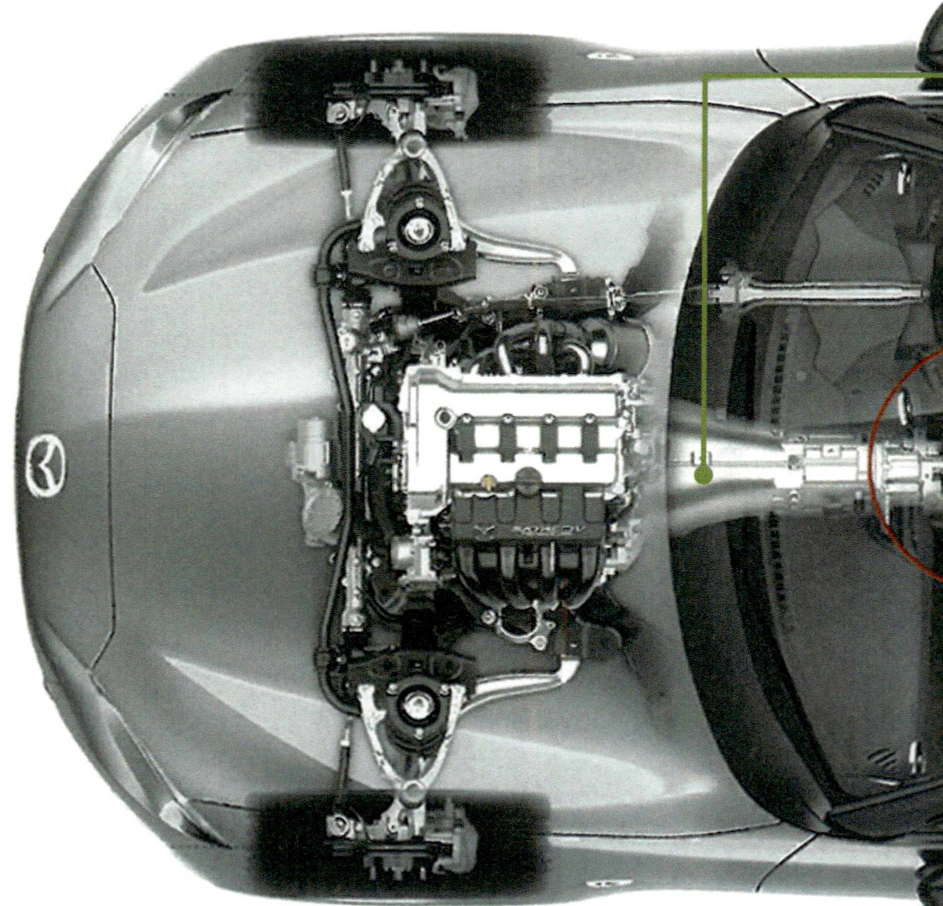

트랜스미션의 동작을 알기 위해서는 토크 (torque) 개념을 이해할 필요가 있다.

트랜스미션　엔진 회전수를 최적의 회전수로 변환하는 장치. 3가지 방식이 있다.

MT
Manual
Transmission

88p

수동으로 변속을 하는 방식.
단계적인 변속.

AT
Automatic
Transmission

92p

자동으로 변속을 하는 방식.
단계적인 변속.

CVT
Countinuously Variable
Transmission

96p

자동으로 변속을 하는 방식.
무(無)단계 변속.

디퍼렌셜 기어(differential gear)　**98p**

좌우 차륜의 회전수를 조정하여, 선회할 때 한 쪽의 회전수
만 증가시키는 장치.

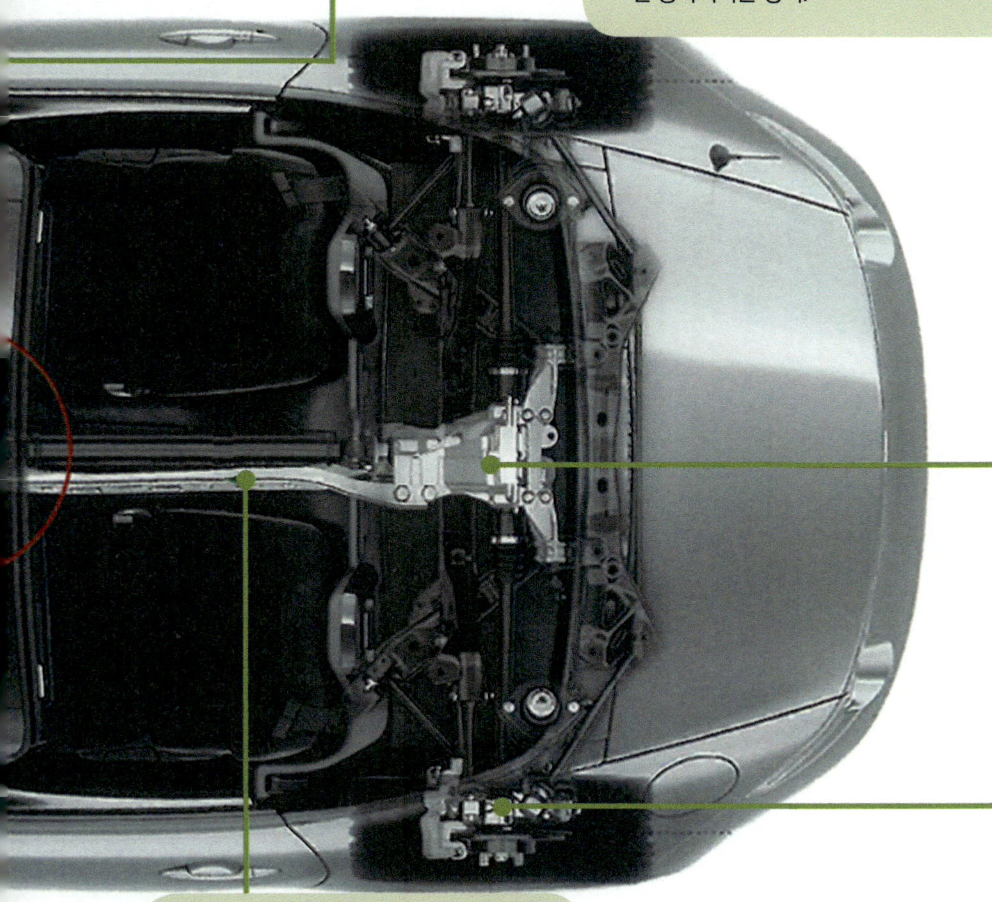

프로펠러 샤프트
(propeller shaft)　**101p**

차내를 종단해 회전을 전달하는 축. FF방식
의 자동차에는 존재하지 않는다.

드라이브 샤프트
(drive shaft)　**101p**

회전을 차륜에 전달하는 축.

토크와 변속

자동차의 주행성능은 엔진 회전수와 토크로 측정할 수 있다. 회전수를 바꾸기 위한 기구(機構)가 트랜스미션이다.

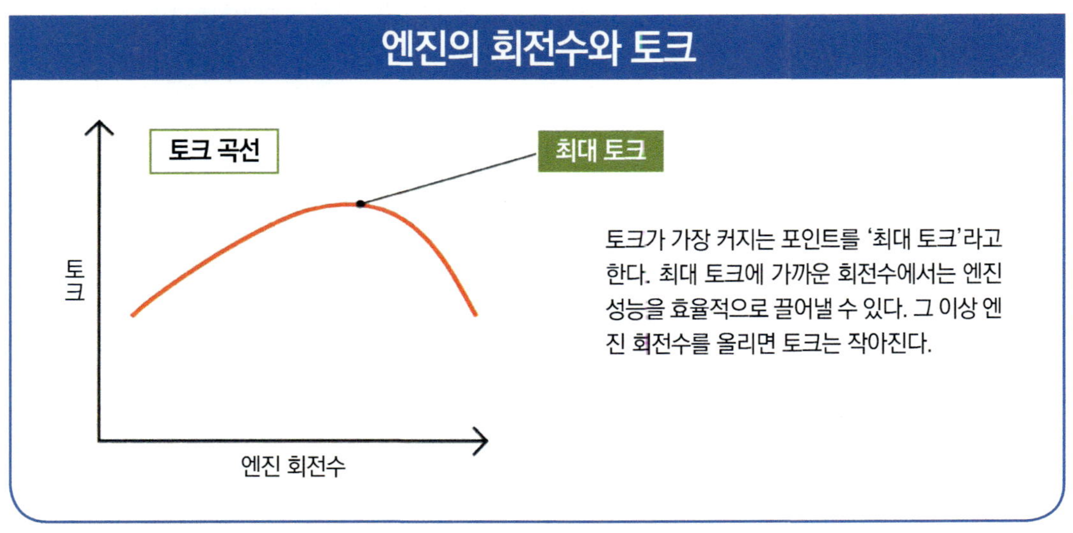

토크란 타이어 회전축에 걸리는 힘을 말하며, 자전거로 말하면 페달을 밟는 힘의 세기를 나타낸다.

토크 단위는 정식으로는 N · m(뉴턴 · 미터)로 표시하지만 일반적으로는 kg · m(킬로그램 · 미터)를 사용하는 경우가 많다. 예를 들어 1kg · m이라면 크랭크샤프트로부터 1m의 거리에 1kg의 힘이 걸린다는 것을 나타낸다. 또한 엔진 회전수와 같이 표시되는데 예를 들어 '엔진의 최대 토크 값 20kg · m/6000rpm'이라고 했을 경우 엔진이 1분 동안 6000회전을 할 때 크랭크샤프트로부터 1m의 거리에서 20kg의 힘이 걸리고 있다는 것을 의미한다.

엔진 회전수를 올리면 토크는 커지지만 일정 회전수를 넘으면 다시 감소하게 된다. 이것은 흡배기의 스피드가 서로 맞지 않거나 회전할 때 기계 저항이 커지거나 해서 큰 힘을 발휘하지 못하기 때문이다. 토크 값을 세로축, 엔진 회전수를 가로축에 두었을 때 그려지는 곡선을 '토크 곡선'이라고 한다. 토크 곡선이 완만할수록 어느 회전수에서도 힘이 있고 다루기 쉬운 엔진이 된다. 반대로 곡선이 가파른 산을 그리는 엔진은 다루기 어려운 경향이 있다고 할 수 있다.

자동차를 출발시킬 때나 급한 언덕길을 오를 때는 강한 저항을 극복하기 위해 큰 토크가 필요해진다. 그에 반해 고속으로 주행할 때는 이미 가속이 붙었기 때문에 큰 토크가 필요 없고 그보다 타이어 회전수를 가능한 올릴 필요가 있다. 이와 같이 다양한 상황에 따라 최적의 힘을 이끌어 내기 위해 자동차는 트랜스미션(transmission · 變速機)으로 회전수를 변화시킨다.

트랜스미션에 의해 바뀐 회전수 비율을 '변속비(變速比·gear ratio)'라고 부른다. 예를 들면 톱니수가 36개인 기어에서 톱니수 18개인 기어로 힘을 전달하면 회전수는 2배가 되고 토크는 2분의 1이 된다. 이 경우의 변속비는 0.5로 나타낼 수 있다. 반대로 톱니수가 36개인 기어에서 톱니수가 72개인 기어로 전달할 경우에는 회전수가 2분의 1로 줄지만 2배의 토크를 끌어낼 수 있다. 이 경우의 변속비는 2가 된다.

트랜스미션은 복수의 기어를 조합해 변속비를 몇 단계로 전환할 수 있다. 전환 가능한 변속비의 수를 변속단수(變速段數)라고 한다. 변속단수가 많을수록 엔진의 잠재력을 끌어낼 수 있지만 그만큼 구조는 복잡해지고 비용도 올라간다. 트랜스미션의 변속단수는 이들 요소를 고려해 결정한다.

토크와 저항

저항이 클 때

언덕길을 오르는 경우 등과 같이 저항이 클 때 토크가 커지지 않으면, 자동차는 움직이지 않는다.

저항이 작을 때

스피드가 붙어 있을 때는, 토크의 증가보다도 타이어의 회전수를 늘리는 것이 중요하다.

변속비

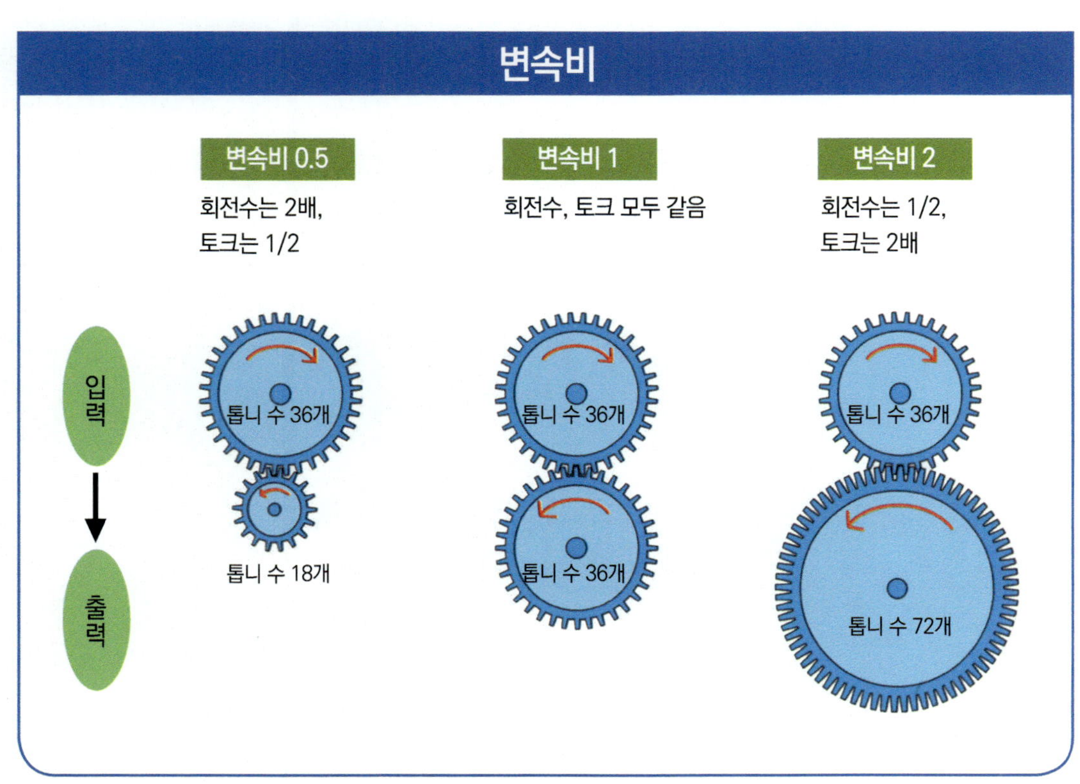

MT의 구조

트랜스미션의 기본은 수동으로 절환하는 MT(Manual Transmission)다. 그 구조는 클러치(clutch)와 2개의 샤프트(shaft)를 조합한 것이다.

MT의 원리

MT는 Manual Transmission의 약자로서 수동변속기(手動變速機)를 가리킨다. 자동으로 변속을 하는 AT(Automatic Transmission)에 비해 일반적으로 전달효율이 좋고 연비나 동력성능이 뛰어나다는 것이 특징이다. 변속단수는 4~6단으로 설정하는 것이 현재의 주류지만 변속단수를 늘릴수록 변속이 부드럽게 진행되어 에너지 손실을 줄일 수 있다.

변속비가 가장 큰 조합이 로 기어(low gear · 1단), 그리고 세컨드 기어(second gear · 2단), 서드 기어(third gear · 3단)로 이어지고, 기어비가 가장 작은 고속용 기어를 톱 기어(top gear)라고 부른다. 이밖에 후진용 백기어(back gear)나 동력이 전달되지 않는 상태의 뉴트럴 기어(neutral gear) 가 있다. 한편, 엔진 회전수보다 트랜스미션 출력 때의 회전수가 커지는 기어를 '오버 드라이브(overdrive)'라고 한다.

일반적인 MT는 평행하게 배열된 2개의 샤프트와 기어의 조합으로 구성되어 있다. 외부와 접속해 회전을 전달하는 샤프트를 메인샤프트, 외부와 접속하지 않는 샤프트를 카운터 샤프트라고 한다. 또한 엔진에 이어지는 샤프트와 디퍼렌셜 기어(98p)에 이어지는 샤프트가 다른 경우는 입력 쪽을 인풋 샤프트(input shaft), 출력 쪽을 아웃풋 샤프트(out shaft)라고 한

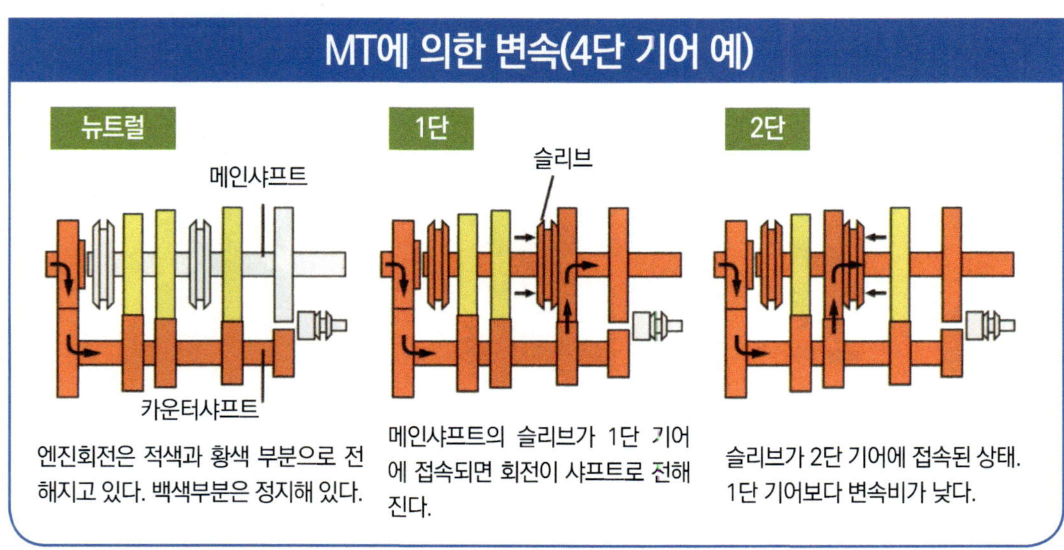

MT에 의한 변속(4단 기어 예)

엔진회전은 적색과 황색 부분으로 전해지고 있다. 백색부분은 정지해 있다.

메인샤프트의 슬리브가 1단 기어에 접속되면 회전이 샤프트로 전해진다.

슬리브가 2단 기어에 접속된 상태. 1단 기어보다 변속비가 낮다.

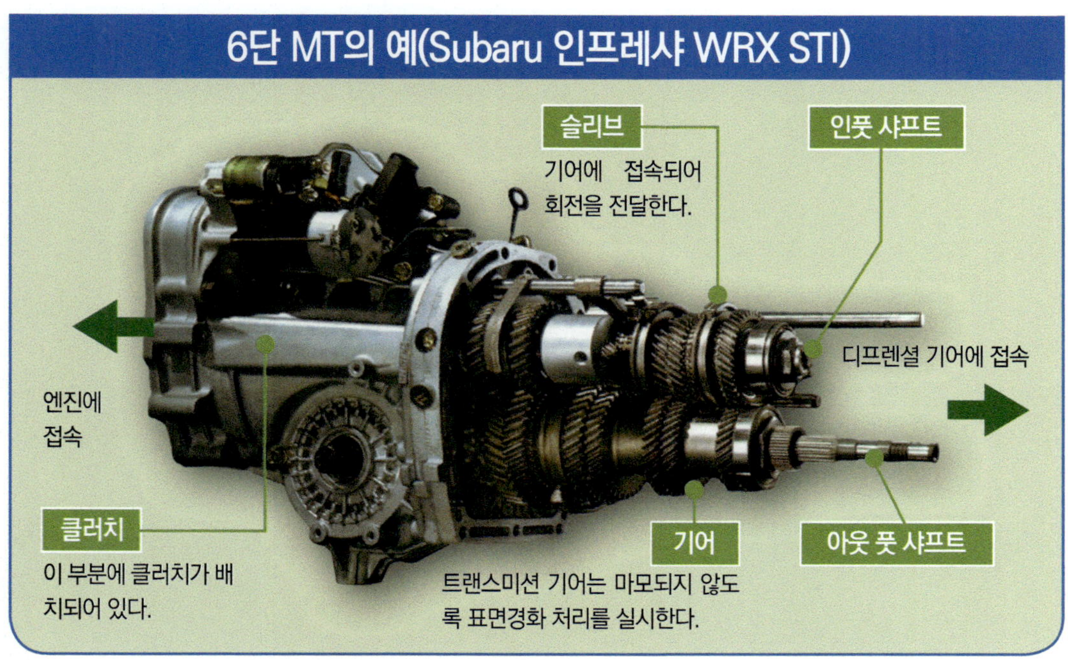

다. 회전수를 전환하는 방식은 여러 개가 있는데 현재 가장 일반적인 것이 동기(同期) 물림 방식이다.

동기 물림 방식은 맞물린 기어의 한 쪽이 샤프트에 고정되지 않고 사용되지 않는 기어는 공전한다. 샤프트 위에 있는 슬리브(sleeve)라고 하는 기구가 기어에 접속함으로써 비로소 기어의 회전이 샤프트로 전달된다.

공전하는 기어의 회전수와 슬리브의 회전수가 다르기 때문에 그대로 접속하면 이상이 생긴다. 그 때문에 동기 물림 방식에서는 회전수를 동기시키는 '싱크로메시 기구(synchromesh mechanism)'를 사용해 부드러운 변속이 이루어지도록 하고 있다.

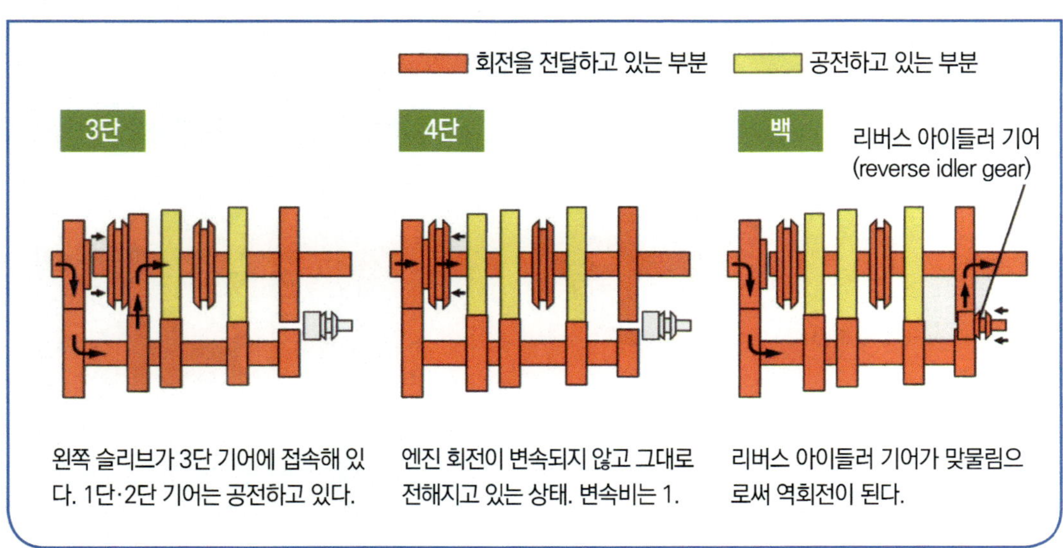

클러치

클리치(Clutch)란 엔진 회전을 임의로 단속(斷續)시키는 장치를 말한다. 변속조작을 할 때 일시적으로 엔진과 트랜스미션을 떨어지게 할 필요가 있기 때문에 이 장치를 이용한다.

현재 주류를 이루고 있는 것은 마찰 클러치다. 2장의 원판(圓板)을 서로 마주보게 해 접속·분리시키는 단판(單板) 방식이 일반적이다. 원판이 떨어져 있으면 회전은 전달되지 않는다. 서서히 접속해 나가면 마찰을 일으키면서 조금씩 회전이 전해져 출력 쪽의 원판 회전수가 입력 쪽 회전수에 근접해 간다. 이 상태를 '반 클러치(half clutch)'라고 한다. MT차를 원활하게 움직이기 위해서는 '반 클러치' 활용을 빼놓을 수 없다. 더 힘을 가해 원판끼리 완전하게 밀착시키면 슬립이 없어지고 샤프트가 1개인 것처럼 모든 토크가 전해지게 된다.

마찰 클러치는 전달되는 토크가 크면, 원판끼리 미끄러지거나 급격하게 토크가 전해지는 등의 문제가 발생한다. 이 때문에 원판의 매수를 늘려 마찰·접촉하는 면적을 넓힌 다판(多板)방식을 사용하는 경우도 있다. 다판 방식이라면 토크가 크더라도 대응이 가능하다.

다른 종류로는 오일 등의 액체를 매개로 회전력을 전달하는 유체 클러치(fluid clutch)나 전자석의 힘을 이용하는 전자 클러치(electromagnetic clutch) 등도 있다. 전자 클러치는 전기를 흘리면 자력이 생겨 클러치판이 당겨지면서 이어지는 기구다. 전류가 약하면 자력도 약해져 반 클러치 상태가 된다.

엔진의 플라이휠과 클러치 디스크의 조합으로 토크를 전달한다. 클러치 커버에는 스프링이 있어 클러치 디스크를 밀어붙이는 역할을 한다.

TOPIC ▶▶ MT를 자동화한 '한 AMT'

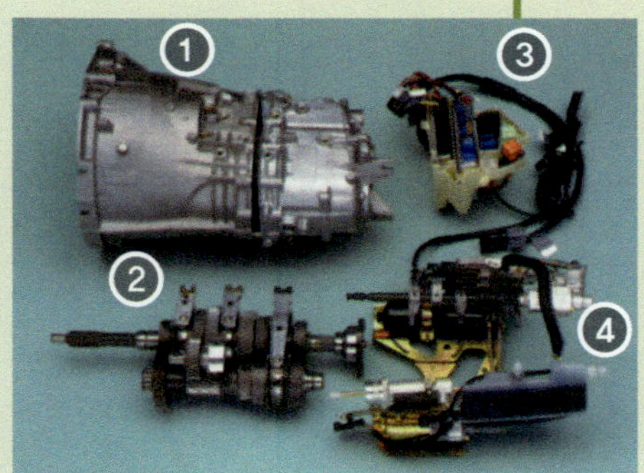

AMT의 일종인 BMW사(社)의 시퀀셜 매뉴얼 기어박스(sequential manual gear box). 전자 제어되는 유압 제어장치가 자동적으로 변속을 한다.

① 트랜스미션 커버
② 매뉴얼 트랜스미션
③ 전자제어 유압 센서
④ 전자제어 유압 실린더

AMT는 Automated Manual Transmission의 약자로 MT와 자동변속기(AT)의 장점을 섞어놓은 변속기다. 연비, 가속성능 및 조작성이 뛰어나다. 특히 MT차량 보급률이 높은 유럽에서 개발되고 있다. AMT는 크게 싱글 클러치식 AMT(SCT)와 듀얼 클러치식 AMT(DCT) 2가지로 나눌 수 있다.

SCT는 클러치 조작과 시프트(shift) 조작을 자동으로 할 수 있는 변속기로서 전자제어에 의한 유압이나 전기 모터를 사용한다. 변속할 때 구동 토크가 끊어지는 문제가 있지만 자동변속이 가능한 오토매틱 모드에서는 MT차량보다도 연비가 좋다.

그리고 SCT보다 적극적으로 실용화되고 있는 것이 DCT다. DCT는 2개의 클러치 조작과 시프트 조작을 전자적으로 제어하는 유압이나 전기 모터로 이루어진다. 홀수와 짝수 기어를 각각 2개의 클러치에 할당하고 다음 기어를 상시 변속하고 있기 때문에 부드러운 변속이 가능하다. SCT에 비해 기구가 복잡하고 크지만 MT의 높은 동력 전달효율과 AT의 변속 편리성을 겸비하고 있으며, 가격도 낮아지고 있기 때문에 더 많은 보급이 기대되고 있다.

AT의 구조

토크 컨버터와 부(副)변속기를 조합한 AT는 자동적으로 다단(多段) 변속을 할 수 있다. 현재 승용차에 가장 널리 사용되고 있는 방식이다.

AT의 원리

AT란 Automatic Transmission의 약자로서 자동적으로 변속을 하는 트랜스미션을 가리킨다. 넓게는 91p에서 소개한 'AMT'나 96p의 'CVT'도 AT의 일종이지만 여기서는 가장 일반적으로 보급되어 있는 토크 컨버터와 부변속기(shift transfer case)를 조합한 AT기구에 대해 설명한다.

AT 구조의 기본을 이루는 것은 토크 컨버터, 플래니터리 기어식 부변속기 및 거기에 유압제어 기구다. 토크 컨버터는 AT의 핵심을 이루는 기구로서 토크를 증대시키는 역할을 맡고 있다. 다만, 토크 컨버터만으로는 MT와 같은 세밀한 변속을 할 수 없기 때문에 플래니터리 기어식 부변속기(Planetary gear type shift transfer case)를 조합해서 대응하고 있다.

플래니터리 기어(Planetary gear · 유성 기어)란 중심에 있는 '선 기어(sun gear)' 주변을 감싸듯이 링 기어를 배치하고 그 2개의 사이에 피니언 기어를 맞물리게 한 기어 기구의 일종이다. '선 기어'의 축을 고정하면 링 기어(ring gear)의 자전(自轉)에 따라 피니언 기어가 자전하면서 '선 기어' 주위를 공전한다. 피니언 기어의 축을 고정하면 피니언 기어는 그 장소에서 자전하고 선 기어와 링 기어는 각각 역방향으로 회전한다. 이와 같이 플래니터리 기어는 3가지 기어의 고정축을 바꿈으로써 변속이나 역회전을 할 수 있다. 축의 고정은 부변속기 내부에 설치된 클러치나 브레이크 기구를 통해서 한다.

엔진에 접속

토크 컨버터
오일의 흐름을 이용해 엔진회전을 서서히 전달하는 기구. 토크를 증대시키는 역할도 있다.

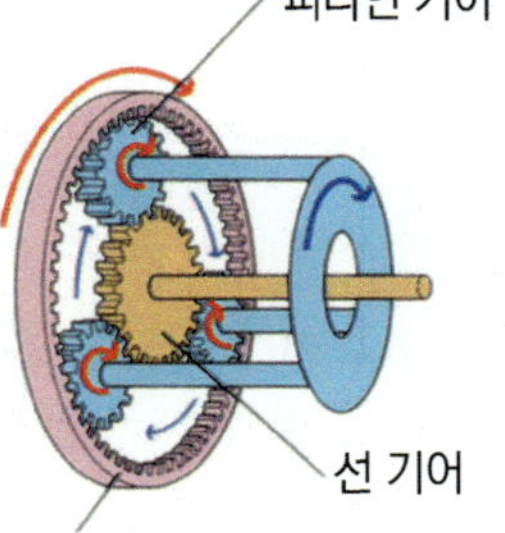

플래니터리 기어의 구조

 입력되는 축  출력되는 축 고정되어 있는 축

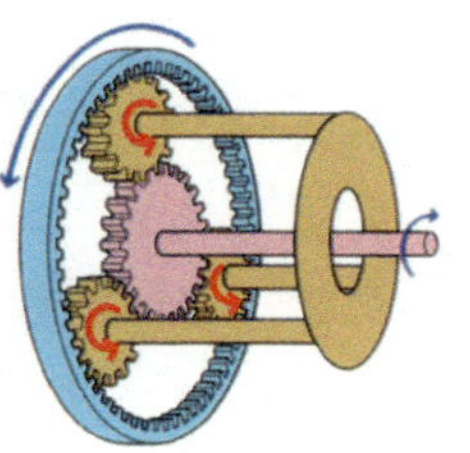

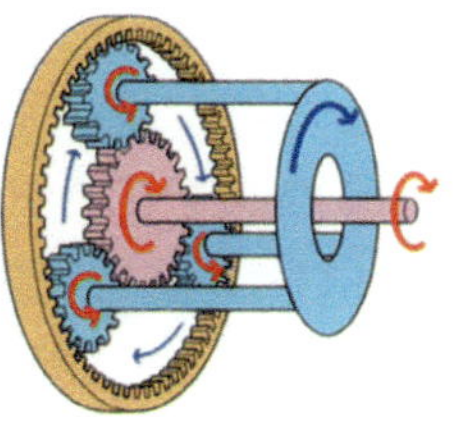

선 기어의 축이 고정된 상태에서 링 기어의 축을 회전시키면 피니언 기어는 자전하면서 선 기어의 주변을 회전한다.

피니언 기어의 축이 고정된 상태에서 선 기어의 축을 회전시키면 링 기어는 선 기어와 반대방향으로 회전한다.

링 기어의 축이 고정된 상태에서 선 기어의 축을 회전시키면 피니언 기어는 자전하면서 선 기어 주변을 회전한다.

플래니터리 기어식 부변속기
플래니터리 기어의 조합으로 단계적으로 변속한다.

 **디퍼렌셜 기어에 접속**

유압 제어 기구
AT제어를 위해 유압을 보내는 기구.

AT의 부변속기는 이런 플래니터리 기어를 2개 이상 조합시켜 MT와 똑같은 4단, 5단의 다단변속을 실현하고 있다.

유압제어 기구는 토크 컨버터의 록 업(lock up) 기구(95p) 제어나 부변속기의 클러치, 브레이크 기구로 유압을 보내는 역할을 맡고 있다. 유압제어 기구에서 사용되는 오일은 토크 컨버터의 작동유(作動油)나 플래니터리 기어식 부변속기의 윤활유로도 사용된다.

토크 컨버터(torque converter)

엔진을 시동하면 강력한 회전이 발생하는데 그것이 그대로 타이어에 전달되면 자동차는 급발진(急發進)하게 된다. 그래서 앞서 설명했듯이, MT차에서는 클러치를 사용해 회전을 단속(斷續 · 끊겼다 이어졌다 함. 또는 끊었다 이었다 함.)하고 있다. AT차에서 이것과 똑같은 역할을 하는 것이 토크 컨버터이다.

토크 컨버터는 오일의 흐름을 이용해 엔진 회전을 조금씩 샤프트로 전달하면서 속도를 조정하는 역할을 하고 있다. 토크 컨버터 안에는 '펌프 임펠러(pump impeller)'와 '터빈 런너(turbine runner)'라고 하는 2개의 날개바퀴 같은 것이 서로 마주보게 설치되어 있으며, 내부는 오일로 채워져 있다. 엔진의 힘으로 펌프 임펠러가 회전하기 시작하면 펌프 임펠러로부터 터빈 런너로 오일이 흘러 터빈 런너도 천천히 돌기 시작한다. 오일은 '스테이터(stator)'라고 하는 조그만 날개바퀴에 유도되어 다시 펌프 임펠러로 흘러들어 간다. 흘러들어간 오일은 펌프 임

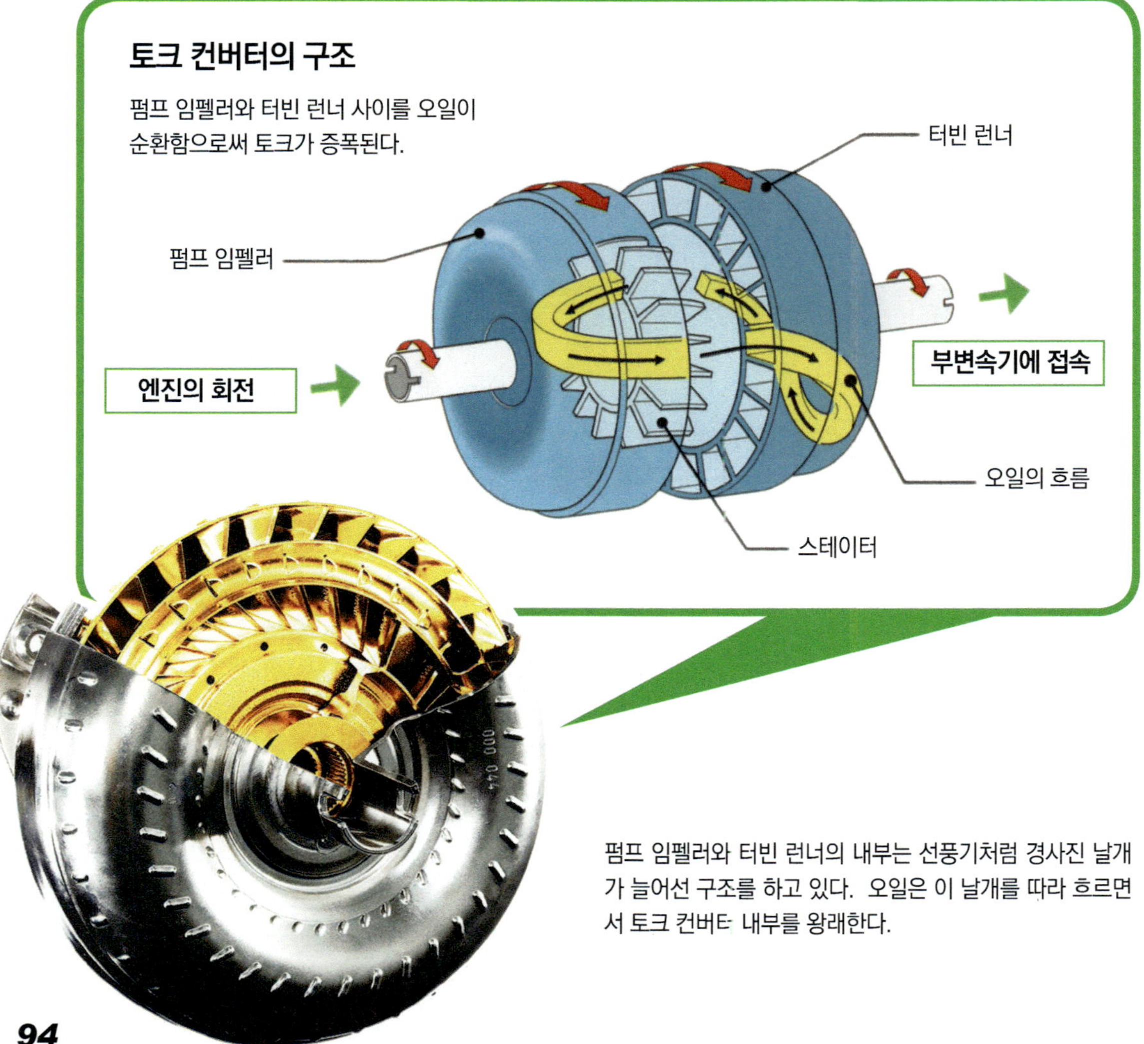

펌프 임펠러와 터빈 런너의 내부는 선풍기처럼 경사진 날개가 늘어선 구조를 하고 있다. 오일은 이 날개를 따라 흐르면서 토크 컨버터 내부를 왕래한다.

펠러의 회전을 촉진시키므로 회전하는 힘(토크)은 더 커진다. 이와 같이 해서 오일이 펌프 임펠러와 터빈 런너 사이를 순환함으로써 엔진 회전을 원활하게 샤프트에 전달할 수 있다.

터빈 런너가 회전하기 시작한 시점에서는 오일의 흐름이 그다지 빠르지 않기 때문에 엔진 회전은 감속되고 그만큼 토크가 커져서 샤프트로 전해진다. 자동차의 스피드가 올라가 터빈 런너의 회전수가 증가하게 되면 최종적으로 엔진의 회전수와 샤프트의 회전수가 거의 비슷해진다.

즉, 토크 컨버터는 그 자체가 변속기 역할을 겸비하고 있다고 할 수 있다. 토크 컨버터는 오일을 매개로 힘을 전달하기 때문에 전달과정에서 어쩔 수 없이 힘의 손실이 발생하게 된다. 이 손실을 막기 위해 터빈 런너의 회전수가 어느 일정한 수치를 넘으면 입력 쪽과 출력 쪽을 접착시킴으로써 토크 컨버터를 무효화시키는 기구가 장착되어 있다. 이것을 '록 업 기구(lock-up mechanism)'라고 한다.

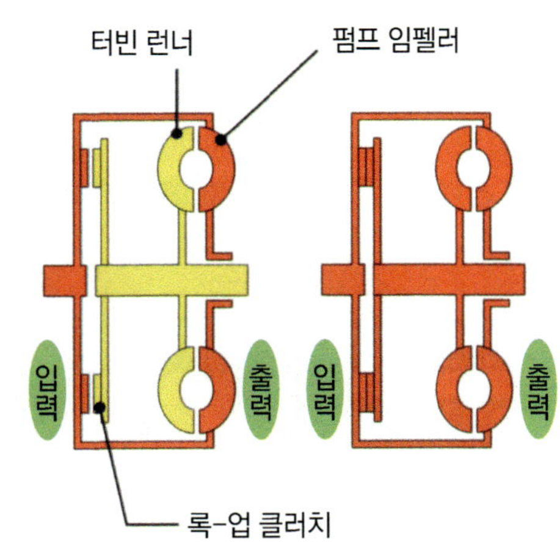

통상적으로는 록-업 클러치가 개방되어 있기 때문에, 엔진 회전이 펌프 임펠러에서 오일을 매개로 터번 런너로 전달된다. 그러나 이렇게 해서는 전달도중에 에너지 손실이 발생하기 때문에 엔진 성능을 완전히 발휘할 수 없다.
그래서 어느 정도 스피드가 나온 단계에서 자동적으로 록 업 클러치를 접속시킴으로써 터빈 런너를 경유하지 않고 엔진 회전을 직접 부변속기로 전달하는 방법으로 되어있다.

TOPIC ▶▶ 크리핑 현상

AT차에서 브레이크 페달을 밟지 않은 상태에서 엔진 시동을 걸면 자동차가 천천히 움직이기 시작한다. 이것은 MT의 클러치와 달리 AT의 토크 컨버터가 엔진회전을 항상 타이어에 전달하고 있기 때문이다. 이런 작용을 '크리핑(creeping) 현상'이라고 한다.

크리핑 현상은 좁은 길을 지나갈 때나 주차할 때 등에 편리하기 때문에 운전자가 AT차를 구입하는 이유 가운데 하나이기도 하다.

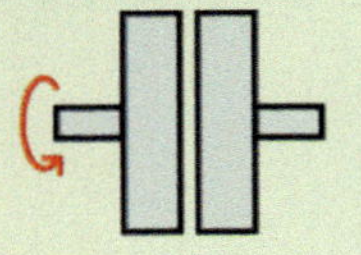

MT 클러치는 원판끼리 떨어져 있는 한 엔진 회전은 전달되지 않는다.

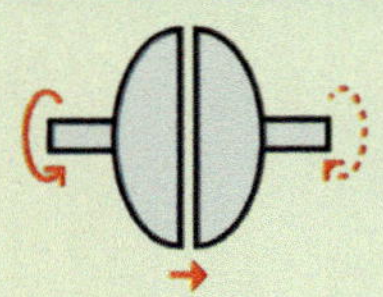

토크 컨버터는 약한 회전에서도 항상 힘을 전달하고 있다.

CVT의 구조

CVT란 기어를 사용해 변속을 하지 않는 무단변속기(無段變速機)를 말한다. 모든 회전수에서 효율적으로 힘을 발휘하기 때문에 사용하는 자동차가 늘어나고 있다.

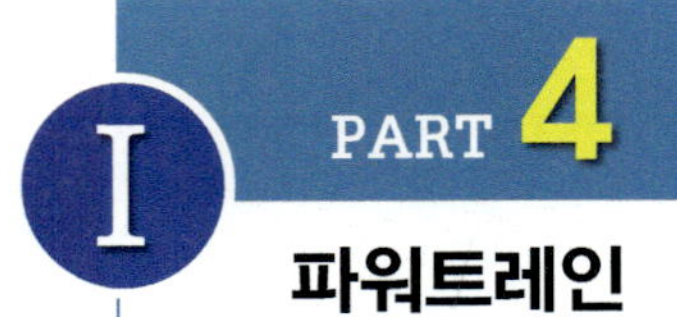

CVT 예

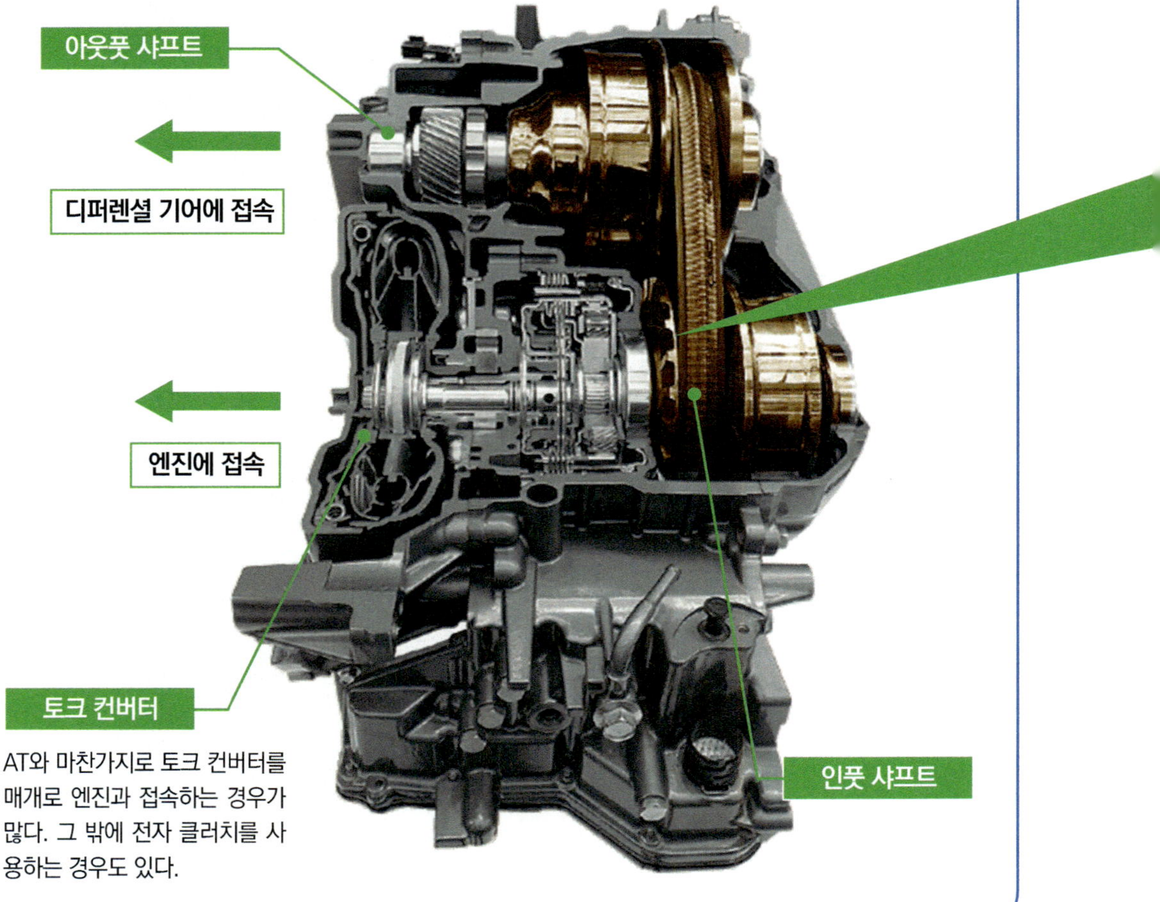
아웃풋 샤프트
디퍼렌셜 기어에 접속
엔진에 접속
토크 컨버터
AT와 마찬가지로 토크 컨버터를 매개로 엔진과 접속하는 경우가 많다. 그 밖에 전자 클러치를 사용하는 경우도 있다.
인풋 샤프트

CVT란 Continuously Variable Transmission의 약자로서 무단변속기라고도 한다. 종래의 AT나 MT는 단계적으로 변속비를 전환하는 방식이기 때문에 각 단계의 중간에 해당하는 속도에서는 엔진 출력을 효율적으로 사용하지 못한다는 문제가 있었다. 기어의 단수를 늘림으로써 어느 정도까지 효율을 높일 수는 있지만 그만큼 내부 구조가 복잡해지거나 MT의 경우는 전환이 번잡해지는 결점도 동시에 발생했다.

CVT에서는 엔진 출력에 맞는 최적의 변속비가 자동적으로 선택된다. 그 때문에 엔진이 가진 성능을 최대한으로 살릴 수 있으며, 연비 향상이나 신속한 가속 등이 가능하다. 현재 실용화되어 있는 CTV에는 벨트식 CVT와 파워롤러식 CVT가 있다.

벨트식 CVT는 금속 벨트를 2개의 풀리에 감고 각각 원(圓)의 직경을 바꾸는 식으로 변속을 한다. 파워 롤러식 CVT는 2개의 파워 디스크에 파워 롤러를 접속시켜 롤러의 각도를 바꿈으로써 변속하는 구조다.

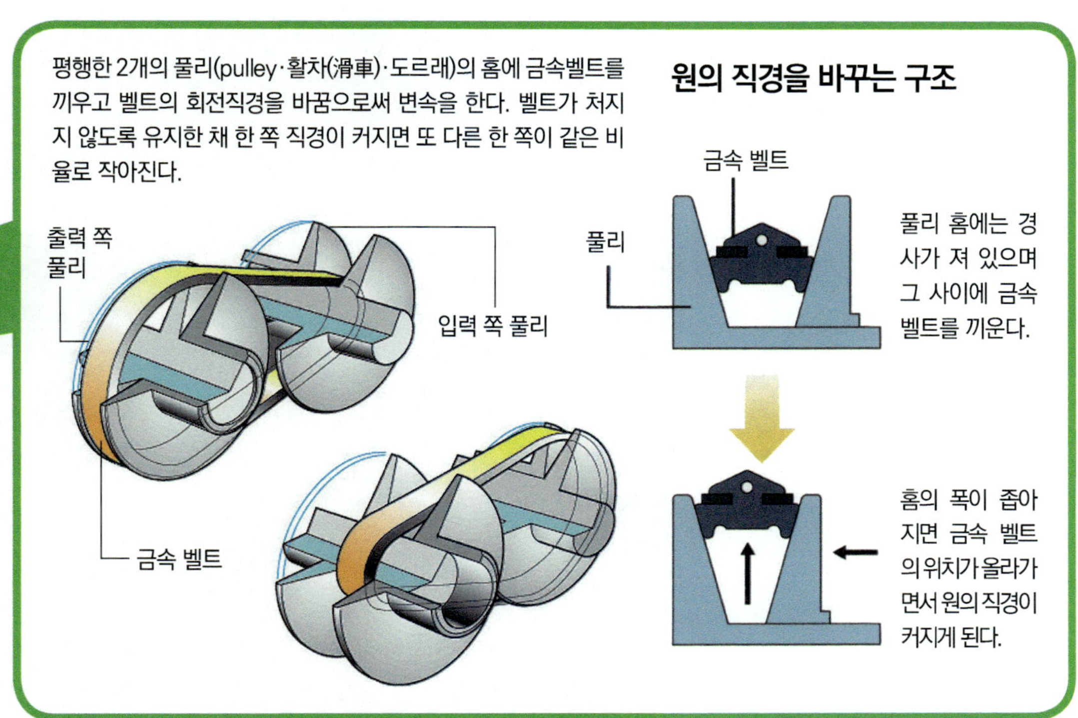

파워 롤러식 CVT

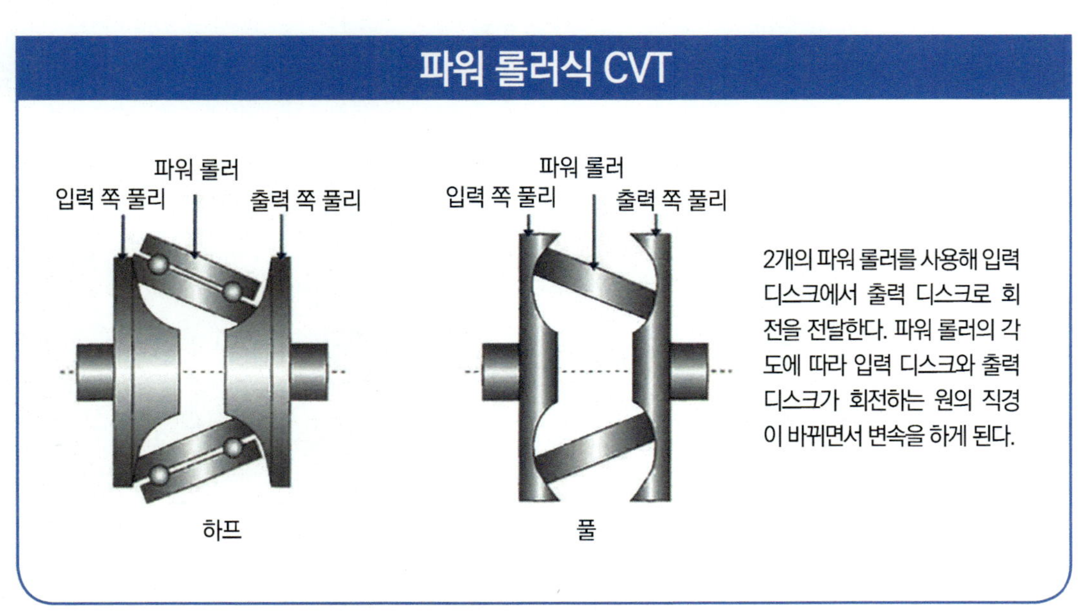

기어와 샤프트

트랜스미션에서 변속된 엔진의 회전은 디퍼렌셜 기어(differential gear)와 드라이브 샤프트(drive shaft)를 통해 최종적으로 타이어에 전달된다.

디퍼렌셜 기어

디퍼렌셜 기어는 커브 길에서 바퀴(차륜)가 옆쪽에서 힘을 받았을 때 자동적으로 좌우바퀴에 회전차이를 주어 선회를 원활하게 하는 기구를 말하며, 차동 기어라고도 한다.

자동차가 커브를 주행할 때는 바깥쪽 바퀴가 안쪽 바퀴보다 이동거리가 커진다. 그 때문에 바깥쪽과 안쪽의 바퀴가 같은 회전수로 커브를 돌게 되면 안쪽 타이어가 공회전하거나 바깥쪽 타이어가 끌려오게 되면서 선회가 불안정해진다. 디퍼렌셜 기어를 장착함으로써 이러한 불안정이 해소되어 원활한 선회(旋回 · turning · circling · revolution · rotation · gyration)를 할 수 있게 된다. 디퍼렌셜 기어에는 몇 가지 종류가 있으며, 현재는 우산모양으로 만들어진 기어인 베벨 기어식(bevel gear type)이 널리 사용되고 있다.

베벨 기어식 디퍼렌셜 기어(bevel gear type differential gears)의 내부는 자전(自轉)과 공전(公轉)을 하는 디퍼렌셜 피니언 기어(pinion gear)와 회전을 드라이브 샤프트로 전달하는 디퍼렌셜 사이드 기어(differential side gear)로 구성되어 있다.

직진할 때는 디퍼렌셜 피니언 기어가 자전하지 않고 공전만 하기 때문에 좌우 디퍼렌셜 사이드 기어의 회전수는 변하지 않는다.

그러나 옆쪽에서 힘을 받으면 안쪽 디퍼렌셜 사이드 기어의 저항이 올라가고 회전수가 떨어진다. 나아가 디퍼렌셜 피니언 기어가 자전하면서 바깥쪽 디퍼렌셜 사이드 기어의 회전수를 올린다. 이 두 가지 작용에 의해 이동거리가 많은 바깥쪽 바퀴가 더 많이 회전하게 되면서 주행이 안정되는 것이다.

커브에서는 바깥쪽 바퀴가 이동거리가 멀기 때문에 회전수가 많아진다.

디퍼렌셜 기어의 구조

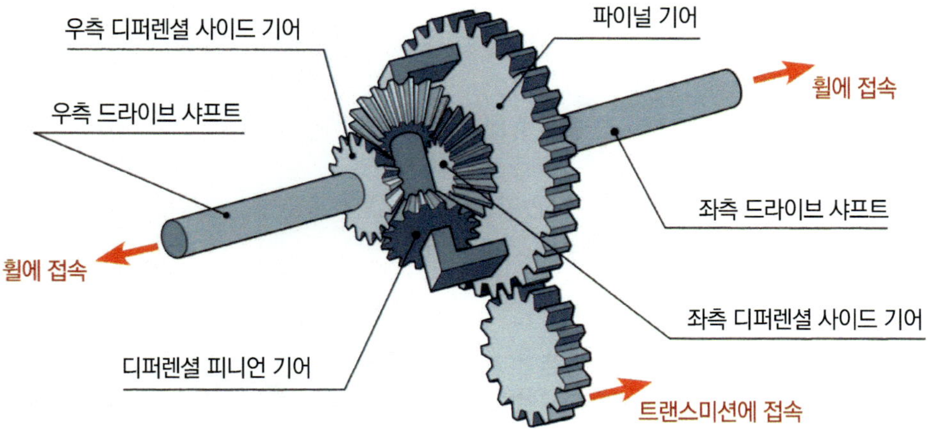

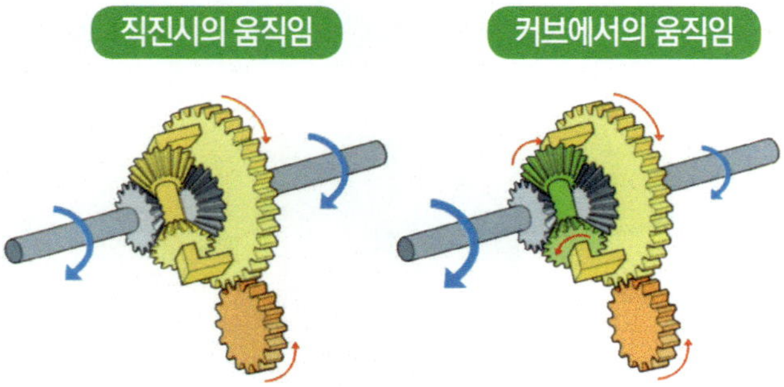

커브를 돌 때는 좌우 타이어가 지면에서 받는 저항의 차이가 생기므로 디퍼렌셜 피니언 기어가 자전한다. 그 결과 바깥쪽 바퀴의 회전수가 많아진다.

● 파이널 기어(final gear)

트랜스미션은 엔진의 회전을 감속하는 역할을 담당하고 있으며, 트랜스미션에서는 실제로 타이어에 전달되는 회전보다도 몇 배나 많은 회전수가 출력되고 있다. 이것은 회전수를 너무 떨어트리면 토크를 높이기 위해 그만큼 기어나 샤프트의 강도를 올리지 않으면 안 되기 때문이다. 이 때문에 타이어에 더 가까운 위치에서 최종적인 감속을 하도록 만들어 놓았다. 이 감속장치(減速裝置)가 파이널 기어다. 파이널 기어는 디퍼렌셜 기어와 일체구조로 되어 있는 경우가 많다.

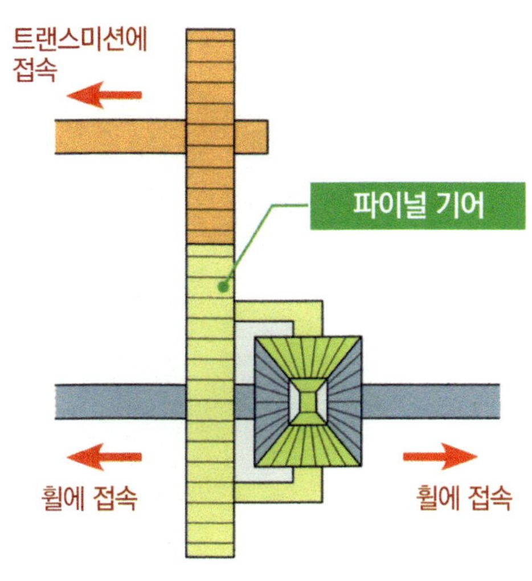

● 리미티드 슬립 디퍼렌셜(Limited Slip Differential)

디퍼렌셜 기어는 좌우 타이어 가운데 저항이 적은 쪽을 더 많이 회전시킨다. 그 때문에 예를 들어 한 쪽 타이어가 지면에서 떨어지게 되면 떨어진 타이어만 회전해 자동차가 멈춰서는 상황이 발생한다. 이것을 방지하기 위해 차동(差動)을 제한하는 기능을 추가한 디퍼렌셜 기어가 '리미티드 슬립 디퍼렌셜(LSD)'이다.

리미티드 슬립 디퍼렌셜은 다양한 방식이 존재한다. 웜 기어식(worm gear type) 은 나선 모양의 톱니를 가진 웜기어에 헬리컬 기어(helical gear)의 웜 휠(worm wheel)을 조합해 차동을 한다. 좌우 샤프트의 회전차가 커지면 웜 기어가 샤프트 방향으로 붙으면서 마찰이 일어난다. 이 마찰력으로 회전이 제한되면서 극단적인 회전차가 생기지 않는 구조로 되어 있다.

비스커스 커플링식(viscous coupling type)은 원통 모양의 케이스 안에 아우터 플레이트(outer plate)와 이너 플레이트(inner plate)라고 하는 얇은 원판이 연속적으로 배치되어 잇으며, 원판 사이에 실리콘 오일(silicone oil)이 주입된다. 샤프트의 회전 차이가 커지면 오일이 팽창해 원판끼리 밀착시킴으로써 디퍼렌셜 사이드 기어의 차동을 멈추게 하는 구조다.

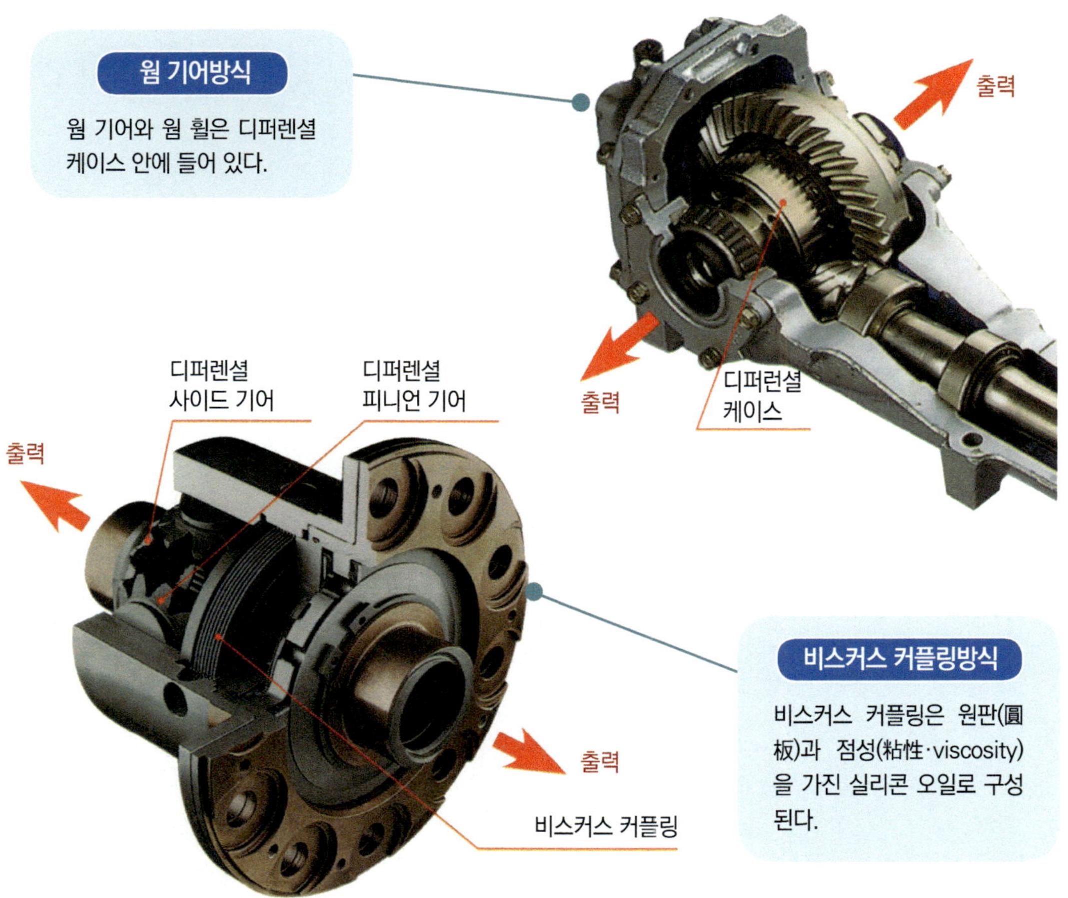

샤프트

2개로 이루어진 프로펠러 샤프트(propeller shaft). 중간에서 분할함으로써 진동을 억제하는 효과가 있다.

샤프트란 엔진의 구동력(驅動力 · driving force)을 바퀴(차륜)에 전달하는 막대기 모양으로 된 회전축을 말한다. 디퍼렌셜 기어와 바퀴를 연결하는 샤프트를 '드라이브 샤프트(drive shaft)'라고 한다. FR방식 차량의 경우 트랜스미션과 디퍼렌셜 기어의 위치가 떨어져 있기 때문에 드라이브 샤프트 외에 또 하나의 샤프트가 필요하다. 이 샤프트를 '프로펠러 샤프트'라고 한다.

자동차가 달릴 때는 노면의 굴곡에 의해 타이어가 상하로 움직이게 된다. 샤프트는 이 상하운동에 견디면서 회전력을 잃지 않고 바퀴에 전달해야 한다. 그래서 상하좌우로 움직이는 유니버설 조인트를 도중에 매개시켜 자유롭게 움직일 수 있는 구조로 되어 있다.

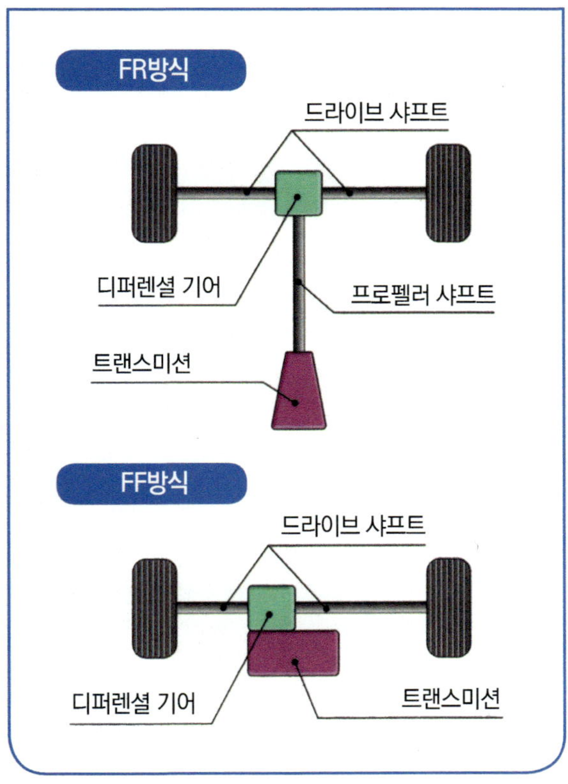

프로펠러 샤프트에는 '훅 조인트(hook joint)'라고 하는 유니버설 조인트(universal joint)가 주로 사용된다. 훅 조인트는 구조가 간단하므로 파손이 잘 안 되지만 샤프트가 구부러졌을 때는 각속도(角速度 · angular velocity · 일정 시간 내에 축이 회전하는 각도)가 바뀌는 단점이 있다. 이 때문에 반드시 조인트를 쌍으로 사용하여 한번 구부러진 샤프트를 원래 각도로 평행하게 되돌릴 필요가 있다.

드라이브 샤프트에서는 훅 조인트 대신에 각속도가 변하지 않는 '등속 조인트(constant velocity joint)'라고 하는 유니버설 조인트를 사용하고 있다. 등속 조인트는 타이어의 상하운동에 따라 샤프트의 유효길이를 조절하는 기능도 갖고 있다.

브레이크

주행하고 있는 자동차를 정지시키기 위해서는 회전하는 에너지를 열에너지로 전환할 필요가 있으며, 여기서도 마찰력이 중요한 역할을 수행하고 있다.

브레이크의 구조

브레이크(brake · 제동장치(制動裝置))는 엔진의 힘으로 주행하는 자동차를 감속하고 정지시키는 역할을 하는 장치로서 자동차에서 없어서는 안 될 장치다. 또한 정차 중에 바퀴가 멋대로 움직이지 않도록 억제하는 역할도 한다.

브레이크에는 주행 중의 감속이나 정지를 하는 풋 브레이크(foot brake) 계통과 정차한 상태를 유지하는 파킹 브레이크(parking brake) 계통이 있다. 풋 브레이크는 발로 페달을 밟는 힘이 지렛대 원리가 적용되고 배력(培力)장치를 통해 증폭되어 유압기구(油壓機構 · hydraulic mechanism)를 통해 브레이크 본체로 전달된다. 오늘날에는 유압이 아니라 전기 신호로 제동을 하는 '브레이크 바이 와이어 방식(brake by wire system)'도 늘어나고 있다. 한편, 파킹 브레이크는 기계식 로드나 와이어를 이용해 힘을 전달하는 방식이 채용되고 있다.

브레이크 본체의 구조는 드럼 브레이크(drum brake)와 디스크 브레이크(disc brake) 2종류로 나뉜다. 둘 다 마찰력을 이용해 바퀴에 디스크 패드를 밀착시켜 회전을 정지하는 점은 동일

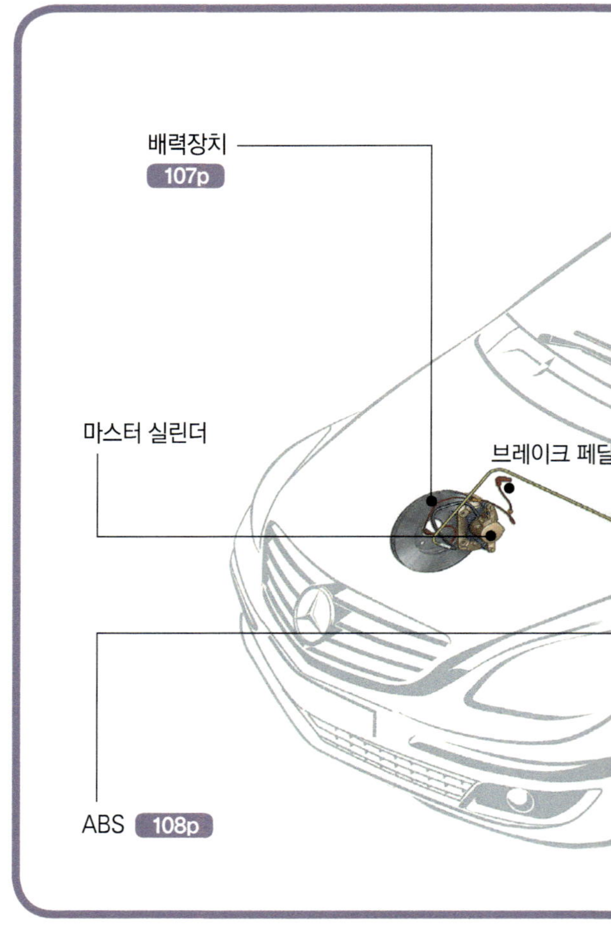

하다. 최근 승용차는 방열성(放熱性)이 뛰어나고 냉각효율이 좋은 디스크 브레이크가 주류를 이루고 있다. 브레이크 힘이 너무 강하면 바퀴가 완전히 회전을 멈추면서 노면 위를 미끄러지는 현상이 일어난다. 이것을 방지하기 위해 장착하는 것이 ABS(Anti-lock Brake System)이다. ABS는 컴퓨터 제어를 통해 자동적으로 유압을 컨트롤함으로써 제동력을 조정한다.

브레이크의 위치

브레이크는 차륜(바퀴)의 움직임을 멈추게 하는 '브레이크 본체(brake main frame)'와 브레이크 본체에 힘을 전달하는 '유압기구'등으로 구성되어 있다. 유압기구는 파손이 되더라도 제동불능에 빠지지 않도록 반드시 2개 라인으로 연결되어 있다.

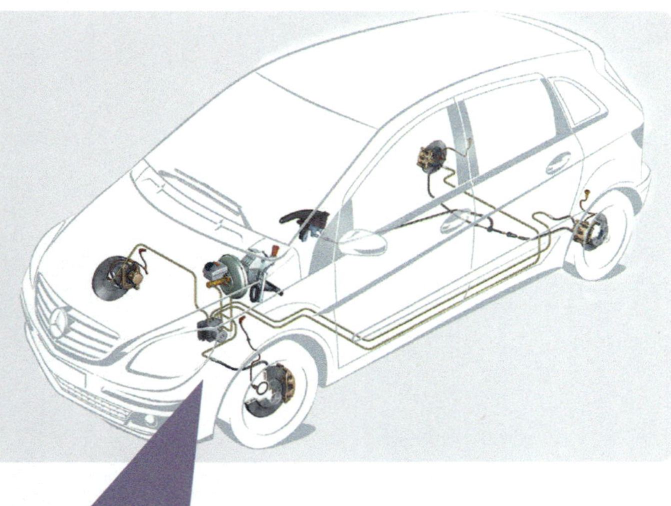

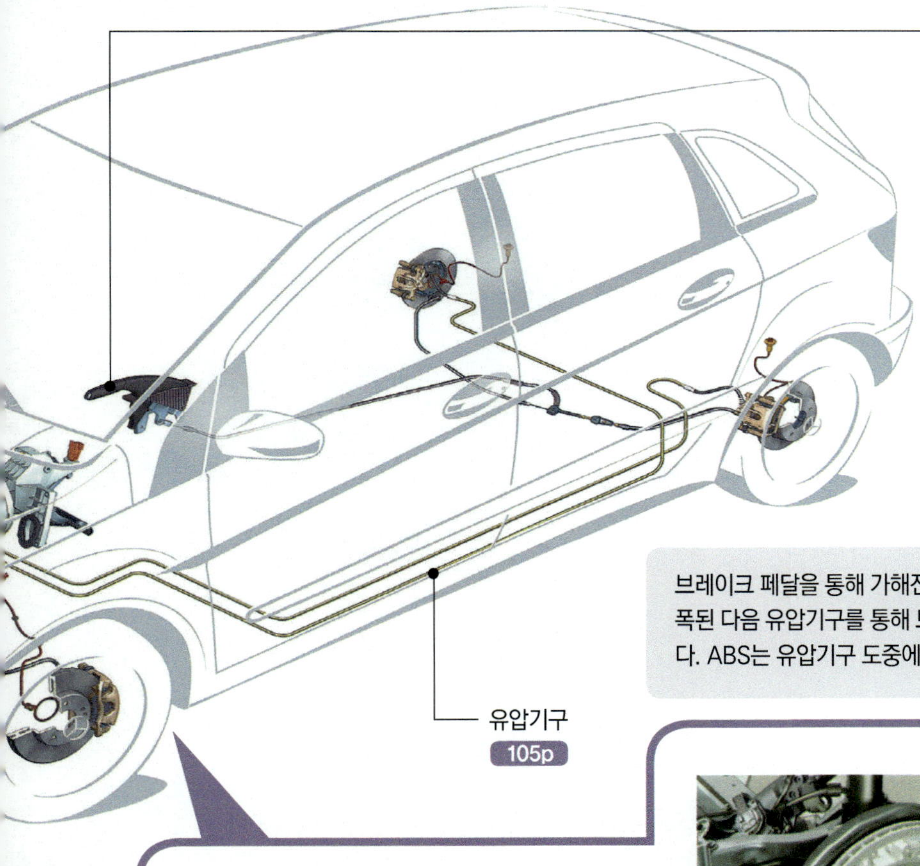

파킹 브레이크
109p

유압기구
105p

브레이크 페달을 통해 가해진 힘은 배력장치에서 증폭된 다음 유압기구를 통해 브레이크 본체에 전달된다. ABS는 유압기구 도중에 배치되어 있다.

브레이크 본체

디스크 브레이크   104p

드럼 브레이크   106p

디스크 브레이크 예

● 디스크 브레이크

디스크 브레이크란 바퀴와 일체가 되어 회전하는 원판(圓板·disc rotor)을 마찰재(摩擦材· brake pad)로 양쪽에서 잡아주는 형태의 브레이크를 말한다. 원래는 항공기에 사용되었던 기술이었지만 레이싱 카(racing car)에 적용해 사용한 이후 일반 자동차에 도입된 경위를 갖고 있다.

원판을 양쪽에서 잡아주는 브레이크 패드는 '캘리퍼(caliper)'라고 하는 부품 안에 들어 있다. 여기서는 브레이크 패드와 함께 캘리퍼 본체가 움직이는 '플로팅 캘리퍼(floating caliper) 방식을 예로 들어 디스크 브레이크의 구조를 설명한다.

브레이크 페달을 밟으면 유압이 캘러퍼 안의 실린더로 전달되어 피스톤을 누르기 시작한다. 그리고 피스톤은 패드를 디스크 로터로 밀어붙여 바퀴를 움직이지 못하게 한다. 이때 밀어붙이는 힘으로 캘리퍼 본체가 피스톤과 역방향으로 움직이기 때문에 반대쪽 패드도 일체가 되어 디스크 로터를 잡아주게 된다. 페달에서 발을 떼면 유압이 없어져 패드가 디스크에서 떨어지게 되어 있다.

패드에 의해 눌린 디스크 로터는 마찰로 인해 운동에너지를 급속하게 열에너지로 전환시키게 된다. 이때 디스크 온도가 400℃ 이상 올라가는 경우도 있다. 그래서 냉각성능 향상을 위해 2개의 디스크를 나란히 배치하고 두 디스크의 중간에 틈새를 만들어 주는 등 다양한 방안이 이루어진다.

16인치 프런트 벤틸레이티드 디스크 브레이크
(front ventilated disc brake)

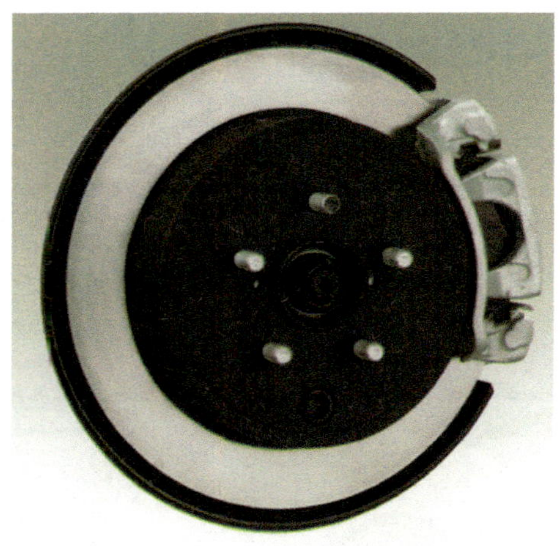

15인치 리어 디스크 브레이크(rear brake disc)

디스크 브레이크는 디스크의 마찰면이 외부에 노출되어 있기 때문에 방열성이 높고 냉각효율이 좋다는 것이 큰 특징이다. 반면에 뒤에서 기술할 드럼 브레이크와 달리 '자기 증력 작용(自己增力作用)'이 존재하지 않기 때문에 제동력이 약하다는 단점이 있었다. 그러나 기술의 진보와 함께 높은 제동력을 얻게 되면서 현재는 드럼 브레이크를 대신해 자동차 브레이크의 주류가 되었다.

디스크 브레이크의 구조

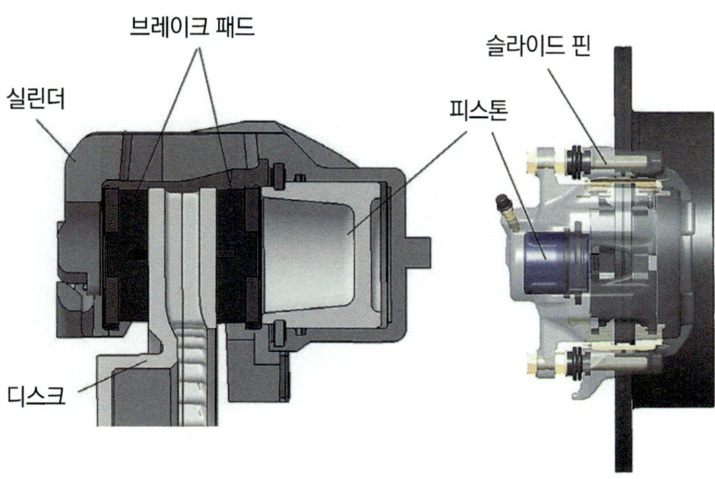

유압이 걸리면 피스톤이 밀려나면서 브레이크 패드가 디스크 로터를 누르게 된다. 이때 캘리퍼 자체가 피스톤과 역방향으로 움직이기 때문에, 디스크 로터 반대쪽에 있는 브레이크 패드에도 누르는 힘이 작용한다.

유압기구

유압식 브레이크는 '브레이크 플루이드(brake fluid)'라고 불리는 액체를 매개로 하여 힘을 전달한다. 마스터 실린더 안에서 피스톤을 누르면 브레이크 플루이드를 통해 힘이 전달되고, 브레이크 본체의 피스톤이 밀리게 된다. 이때 전달 장소인 각 실린더 내의 피스톤 단면적이 같을 때는 힘도 균등하게 배분된다.

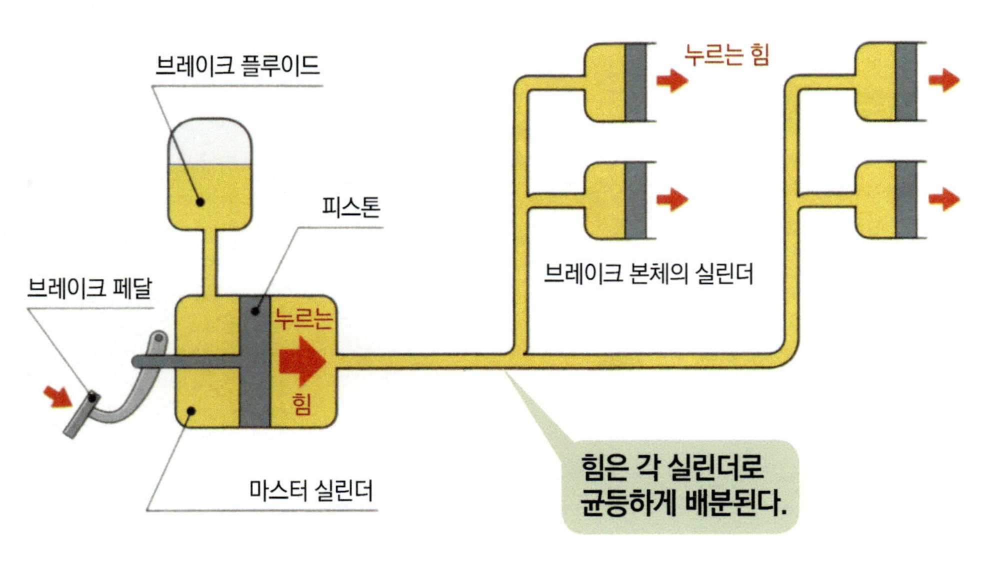

● 드럼 브레이크

드럼 브레이크란 바퀴와 일체가 되어 회전하는 원통 모양의 브레이크 드럼에 브레이크 슈(brake shoe)를 밀어붙여 작동을 중지시키는 타입의 브레이크다.

브레이크 슈는 브레이크 드럼 형상을 따라 구부러져 있으며, 드럼과 접하는 면에는 '브레이크 라이닝(brake lining)'이라고 불리는 마찰재가 장착되어 있다. 유압이 걸리면 피스톤이 브레이크 슈를 드럼에 밀어붙여 마찰을 일으킴으로써 바퀴의 움직임을 멈추게 한다.

브레이크 슈가 드럼과 밀착되면 슈(shoe) 자체도 회전하려고 한다. 그러나 슈는 회전할 수가 없기 때문에 이 힘은 그대로 드럼의 회전을 멈추게 하는 힘이 된다. 이 작동을 '자기 증력 작용(自己增力作用·self-servo action)'이라고 한다. 드럼 브레이크는 자기 증력 작용을 통해 큰 제동력을 얻을 수 있다. 그러나 제동으로 발생한 열이 쉽게 빠지지 않는다는 단점이 있고 열이 올라가면 제동력이 급격히 떨어지는 '페이드 현상(fade phenomenon)'이 일어날 위험이 있다. 이 때문에 점차 방열성이 높은 디스크 브레이크로 바뀌어 가는 추세다.

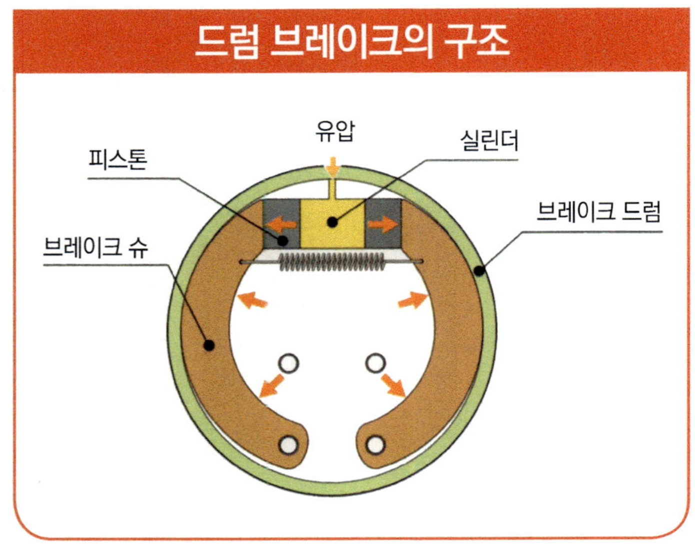

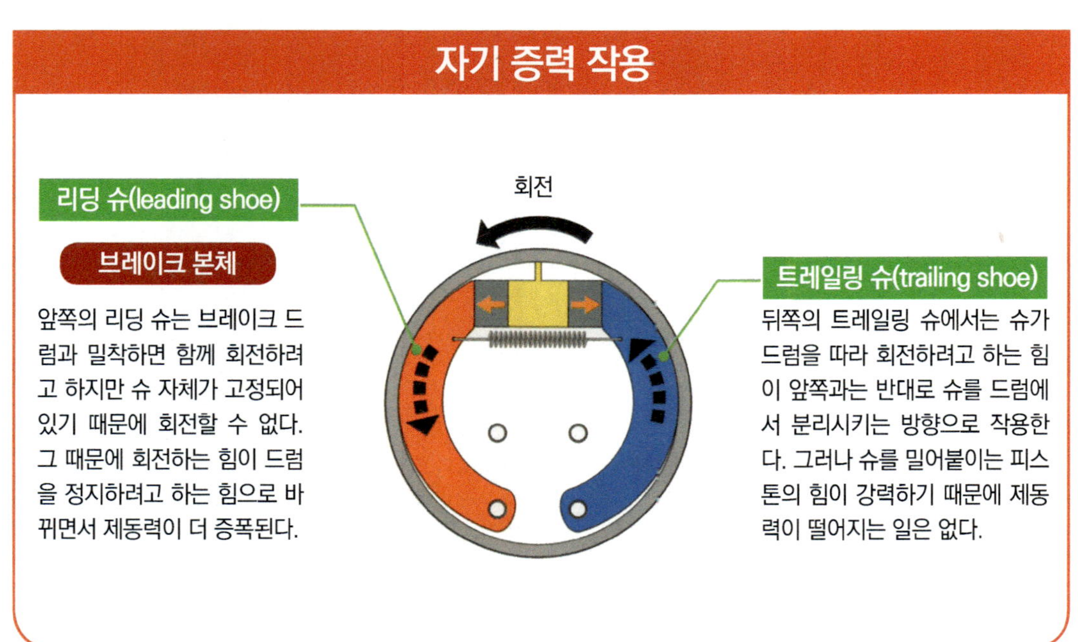

자기 증력 작용

브레이크 본체

앞쪽의 리딩 슈는 브레이크 드럼과 밀착하면 함께 회전하려고 하지만 슈 자체가 고정되어 있기 때문에 회전할 수 없다. 그 때문에 회전하는 힘이 드럼을 정지하려고 하는 힘으로 바뀌면서 제동력이 더 증폭된다.

뒤쪽의 트레일링 슈에서는 슈가 드럼을 따라 회전하려고 하는 힘이 앞쪽과는 반대로 슈를 드럼에서 분리시키는 방향으로 작용한다. 그러나 슈를 밀어붙이는 피스톤의 힘이 강력하기 때문에 제동력이 떨어지는 일은 없다.

● 배력장치

　고속으로 회전하는 바퀴를 확실하게 정지시키기 위해서는 발로 브레이크 페달을 밟는 힘만으로는 충분하지 않다. 그래서 제동력을 증폭시키는 '배력장치(倍力裝置 · Booster)'가 브레이크 페달과 마스터 실린더(master cylinder) 사이에 장착되어 있다. 이 장치는 브레이크 서보(brake servo)나 브레이크 어시스터(brake assister) 등으로도 불려지고 있다. 　여기서는 대기압을 사용해 힘을 만드는 진공식 배력장치(眞空式倍力裝置 · vacuum style hydro servo device)를 예를 들어 그 구조를 설명하기로 한다.

　배력장치 내부는 통상적인 공기보다도 기압이 낮은 '부압' 상태로 되어 있다. 이 부압은 엔진의 흡기장치로부터 보내져 온다. 　기압이 낮은 것은 엔진의 피스톤 작동에 따른 것이다. 브레이크 페달을 밟으면 막대기 모양인 '피스톤 로드(piston rod)'가 밀린다. 이때 밸브가 열리면서 외부공기가 흡입되어 대기압과 부압 사이에 압력차이가 발생한다. 이로 인해 대기압이 페달을 밟는 힘과 하나가 되어 피스톤 로드를 누르는 효과가 생기면서 더 강력한 힘을 마스터 실린더로 전달할 수 있게 되는 것이다. 브레이크 페달을 놓으면 밸브가 닫히고 리턴 스프링(return spring)에 의해 피스톤 로드가 다시 돌아온다.

　한편, 부압은 엔진이 회전할 때만 발생하기 때문에 엔진이 멈추고 부압이 없어지면 배력효과도 사라진다.

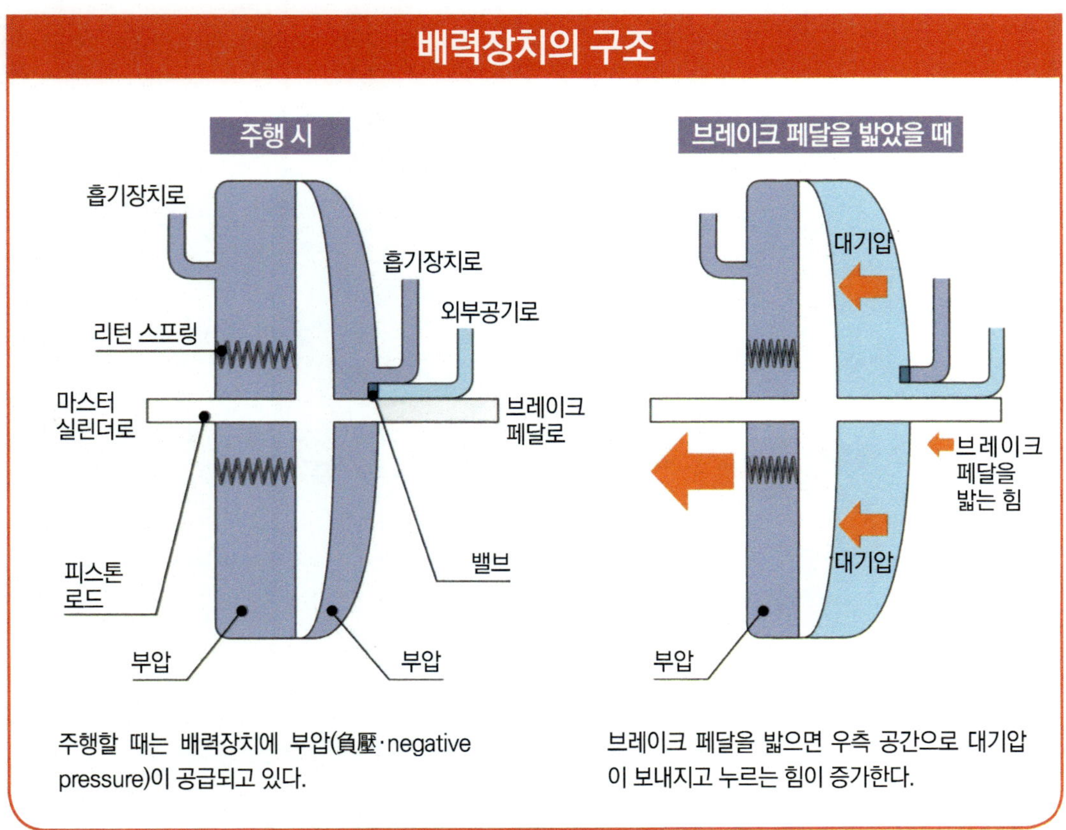

주행할 때는 배력장치에 부압(負壓·negative pressure)이 공급되고 있다.

브레이크 페달을 밟으면 우측 공간으로 대기압이 보내지고 누르는 힘이 증가한다.

BMW 이륜차(二輪車·오토바이)에 사용되고 있는 ABS 장치.

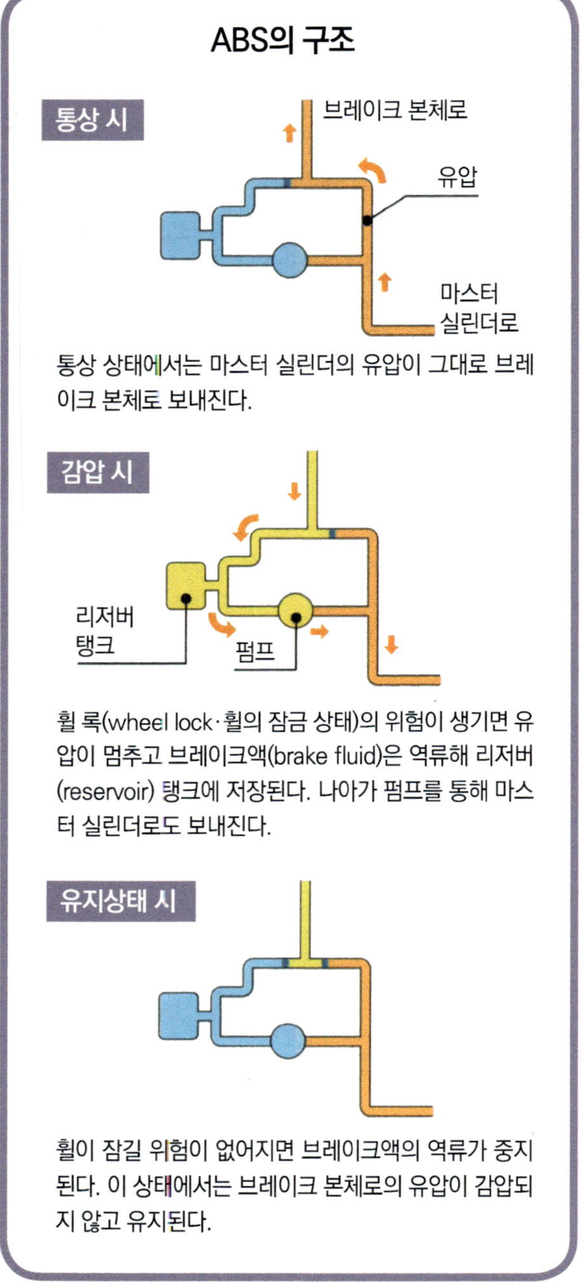

통상 상태에서는 마스터 실린더의 유압이 그대로 브레이크 본체로 보내진다.

휠 록(wheel lock·휠의 잠금 상태)의 위험이 생기면 유압이 멈추고 브레이크액(brake fluid)은 역류해 리저버(reservoir) 탱크에 저장된다. 나아가 펌프를 통해 마스터 실린더로도 보내진다.

휠이 잠길 위험이 없어지면 브레이크액의 역류가 중지된다. 이 상태에서는 브레이크 본체로의 유압이 감압되지 않고 유지된다.

ABS는 Anti-Lock Brake System의 약자다. 급브레이크를 걸더라도 컴퓨터 제어 때문에 타이어가 미끄러지지 않고 안전하게 자동차를 정지시키는 장치다.

급(急)브레이크(sudden brake) 때문에 생긴 제동력이 타이어와 노면과의 마찰력보다 더 커지면 타이어가 정지된 상태로 노면을 미끄러져 가는 현상이 생긴다. 이것을 '휠 록(wheel lock)'이라고 한다. ABS를 제어하는 컴퓨터는 센서로 타이어 회전속도나 제동력 강도 등을 감지해 휠이 잠길 것 같으면 유압을 정지시킨다. 유압은 브레이크 본체에서 리저버 탱크, 나아가 마스터 실린더로 역류하면서 제동력이 일시적으로 유실된 상태가 된다. 휠이 잠길 위험이 없어지면 리저버 탱크로의 유로(油路)가 닫히고 감압이 정지된다. 바퀴회전이 너무 빨라지면 다시 마스터 실린더로부터의 유로를 열어 제동력을 작동시키는 구조로 되어 있다.

파킹 브레이크(parking brake)

풋 브레이크와는 다른 계통으로
브레이크 본체와 접속되어 있다.

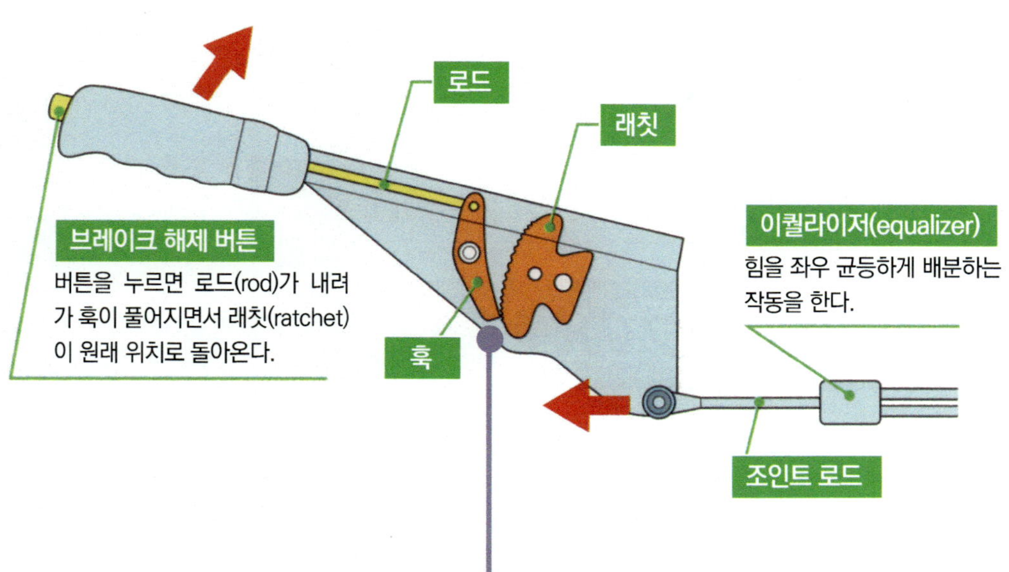

파킹 브레이크(駐車制動)는 주차할 때 바퀴가 움직이지 않도록 잠가주는 브레이크다. 또한 풋 브레이크에 문제가 생겼을 때 그것을 백업하는 역할도 담당한다. 풋 브레이크 계통과는 달리 파킹 브레이크 계통에서는 로드(rod)나 와이어(wire)를 사용해 힘을 전달한다.

레버(lever)를 당기면 로드가 당겨지면서 그 힘으로 브레이크가 디스크 로터(disc rotor)나 브레이크 드럼(brake drum)에 밀착되는 구조다. 파킹 브레이크는 보조적인 역할을 하는 브레이크이기 때문에 풋 브레이크만큼 강력한 제동력을 필요로 하지 않는다. 그 때문에 힘을 증폭시키는 배력장치가 별도로 갖춰져 있지 않다.

브레이크 본체를 풋 브레이크와 같이 사용하는 경우도 있지만 파킹 브레이크용으로 별도의 브레이크 본체가 장착되는 경우도 있다. 그럴 때는 제동력이 뛰어난 드럼 브레이크 방식이 사용되는 경우가 많다.

파킹 브레이크 레버에는 '래칫기구(ratchet mechanism)'라 불리는 구조가 사용된다. 이 래칫 기구에 의해 브레이크 해제 버튼을 누르지 않는 한 한 번 잠긴 파킹 브레이크는 풀어지지 않는 구조로 되어 있다. 레버는 운전석 옆으로 설치되는 경우가 많지만 페달 방식도 있다.

스티어링 시스템

자동차를 생각한 방향으로 움직이게 하는데 있어서 필수적인 장치가 스티어링 시스템 (steering system)이다. 자동차의 다른 부위에 비해 비교적 간단한 구조로 되어 있다.

스티어링의 구조

스티어링(steering)이란, 스티어링 휠(핸들)을 돌려 바퀴의 방향을 변경함으로써 자동차의 진행방향을 조작하는 것이다. 이 동작을 하는 장치를 조향장치, 스티어링 시스템 또는 단순히 스티어링이라고 부른다. 운전석에서 스티어링 휠을 회전시키면 스티어링 샤프트를 경유해 기어박스(gear box)로 회전이 전달된다. 기어 박스 안에서는 샤프트의 회전이 타이로드(tie rod)의 좌우 이동으로 바뀐다. 타이로드가 움직임으로써 앞바퀴 타이어에 각도가 생기는 구조로 되어 있다.

스티어링 샤프트 중간에는 '파워 스티어링(power steering)'이라고 하는 기구가 장착되어 있다. 이것은 유압의 힘이나 전기 모터를 사용해 스티어링에 필요한 힘을 보충하는 기구다. 스티어링을 회전시킬 때에 팔 힘만으로는 타이어에 각도를 주기에 충분하지 않을 경우가 있기 때문에 이런 기구가 장착되고 있다.

스티어링에 의해 발생하는 앞바퀴의 각도(操向角)는 좌우 타이어에서 미묘하게 차이가 있다. 이것은 무리 없이 원활한 선회를 하기 위해 어쩔 수 없는 구조다. 이런 구조를 갖춘 조향장치를 '애커먼 장토식 스티어링(Ackerman Jeantaud type)'이라고 한다.

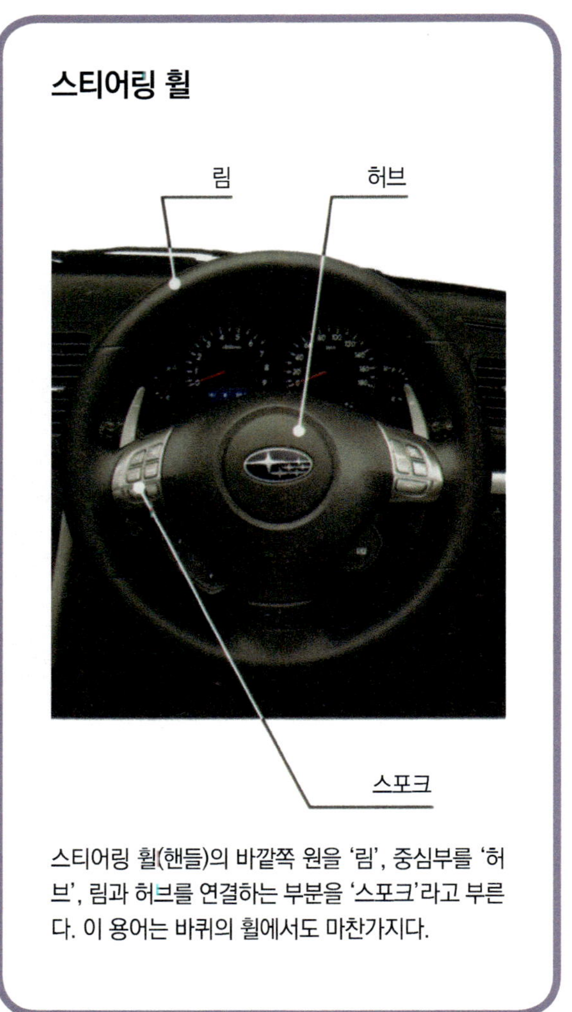

스티어링 휠

스티어링 휠(핸들)의 바깥쪽 원을 '림', 중심부를 '허브', 림과 허브를 연결하는 부분을 '스포크'라고 부른다. 이 용어는 바퀴의 휠에서도 마찬가지다.

스티어링의 위치

스티어링 장치는 차체 앞부분에 컴팩트(compact)하게 배치되어 있다. 4WS 장치(4륜 조향장치)는 이 그림에 포함되지 않았다.

그림은 랙&피니언 식이다. 스티어링 휠의 회전은 샤프트와 타이로드를 거쳐 앞바퀴로 전달된다. 샤프트와 타이로드 접속부분은 기어박스 안에 들어있다.

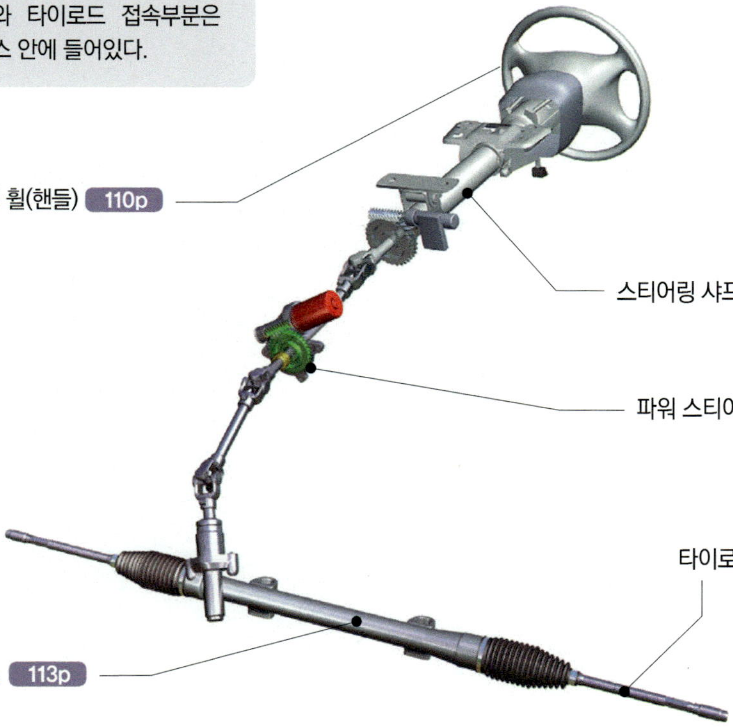

스티어링 휠(핸들) `110p`

스티어링 샤프트 `113p`

파워 스티어링 `114p`

타이로드 `113p`

기어박스 `113p`

4WS(4륜 조향) `115p`

앞바퀴분만 아니라 뒷바퀴에도 약간의 각도를 줌으로써 선회를 부드럽게 하는 '4WS'라고 하는 조향 시스템도 있다.

애커먼식 스티어링은 자동차의 기본원리 가운데 하나.

좌우 조향 각이 같을 경우

좌우 바퀴의 선회하는 각도(조향각)가 동일하다면 좌우 바퀴가 진핳하는 방향은 그대로 겹치게 된다. 이 경우 바퀴가 횡으로 미끄러지면서 궤도를 수정하게 되기 때문에 안정된 선회를 할 수 없다.

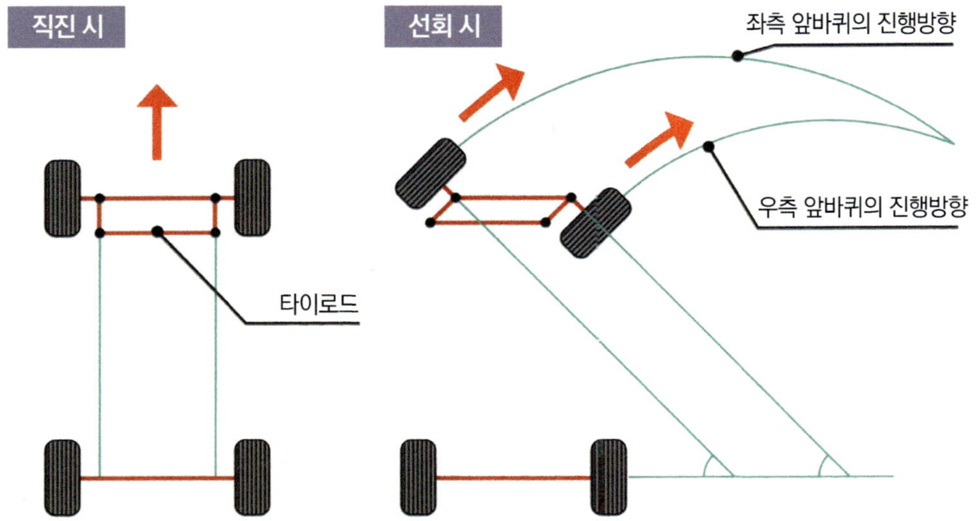

애커먼식 스티어링의 경우

애커먼 장토식 스티어링(Ackerman Jeantaud type steering·줄여서 Ackerman steering)의 경우는 좌우 바퀴의 선회가 동심원이 되기 때문에 부드럽게 커브를 돌 수 있다.

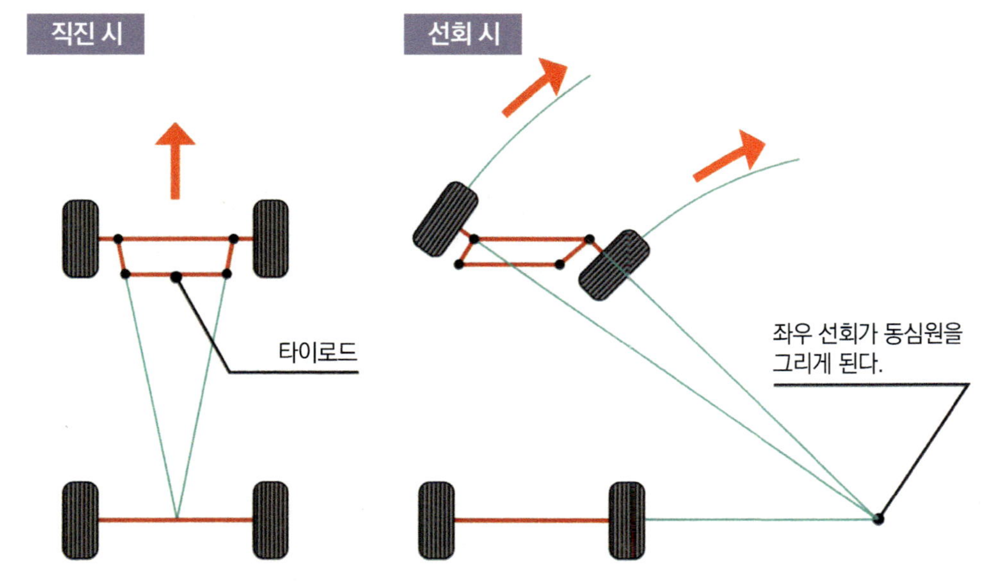

● 랙 & 피니언 방식

랙 & 피니언(Rack&Pinion)이란 랙이라 하는 톱니가 만들어져 있는 환봉(丸棒)과 피니언 기어라고 하는 톱니바퀴로 구성되는 기어장치를 말한다.

피니언 기어는 스티어링 휠에서 연장된 스티어링 샤프트 끝 부분에 장착되어 있다. 스티어링 휠을 돌리면 피니언 기어가 회전하게 되고 랙을 좌우로 움직일 수 있다. 랙 끝에는 타이로드가 장착되어 있어 랙과 함께 타이로드가 좌우 왕복운동을 한다. 타이로드가 그 끝에 있는 너클 암(knuckle arm)을 당기거나 밀거나 하면 암이 움직이면서 바퀴의 방향이 바뀌게 되는 것이다. 랙 & 피니언 방식은 구조가 단순하기 때문에 부품수가 적고 경제적으로도 우수하다. 또한 공간을 많이 차지하지 않기 때문에 엔진 룸의 빈 공간을 다른 장치를 위해 사용할 수 있다. 그 때문에 스티어링 기어장치로서는 가장 일반적인 방식으로 취급되고 있다.

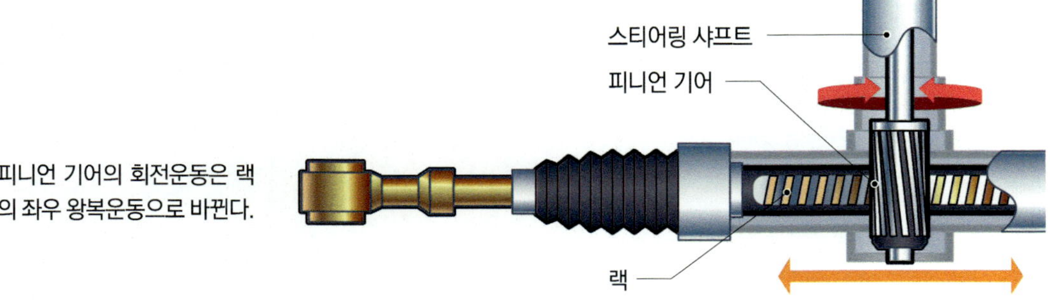

피니언 기어의 회전운동은 랙의 좌우 왕복운동으로 바뀐다.

● 볼 & 너트 방식

볼 & 너트 방식도 랙 & 피니언 방식과 마찬가지로 기어장치의 일종이다.

스티어링 휠을 회전시키면 웜 기어가 회전한다. 그러면 웜 기어의 홈에 삽입되어 있는 많은 볼이 움직이게 되고 그로 인해 너트가 좌우로 움직이는 구조로 되어 있다. 너트의 움직임은 '섹터 기어(sector gear)'로 전달되고 섹터 기어의 회전운동이 암을 흔들면서 바퀴의 조향각을 바꾼다.

볼 & 너트 방식은 변속비가 크기 때문에 가벼운 핸들조작으로 무거운 타이어를 선회시킬 수 있다. 이 때문에 트럭 등과 같이 무게가 많이 나가는 자동차에 많이 사용된다. 구조가 복잡해서 승용차에는 그다지 사용되지 않는다.

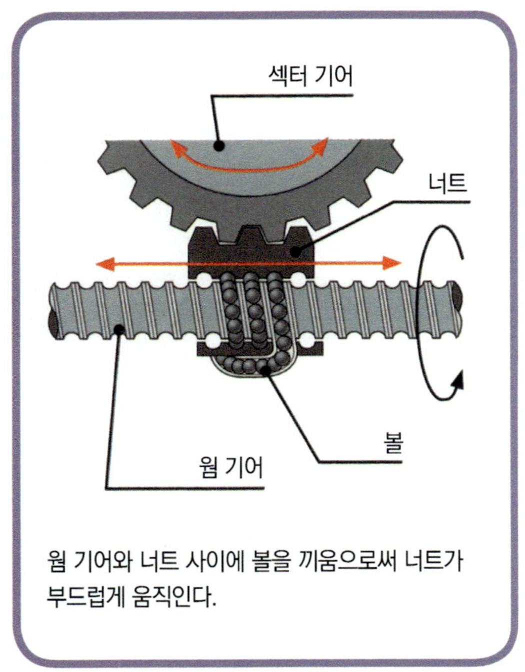

웜 기어와 너트 사이에 볼을 끼움으로써 너트가 부드럽게 움직인다.

113

● 파워 스티어링

스티어링 휠을 돌리는 힘을 보조해 주는 것이 파워 스티어링이다. 엔진회전을 이용해 오일펌프에서 유압을 얻는 유압식과, 전동모터로 힘을 만드는 전동식 2종류가 있으며, 엔진의 연료를 효율적으로 사용할 수 있는 전동식이 점차 증가하고 있다.

전동식에는 스티어링 샤프트의 회전운동을 보조하는 '샤프트 어시스트식(shaft assist type)'과 랙의 왕복운동을 보조하는 '랙 어시스트식(rack assist type)'이 있다. 모두 배터리 전력으로 힘을 만들기 때문에 엔진출력에 끼치는 영향은 적다. 둘 다 센서를 통해 스티어링 휠이 움직인 것을 감지한 다음 컴퓨터 제어로 어시스트를 하는 구조다.

오늘날은 컴퓨터의 진화로 인해 스티어링 휠의 회전이나 차속정보 등을 세밀하게 검출해 상황에 맞춰 어시스트를 하는 것이 가능하다.

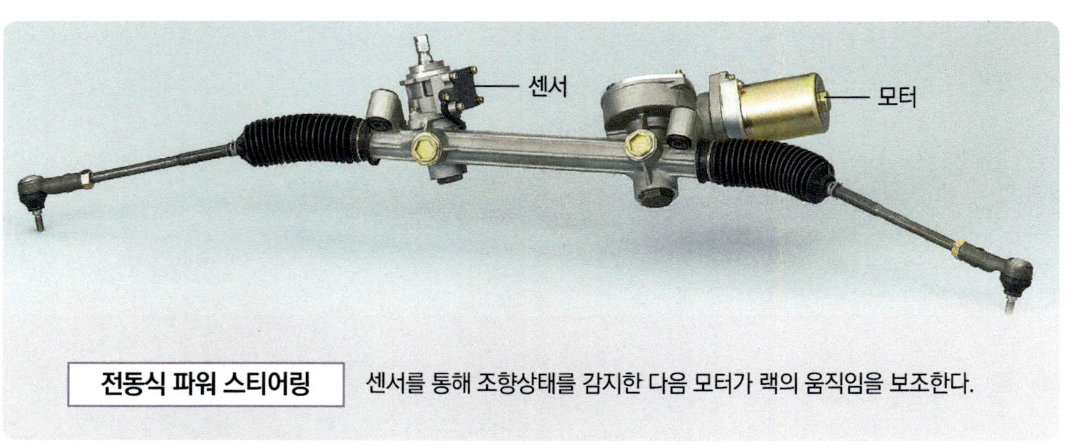

전동식 파워 스티어링　센서를 통해 조향상태를 감지한 다음 모터가 랙의 움직임을 보조한다.

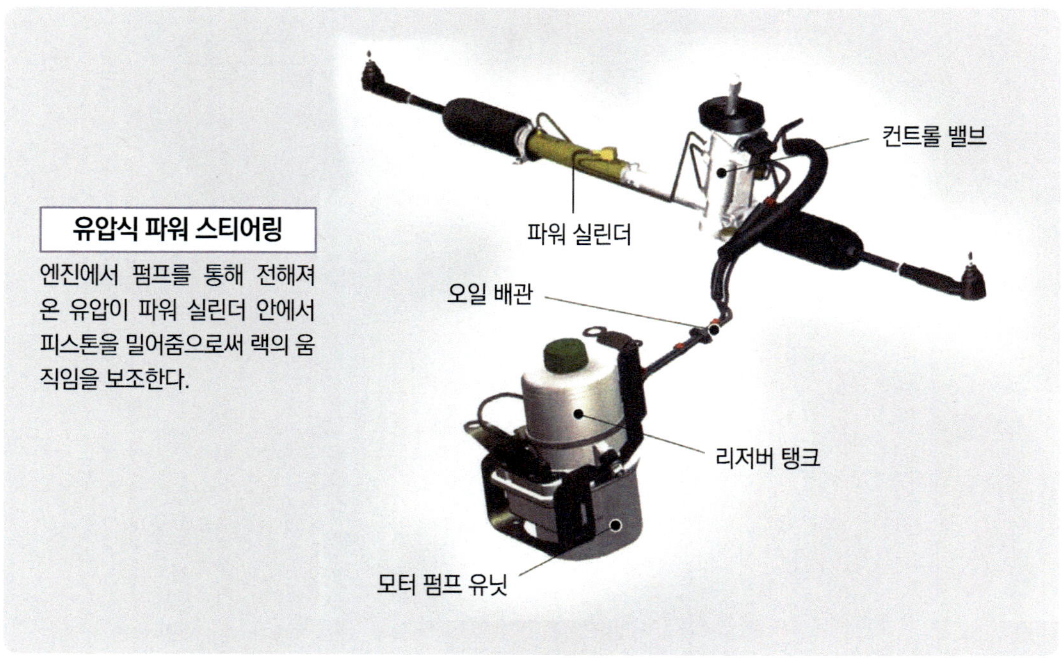

유압식 파워 스티어링

엔진에서 펌프를 통해 전해져 온 유압이 파워 실린더 안에서 피스톤을 밀어줌으로써 랙의 움직임을 보조한다.

4WS(4륜 조향)

부드럽게 선회하기 위해 뒷바퀴에도 조향각을 주는 시스템.

스티어링 장치는 앞바퀴를 움직여 방향을 제어하는 앞바퀴 조향이 기본이다. 그러나 커브를 더 원활하게 돌기 위해서 뒷바퀴에도 각도를 주는 4륜조향 시스템(4WS)을 사용하는 경우가 증가추세에 있다.

4WS에는 유압기구 등을 사용해 강제적으로 뒷바퀴 각도를 바꾸는 '액티브 4WS'와 커브를 돌 때 걸리는 원심력에 의해 자동적으로 뒷바퀴 각도를 바꾸는 '패시브 4WS'가 있다. 일반적으로 4WS라고 말할 때는 주로 액티브 4WS 쪽을 가리킨다.

뒷바퀴의 조향방향에는 앞바퀴와 똑같은 방향으로 도는 '동위상(同位相)', 반대방향으로 도는 '역위상(逆位相)' 2가지가 있는데, 상황에 맞춰 양쪽을 구분해서 사용한다. 저속에서 역위상으로 돌면 작은 회전에 좋고 더 좁게 돌 수 있다. 반대로 고속에서는 동위상으로 도는 편이 부드러운 선회가 가능함며, 여기서는 커브를 돌 때 발생하는 '코너링 포스(cornering force)'라는 힘이 관련되어 있다.

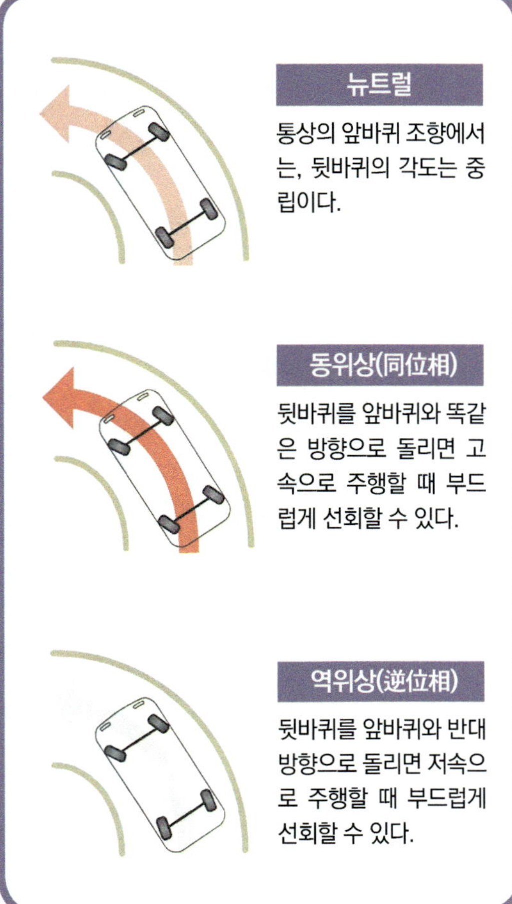

코너링 포스

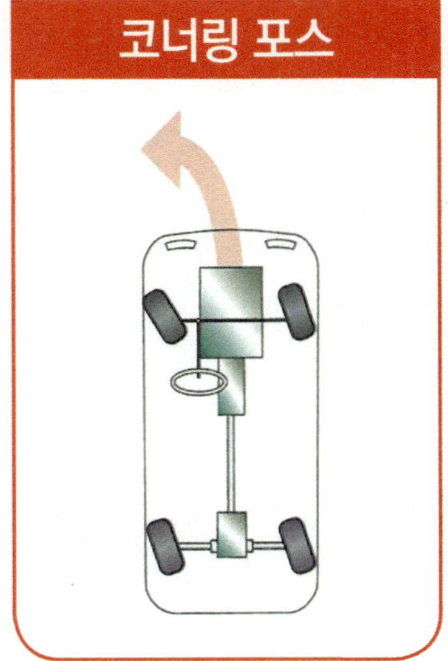

커브를 돌 때는 차체에 원심력이 발생한다. 부드러운 선회를 하기 위해서는 원심력을 이길 수 있는 강한 코너링 포스(旋回力)이 필요하다. 통상적인 앞바퀴 조향에서는 먼저 앞바퀴, 다음으로 뒷바퀴 순서로 코너링 포스가 발생하지만, 동위상 조향에서는 처음부터 4륜 모두에 코너링 포스가 발생한다. 이 때문에 원심력을 이겨내고 부드러운 커브를 그릴 수 있는 것이다.

그림에서는 뒷바퀴의 조향각이 앞바퀴와 똑같이 크게 그려져 있지만 실제로는 동위상과 역위상 모두 뒷바퀴의 조향각이 얼마 되지 않는다.

서스펜션

서스펜션(suspension)은 차체의 진동을 줄여주고 4개 타이어를 단단히 접지시키는 역할을 한다. 자동차의 승차감에도 큰 영향을 끼치는 장치다.

서스펜션의 구조

자동차가 주행할 때 타이어는 노면의 요철에 의해 심한 상하운동을 반복하게 된다. 만약 타이어가 보디에 고정되어 있다면 상하운동으로 인해 타이어가 지면에서 뜨게 되면서 지면을 안정적으로 잡아줄 수가 없다. 그 때문에 타이어와 보디 사이에 스프링 등과 같은 완충장치를 장착해 어떤 험로(險路)를 주행하더라도 4개의 타이어가 항상 지면과 접촉되도록 하는 상태를 유지할 필요가 있다. 이것을 실현하는 장치가 서스펜션이다. 서스펜션은 '현가장치(懸架裝置)'라고도 한다.

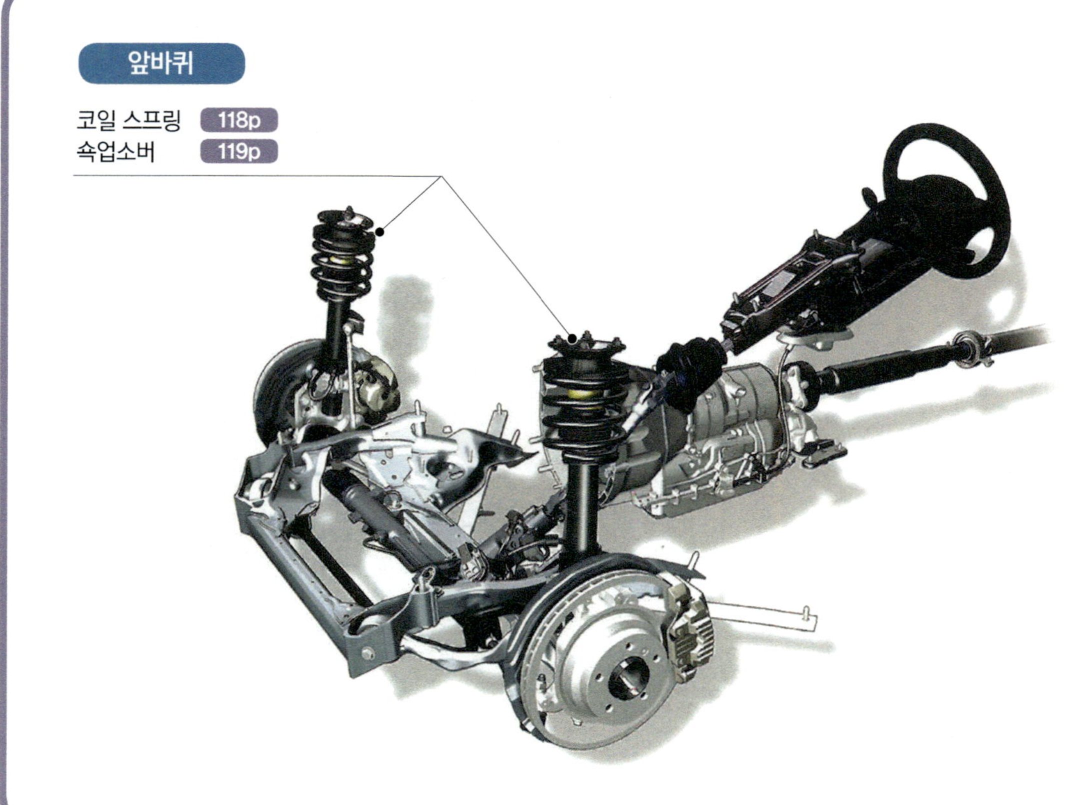

서스펜션의 위치

서스펜션은 앞바퀴와 뒷바퀴 주변에 장착된다. 좌우 양쪽 바퀴가 나뉘어 있는 것이 독립현가방식이고, 연결되어 있는 것이 차축현가방식이다.

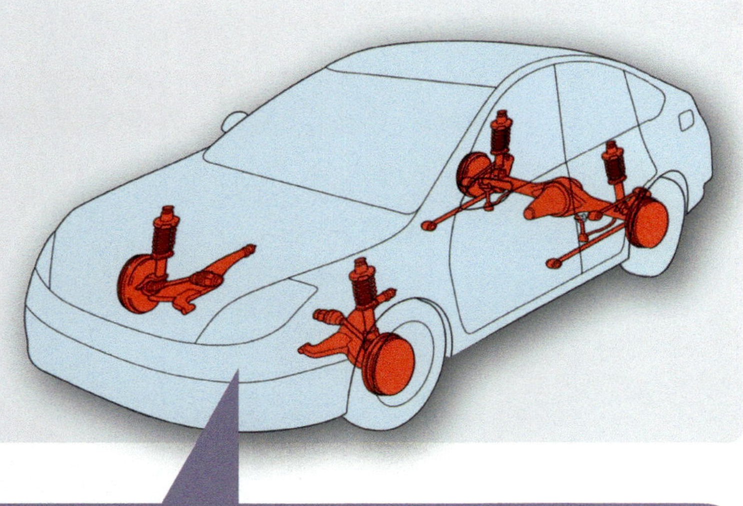

서스펜션은 주로 충격을 흡수하는 코일 스프링(coil spring), 진동을 잡아주는 쇽업소버(shock absorber) 및 이것들을 잡아주는 서스펜션 암(suspension arm) 3가지 요소로 구성된다.

서스펜션의 형식

독립현가식   120p
(獨立懸架式·individual suspension type)

차축현가식   122p
(車軸懸架式·rigid axle suspension type)

뒷바퀴

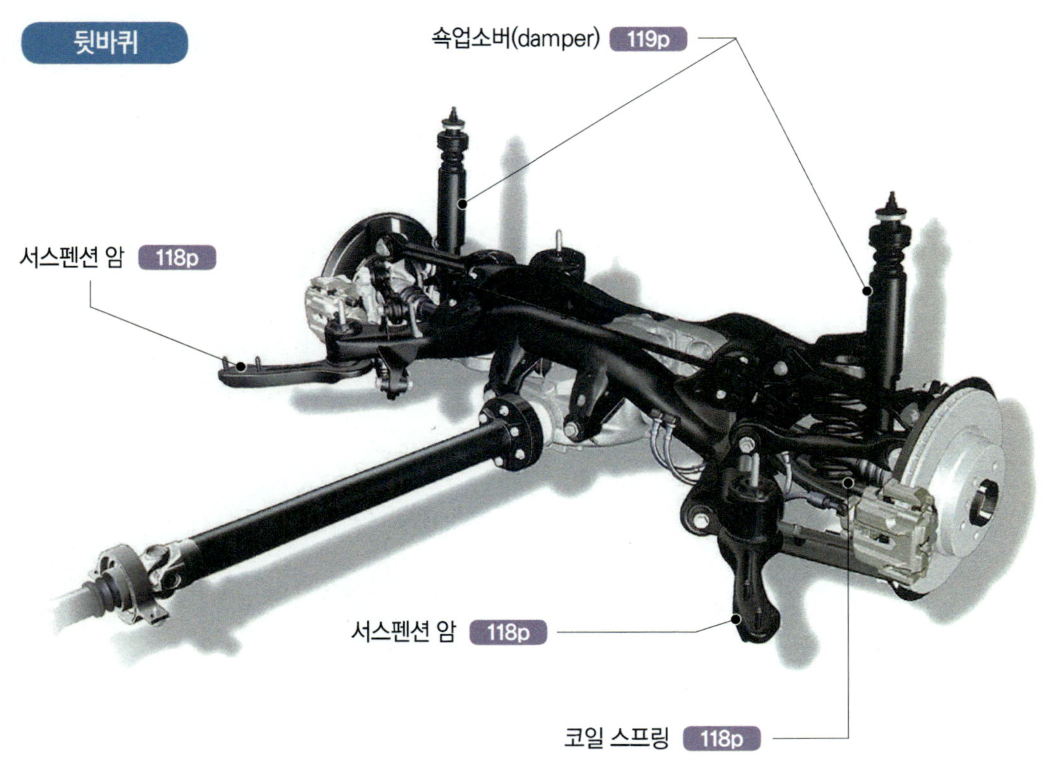

● 코일 스프링과 서스펜션 암

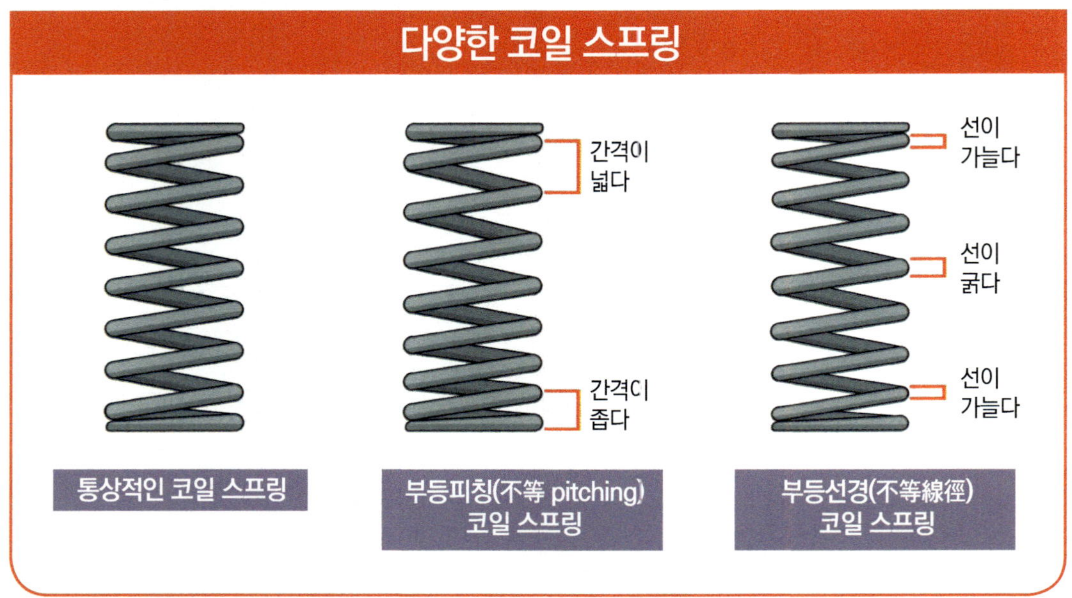

타이어의 상하운동에 따른 충격흡수를 직접적으로 담당하는 것이 여러 가지의 스프링이다. 스프링 가운데서도 나선형(螺旋形 · spiral)으로 감겨진 '코일 스프링'이 가장 많이 사용되고 있다. 코일 스프링의 용수철과 용수철 간격(피치)을 바꾸거나 선의 굵기를 바꾸는 경우도 많다. 이렇게 하면 스프링의 성능이 바뀌어 작은 충격에는 작게 반응하고 큰 충격에는 더 큰 반응을 보이게 된다.

코일 스프링은 상하방향 이외의 힘에는 그다지 강하지 않다. 예를 들어 타이어 일부만 요철을 타면서 타이어에 비스듬한 힘이 가해지거나 선회할 때 원심력에 의해 가로방향의 힘이 가해졌을 경우에 코일 스프링만으로는 바퀴가 기울어져 차체가 휘청거리게 된다.

이것을 보완하는 것이 서스펜션 암이다. 서스펜션 암은 이름 그대로 '팔'처럼 코일 스프링을 지지함으로써 타이어와 보디를 연결하는 역할을 한다.

형상은 막대 모양, Y자 모양, A자 모양 등 여러 가지이며, 복수의 암(arm)을 조인트로 연결한 복잡한 구조를 갖춘 것도 있다. 스프링은 한 번 충격을 받으면 관성으로 인해 잠시 신축을 계속하는 특성이 있다. 이 움직임을 억제하는 기구가 다음 페이지에서 설명할 쇽업소버(댐퍼)다.

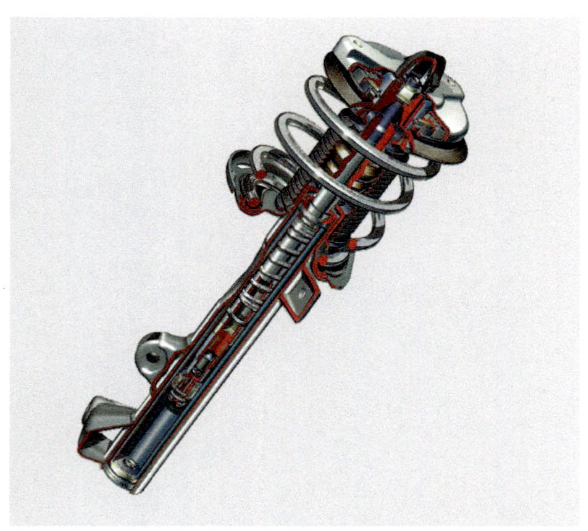

코일 스프링과 쇽업소버가 일체식으로 된, 위시본 방식(wishbone type)용 쇽업소버.

● 쇽업소버(shock absorber)

코일 스프링은 타이어로부터의 충격을 흡수하기 위해 신축을 하게 되는데 스프링의 진동이 오래 계속되면 차체도 거기에 맞춰 계속해서 요동치게 된다. 그래서 진동을 신속하게 억제하기 위해 쇽업소버를 장착한다. 쇽업소버는 댐퍼라고도 하며, 코일 스프링과 별개로 장착하는 것을 유닛 댐퍼(unit damper)라고 부른다.

쇽업소버의 내부는 2개의 구역으로 나뉘어져 있으며, 둘 다 점도가 높은 오일로 채워져 있다. 코일 스프링이 진동하면 피스톤이 눌리고(또는 당겨지고) 오일이 좁은 통로를 지나 한 곳에서 다른 구역으로 이동한다. 이때 발생하는 저항으로 운동 에너지가 열에너지로 바뀌면서 진동을 흡수하게 된다.

일반적인 유닛 댐퍼. 통 안에 실린더가 들어가 있으며, 내부는 점성 오일로 가득 채워져 있다.

쇽업소버의 원리

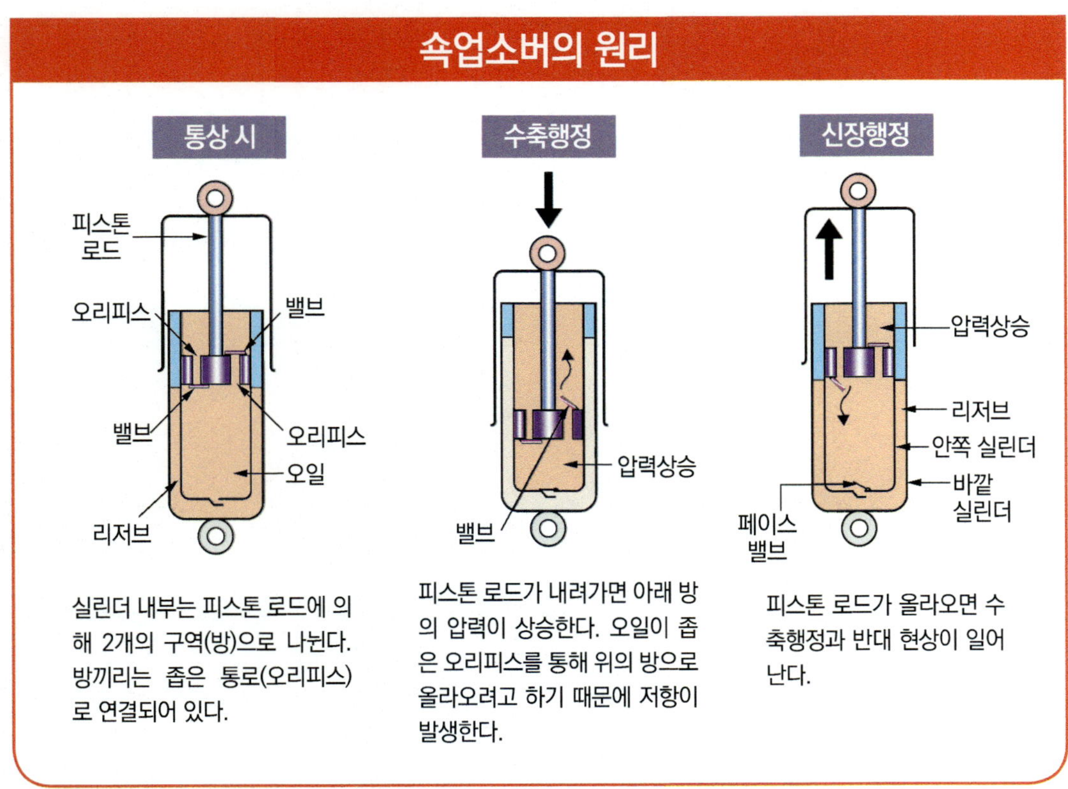

실린더 내부는 피스톤 로드에 의해 2개의 구역(방)으로 나뉜다. 방끼리는 좁은 통로(오리피스)로 연결되어 있다.

피스톤 로드가 내려가면 아래 방의 압력이 상승한다. 오일이 좁은 오리피스를 통해 위의 방으로 올라오려고 하기 때문에 저항이 발생한다.

피스톤 로드가 올라오면 수축행정과 반대 현상이 일어난다.

※ 실제로는 피스톤 로드가 왕복하는 부분의 오일 바이패스가 필요하지만 이 그림에서는 생략되어 있다.

좌우바퀴에 독립된 서스펜션이 장착되어 있는 형식을 독립 현가식이라고 한다.

서스펜션의 방식은 크게 2가지로 나뉜다. 좌우 바퀴가 1개의 축으로 연결된 '차축 현가식'과 각각의 바퀴가 독립되어 있는 '독립 현가식'이다. 이 가운데 독립 현가식은 좌우 바퀴가 각각 독립적으로 움직이기 때문에 접지성이 높고 요철이나 경사진 곳에 대한 대응능력이 뛰어나서 현재는 승용차 서스펜션의 주류를 이루고 있다.

독립 현가식은 구조에 따라 트레일링 암식(trailing arm type), 스트럿식(strut type), 위시본식(wishbone type) 등으로 분류된다. 각 형식에 관한 구조를 간단히 소개한다. 서스펜션 암이 차축보다 앞쪽에 배치되는 형식을 트레일링 암식이라고 한다. 앞뒤에서의 충격은 트레일링 암이 받아들이고 상하 진동은 코일 스프링에서 흡수하는 구조로 되어 있다. 접지성이 높고 승차감은 쾌적하지만 급브레이크를 걸면 차량이 앞으로 쏠릴 위험이 있다. 그 때문에 주로 뒷바퀴에 사용되고 있다.

스트럿식은 코일 스프링 안쪽에 댐퍼가 들어가 있는 방식이다. 이 전체를 스트럿(strut · 지주(支柱))이라고 부르며, 보디와 타이어를 연결하는 골격 역할을 한다. 스트럿 아래에는 로어 암이 배치되어 타이어 위치가 움직이지 않도록 고정하고 있다. 스트럿식은 구조가 단순하고 중량이 가벼우면서도 성능이 좋다. 그 때문에 앞뒤 바퀴 양쪽에 널리 사용되고 있다.

위시본식의 '위시본'은 새의 가슴뼈(흉골(胸骨))를 의미한다. 암이 흉골처럼 스트럿을 감싸고 있다고 해서 이런 이름이 붙었다. 스트럿과 더불어 어퍼 암(upper arm)을 장착하고 있기 때문에 접지성이 높고 더 쾌적한 승차감을 실현할 수 있다. 다만 구조가 복잡하고 부품수가 많아지기 쉽기 때문에 가격이 비싸다는 것이 약점이다.

노면에서의 움직임

독립 현가식은 좌우 바퀴가 축으로 연결되지 않기 때문에 단차(段差·층[단]과 층[단] 사이의 높고 낮음의 차이)가 있는 노면에서도 타이어가 뜨지 않고 접지할 수 있다. 다만 트레일링 암식처럼 가로 쪽에서의 힘에 약한 형식은 차체가 기울어졌을 때 타이어의 접지성이 나빠질 위험도 있다.

독립 현가식 서스펜션의 예

트레일링 암식

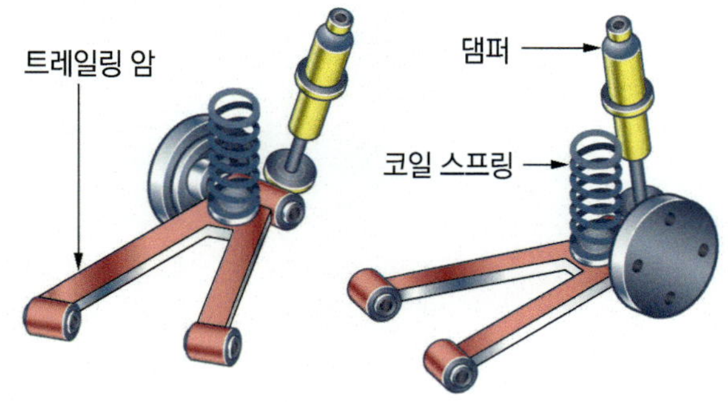

V자형 트레일링 암의 앞쪽의 끝은 보디에 접속되어 있다. 상하 진동에 대해서는 유연하게 대응할 수 있지만 가로 쪽으로 걸리는 힘에는 경직적이라는 것이 약점이다.

스트럿식

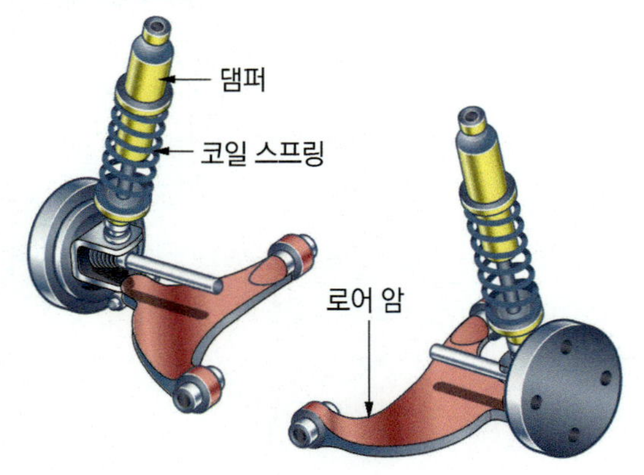

코일 스프링과 댐퍼가 스트럿이 되어 보디를 지탱한다. 전후 좌우에 차축이 어긋나지 않도록 로어 암으로 보강하고 있다.

위시본식

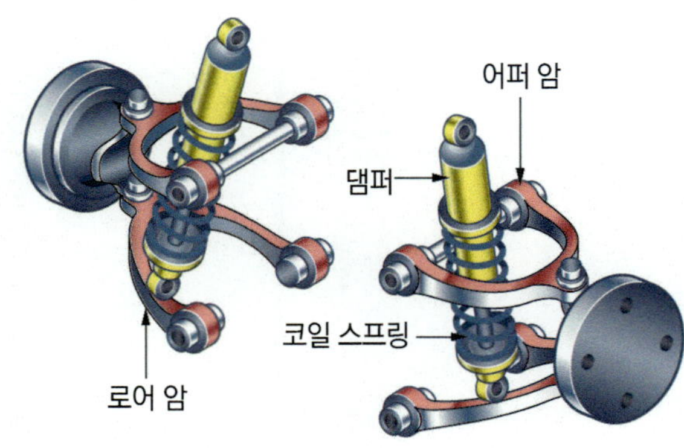

스트럿식에 추가적으로 어퍼 암이 장착되어 더 안정성이 높아진 형식이다. 앞, 옆, 비스듬한 방향에서 걸리는 힘을 2개의 암으로 지탱한다.

좌우 바퀴가 하나의 축으로 연결되어 있는 서스펜션 형식이 차축 현가식이다.

차축 현가식(車軸懸架式)이란 좌우 바퀴가 하나의 축으로 연결된 형식의 서스펜션을 말한다. 단차(段差)나 요철이 있는 노면에서는 차축이 한 쪽으로 기울기 때문에 타이어의 접지면이 줄어 드는 결점이 있다. 반면에 구조가 간단하고 내구성이 높아 경제적이라는 이점도 있기 때문에 상용차(商用車 · commercial vehicle)를 중심으로 사용되고 있다.

차축 현가식은 몇 가지 형식으로 분류할 수 있다. 여기서는 링크식(link type) 과 토션 빔식 (torsion beam type), 리프 스프링식(leaf spring type) 3가지를 소개한다. 링크식은 코일 스프링식(coil spring type)이라고도 한다. 차축 양 끝에 스트럿(strut)을 배치하고 그 주위에 '링크'라고 하는 막대 모양의 암(arm)을 설치해, 전후 좌우로부터의 충격에 대응하는 구조이다.

링크의 개수에 따라 3링크식, 4링크식, 5링크식 등이 있다. 링크를 늘릴수록 차체는 안정되지만 중량이 늘어나 코일 스프링에 부담이 커진다. 토션 빔식은 양쪽 바퀴 사이를 '토션 빔'이라 불리는 차축으로 연결한 형식이다.

토션 빔 내부에는 스프링 작용을 하는 '토션 바'가 들어 있어 좌우 바퀴가 비틀어지려고 하면 이것을 원래대로 되돌려주는 효과가 있다. 그밖에 스트럿과 트레일링 암(trailing arm), 래터럴 로드(lateral rod)가 결합되어 차체를 지탱한다. 래터럴 로드는 가로 방향으로 걸리는 힘을 흡수 하는 기구로서 로드의 한 쪽은 차축에 접속되고 다른 한 쪽은 차체에 접속되어 있다.

리프 스프링식은 2세트의 가늘고 긴 판 형상의 스프링(leaf spring)을 사용해 충격을 흡수한 다. 구조가 간단하고 내구성이 좋지만 미세한 진동에는 대응하지 못하는 결점이 있으므로 승용 차 등과 같이 승차감을 중시하는 자동차에서는 사용되는 경우가 적다.

차축 현가식은 좌우 바퀴의 움직임이 연동된다. 그 때문에 단차가 있는 노면에서는 타이어가 기울어져 접지 면을 충분히 확보하지 못하는 경우가 있다. 한편 차체가 기울었을 때는 차축이 연결되어 있는 관계로 타이어 의 접지성이 높아지는 효과가 있다.

차축 현가식 서스펜션의 예

링크식

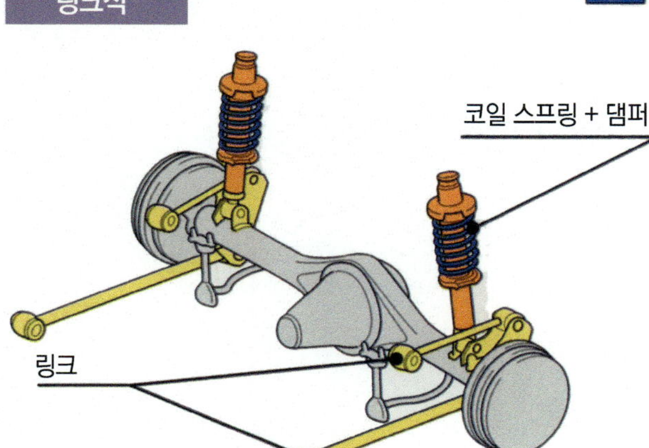

그림은 4개의 링크를 배치한 4링크식. 각 링크 끝은 보디에 접속되어 있다. 5링크식인 경우는 가로 방향 쪽 힘에 잘 견디는 래터럴 로드(lateral rod)를 추가한다.

토션 빔식

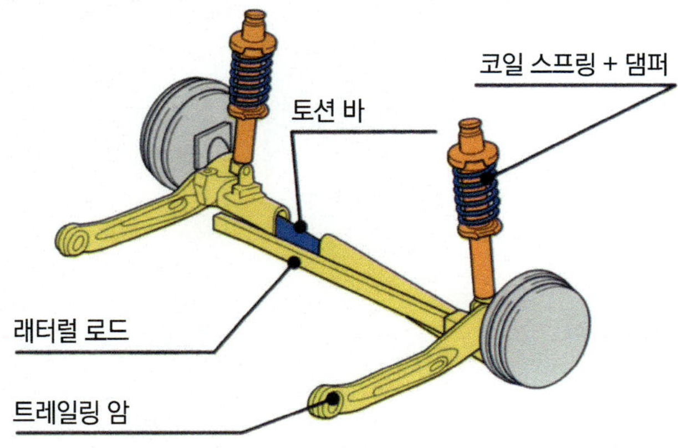

토션 바는 우리말로 '비틀림 막대'란 뜻이다. 좌우 바퀴의 비틀림에 대응하는 스프링의 일종이다. 토션 빔식은 구조가 간단하고 내구성(耐久性·durability)이 좋다.

리프 스프링식

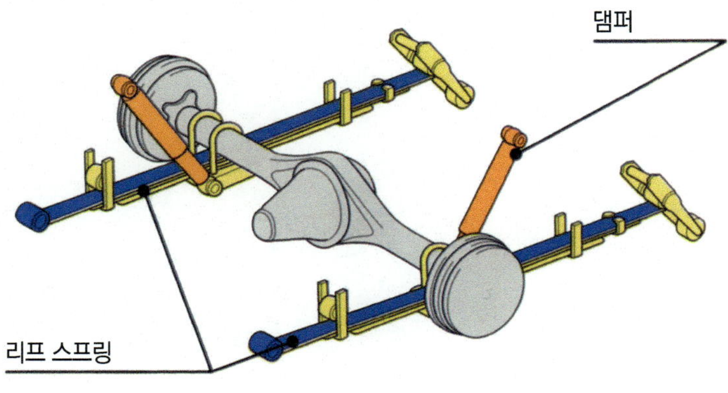

리프 스프링(판(板) 스프링)은 스프링 강(鋼·steel)을 몇 겹 겹쳐서 판 모양으로 만든 것이다. 충격을 흡수하는 스프링 역할과 함께 차체를 지지하는 암 역할도 갖고 있다.

휠 얼라인먼트

휠 얼라인먼트(車軸整列 · wheel alignment)란 타이어(tire)나 서스펜션(suspension)의 장착 각도를 말한다. 휠 얼라인먼트를 조정함으로써 주행안정성이나 조향성을 높일 수 있다. 휠 얼라인먼트는 주로 캠버 각(camber angle), 킹핀 각(kingpin angle), 캐스터 각(caster angle), 토(toe · Spur) 등 4가지 요소로 이루어진다. '캠버각'은 자동차를 앞에서 봤을 때 타이어가 지면에 대해 기울어진 각도다. 타이어가 바깥쪽으로 기울어져 있을 경우는 포지티브 캠버, 안쪽으로 기울어져 있는 경우는 네거티브 캠버라고 한다. 포지티브 캠버를 주면 비교적 가벼운 힘으로 스티어링을 조작할 수 있다는 이점이 있다.

커브에서 타이어 방향이 바뀔 때 회전축이 되는 선을 '킹핀 축'이라고 한다. 킹핀 축이 노면에 수직인 선에 대해 어느 만큼 기울어 있느냐를 나타내는 각도가 '킹핀 각'이다. 킹핀 각이 만들어져 있으면 선회할 때라도 타이어가 항상 원래 방향으로 되돌아가려는 힘이 작용해 결과적으로 자동차의 직진성이 높아진다.

자동차를 옆에서 봤을 때의 킹핀 각의 기울기를 나타내는 것이 '캐스터 각'이다. 캐스터 각도 킹핀 각과 마찬가지로 선회할 때 타이어의 복원력을 높이는 작용을 한다. 자동차를 위에서 봤을 때의 타이어 기울기를 '토'라고 한다. 진행방향에 대해 안쪽으로 기울어진 경우는 토인(toe in), 반대인 경우는 토 아웃(toe out)이라고 부른다. 캠버 각이나 캐스터 각이 만들어져 있으면 좌우 타이어가 바깥쪽으로 벗어나려는 힘이 작동한다. 토인은 이것을 상쇄시키는 효과가 있다.

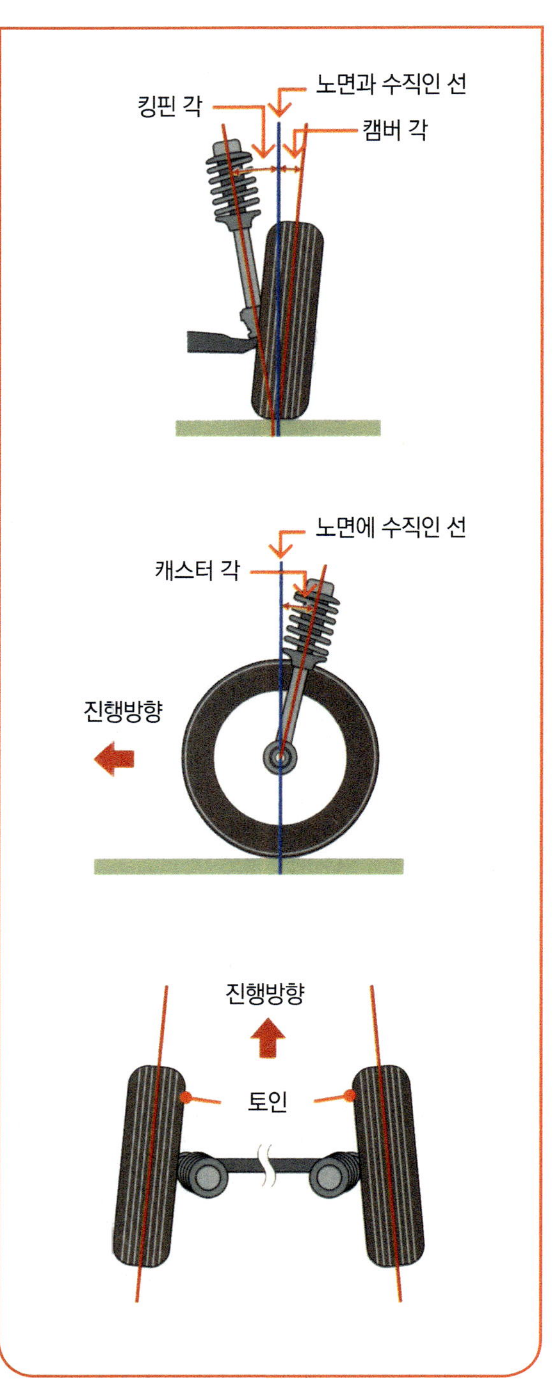

FERRARI

http://www.ferrari.co.kr

피아트를 이탈리아 그 자체라고 받아들인다면 필시 페라리는 이탈리아의 심볼이라고 할 만한 존재이다. 페라리의 전신은 카리스마 넘치는 창업자인 엔쪼 페라리가 알파 로메오의 준 워크스로서 1929년에 설립한 레이싱 팀「스쿠데리아 페라리」에서 찾을 수 있겠지만, 자동차 메이커가 되고 나서도 페라리와 레이스는 끊을래야 끊을 수 없는 관계였다. 통상 자동차 메이커가 레이스에 참전하는 이유는 홍보 또는 기술개발을 위해서지만 페라리의 경우는 그 반대이다. 그들에게 있어서 메이커라는 입장은 레이스자금을 얻는 수단에 불과했는데, 250시리즈가 데뷔할 때까지의 시판차가 퇴역한 레이싱 머신이라는 데서도 그런 사실을 엿볼 수 있다. 88년에 엔쪼가 사망하고 나서도 F1을 필두로 하는 레이스 활동은 계속되고 한편으로 제품 품질도 현격하게 향상되었다.

FIAT

http://www.fiat.co.kr

이탈리아 최대의 기업그룹인 피아트가 창립된 것은 1899년이었다. 조반니 아넬리와 몇 명의 실업가가 모여 자동차 제조업으로 설립되었으며, 파블리카 이탈리아나 오토모빌리 토리노(토리노의 자동차 제조소)에서 머리글자를 딴 것이다. 지금은 자동차 제조 외에 대형 전장품 회사인 마그네티 마렐리를 필두로 그룹산하의 기업이 금융이나 제조업, IT나 미디어관련까지 거느릴 정도로 폭이 넓다. 본업인 자동차 제조에 있어서 피아트 브랜드는 소형차를 중심으로 한 라인업이지만, 알파 로메오나 페라리 외에 대부분의 이탈리안 브랜드를 산하에 거느리고 있다. 2014년에는 경영재건 중이던 크라이슬러를 완전히 자회사한 다음 사명도 피아트 크라이슬러 오토모빌즈로 고쳤다. 나아가 근래에는 마쓰다와의 업무제휴를 발표하면서 마쓰다 로드스터를 베이스로 하는 피아트 그룹의 신차를 계획 중이다.

LAMBORGHINI

http://www.lamborghini.com

람보르기니는 페라리와 견줄만한 수퍼카 브랜드의 거두이다. 1963년에 창업한 람보르기니는 세상에 알려진 자동차 메이커 가운데서는 후발주자에 속한다. 그럼에도 불구하고 급속하게 지명도를 높일 수 있었던 배경에는 페라리에 대한 노골적 저항 자세나 독자성, 선진성이 두드러졌기 때문이다. 창업자 페르치오 람보르기니와 관련된 일화도 그런 배경을 바탕으로 전해진 것인데, 실제로 그가 지휘 했던 시대의 차를 보면 획기적인 것들이 많았다. 수퍼카 세대로부터 신격화되고 있는 카운타크 등이 대표적이다. 87년에는 크라이슬러에, 94년에는 인도네시아의 투자가 집단에 매수되기도 하지만, 아우디 산하로 들어간 98년 이후에는 상황이 호전. 그러면서 에지 있는 제품생산도 훌륭하게 복원되고 있다.

I PART 6 보디 · 타이어

보디

여기서는 자동차 외장이나 실내 공간 또한 보디의 안전구조에 대해 설명한다. 자동차를 운전할 때 가장 눈에 띄는 부분이다.

보디(body)란 통상적으로 외장(外裝)을 가리키는데 쾌적성(快適性 · amenity)이나 안전성(安全性 · safety)은 물론이고 디자인도 중시해 설계한다. 보디에는 도어나 윈도우, 등화장치, 타

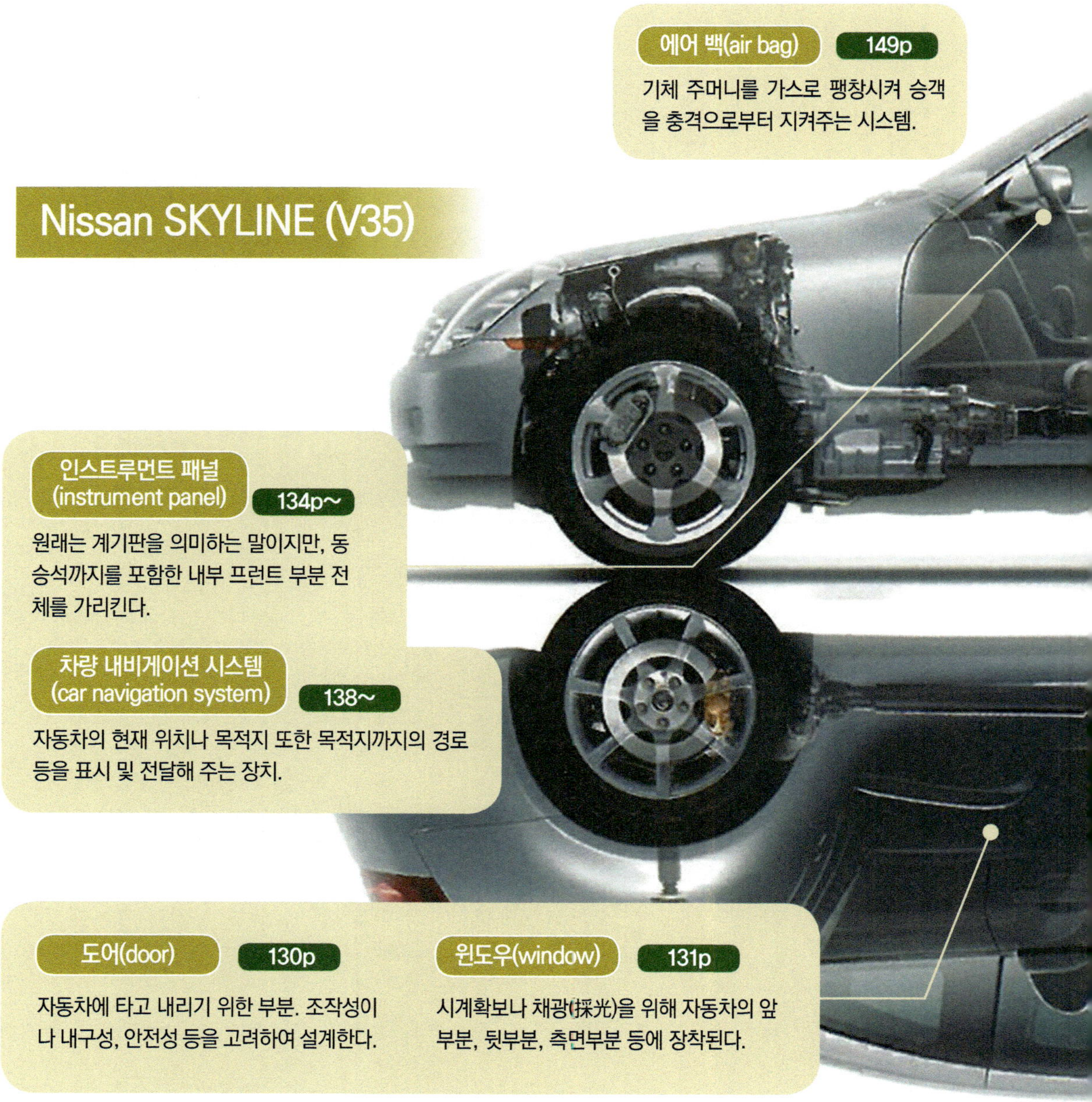

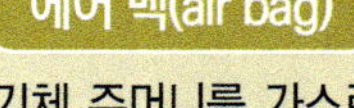

이어나 휠 등이 장착된다. 또한 실내에는 중심을 이루는 인스트루먼트 패널(instrument panel: 인스트루먼트 보드(instrument board)라고도 부른다. 인스트루먼트(instrument)는 계기(計器), 패널(panel)은 이를 제어하는 제어판을 뜻한다. 대시보드(dashboard) 가운데서 운전에 필요한 각종 정보를 표시하는 계기판, 자동차의 방향을 조작하는 스티어링 휠, 오디오나 에어컨의 조절판이 장착된 센터페시아(center fascia) 등을 통틀어 인스트루먼트 패널이라고 부른다. 그러나 인스트루먼트를 그냥 대시보드라고 부르는 경우가 많다. 또한 전문가가 아니면 대시보드, 인스트루먼트 패널, 센터페시아를 명확히 구분하기 어렵다) 및 좌석용 시트 등이 장착된다. 더불어 사고 등에 따른 큰 충격이 일어났을 때 탑승객을 보호하기 위한 안전구조인 에어백도 장착된다.

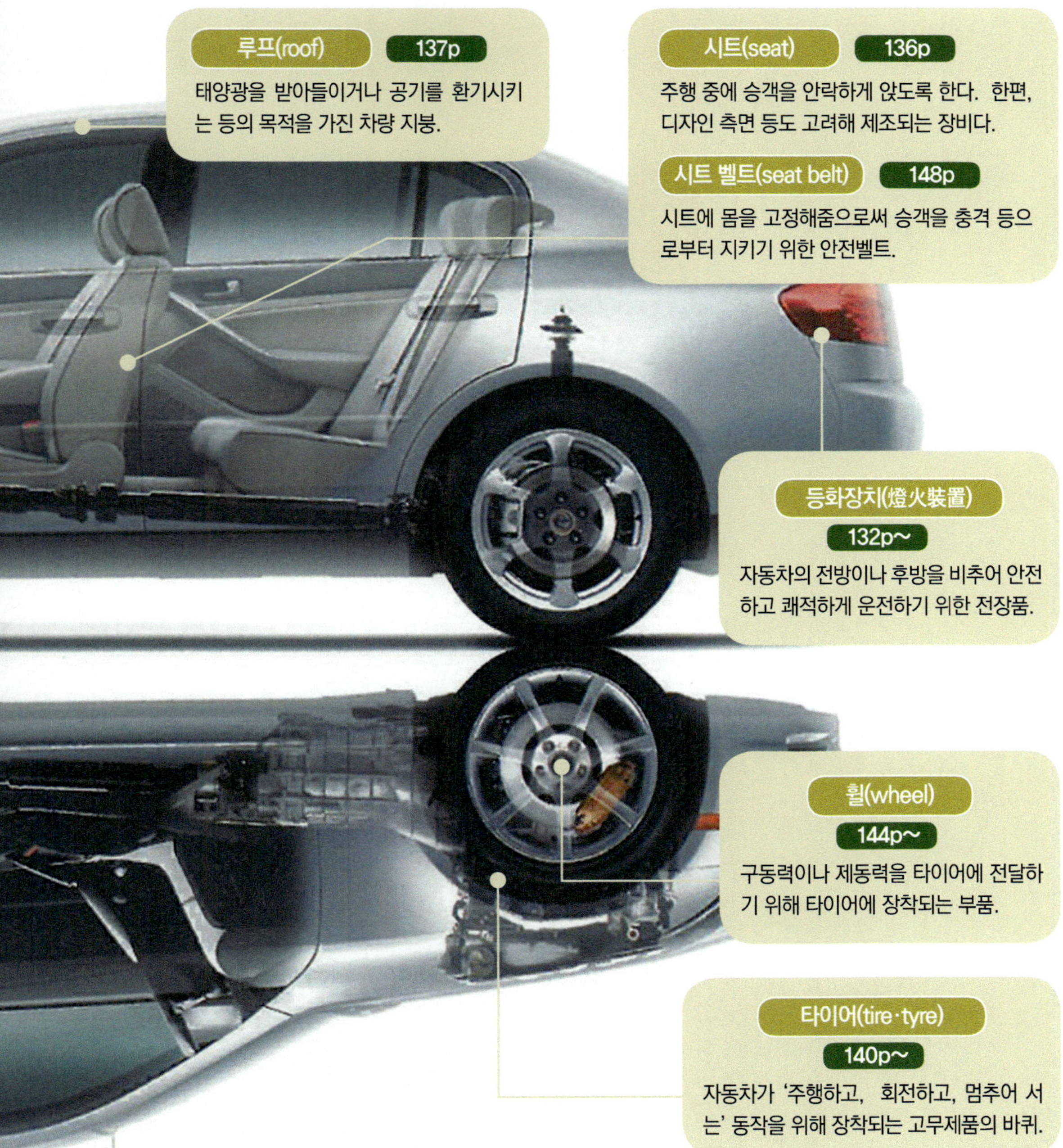

모노코크(monocoque) 보디 구조란?

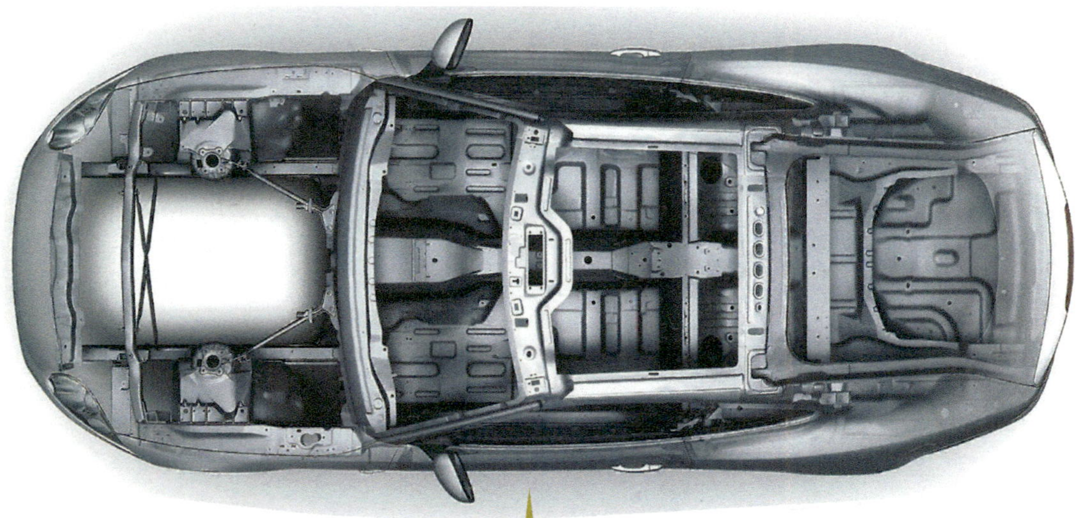

프레임이 없는 만큼 가벼운 구조일 뿐만 아니라, 강도(强度·strength)도 뛰어난 모노코크 보디. 얇은 강판을 접어 용접으로 접합함으로써 전체적으로 자동차를 지탱한다.

강도를 확보하는 원리

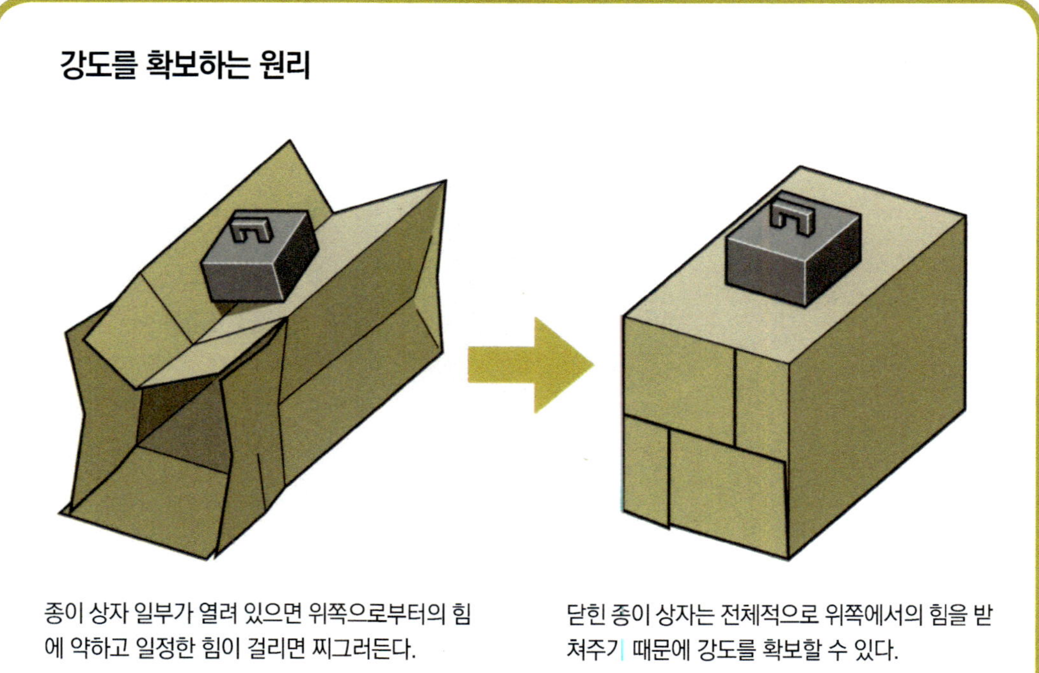

종이 상자 일부가 열려 있으면 위쪽으로부터의 힘에 약하고 일정한 힘이 걸리면 찌그러든다.

닫힌 종이 상자는 전체적으로 위쪽에서의 힘을 받쳐주기 때문에 강도를 확보할 수 있다.

모노코크 보디 구조란 프레임(금속제품의 틀)이 없는 차체(車體)를 말하는데 오늘날 보디 구조를 이루는 주류다. 용접기 등을 이용해서 대량생산(大量生産·量産)이 가능하기 때문에 생산성이 높아서 이 기술은 자동차 외에 열차나 비행기 등에도 사용되고 있다. 예전 자동차는 바닥에 해당하는 부분에 프레임이 있고 그 위에 엔진 등을 장착하고 나서 보디로 덮는 식이었다. 그러나 이런 차체는 자동차 중량이 무거워져 결과적으로 연비가 나빠지는 등의 단점이 있었다. 그래서 자동차의 경량화를 도모하고 성능을 향상시킬 목적으로 개발된 것이 모노코크 보디 구조다.

모노코크 구조는 프레임과 보디가 하나로 되어 있어 차체 전체로 자동차에 걸리는 하중을 받쳐준다. 금속판을 접어서 포갬으로써 하중을 지탱하는 강도를 만드는 것이다. 충격에 강하다는 점이 특징이며, 노면에서 가해지는 충격을 보디 전체로 흡수함으로써 실내를 외부에서 오는 충격으로부터 보호해 준다.

또한 차체 내부 가운데 충격 등에 약한 부분에는 크로스 멤버(cross member)라고 불리는 보강재를 사용하는 등 대책을 마련하고 있으며, 부분적으로는 고장력(高張力) 강판 등을 사용함으로써 약한 부분을 보완하고 있다. 또한 도어 부분과 루프 사이에 있는 차의 강도를 뒷받침하는 필러(pillar·기둥을 말하는 것으로 도어부와 천장의 중간에 있어 차에 강도를 더해 준다)라고 하는 기둥 등에는 발포 우레탄 수지 같은 것을 집어넣어 더 뛰어난 강도나 강성(剛性·rigidity)을 확보하는 경우도 있다.

TOPIC ▶▶ 보디의 차음 구조(遮音構造)

엔진의 폭발음이나 머플러에서 나오는 배기음(排氣音) 또한 노면 진동으로 생기는 소리나 차체가 바람을 가르며 달릴 때 발생하는 풍절음(風切音) 등 소음은 자동차가 달릴 때 반드시 동반되는 문제라 할 수 있다.

따라서 쾌적한 운전을 하기 위해서는 철저한 대책이 강구되어야 한다. 그래서 자동차를 제조할 때는 앞서와 같은 다양한 소음이 차 안으로 전해지지 않도록 고려할 필요가 있다. 엔진이 탑재되는 엔진룸과의 단락부분이나 바닥 주변에 아스팔트 시트나 발포 우레탄 등 방음재를 배치함으로써 차음처리(遮音處理)를 하고 있다. 또한 풍절음 등은 보닛(bonnet)이나 도어 미러, 프런트 필러(front piller·프런트 윈도우를 받쳐주는 지주) 형상을 설계 단계에서 조정해 줄이고 있다.

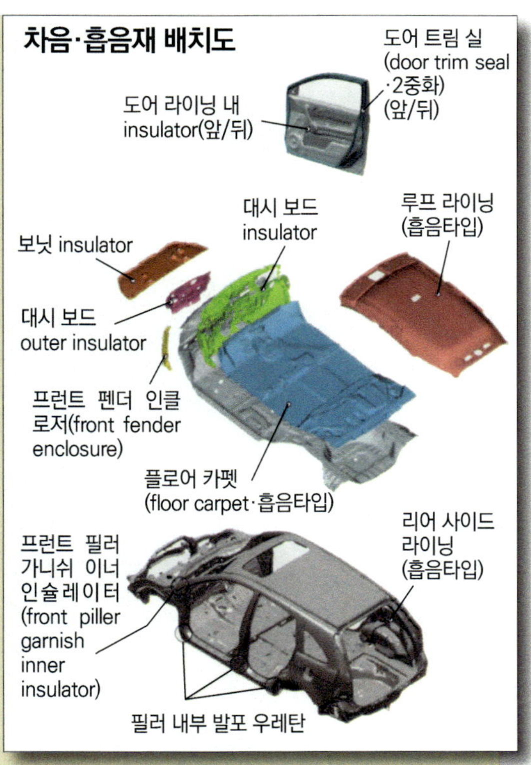

도어의 구조

　자동차의 입출구인 도어에는 열고 닫기 위한 기구 외에 윈도우 글라스와 그것을 조작하는 기구, 방진(防塵)이나 방수기구(防水機構), 안전장치 등 몇몇 기구가 장착되어 있다.

　도어는 강판으로 만들어진 2장의 패널로 구성된다. 실내 쪽에 해당하는 이너 패널(inner panel)에는 강도를 갖추고 있어 도어의 골조(骨組) 역할을 한다. 아우터 패널(outer panel)은 자동차의 외관을 형성하는 요소가 된다.

　또한 패널 내부에는 창을 올리고 내리기 위한 레귤레이터(regulator) 등이 들어있다. 더불어 실내를 향한 부분에는 내부기구의 노출방지와 디자인 관점의 차원에서 만들어진 도어 트림이 부착되어 있다. 오늘날에는 파워 윈도우가 주류이며, 윈도우 글라스를 조작하는 기구로는 전기 모터 힘을 이용해 스위치로 창을 개폐시키는 기구다.

　내장된 전동식 레귤레이터가 와이어 또는 기어로 유리와 연동(連動)하게 되어 있다. 팬터그래프(pantograph)처럼 움직이며 창을 아래에서 위로 밀어 올리는 암 방식과 케이블로 유리창을 개폐하는 케이블 방식이 있다.

도어의 구조

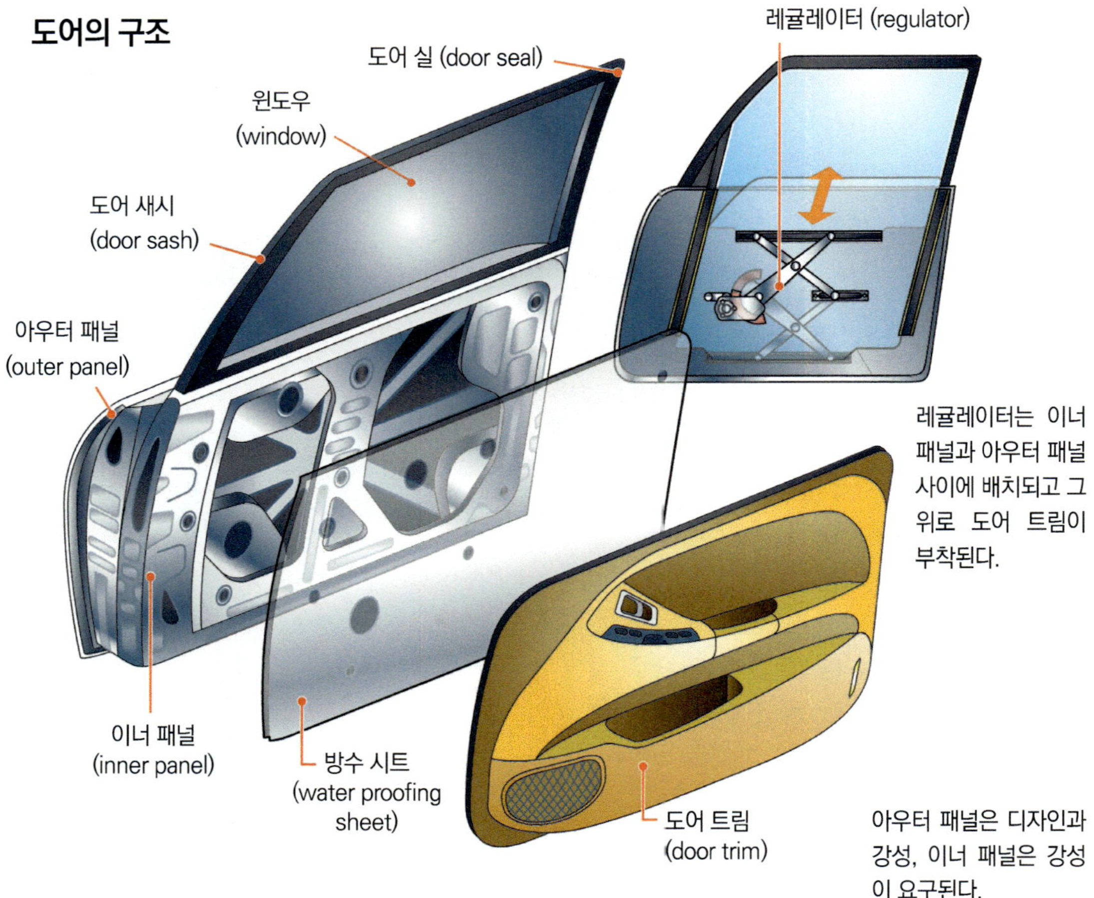

윈도우의 종류

자동차 윈도우에는 전면창이나 후면창과 같이 고정된 것과 도어 윈도우처럼 개폐할 수 있는 것 2가지가 있다. 거기에 장착되는 윈도우 글라스에는 전면강화유리, 부분강화유리 및 복층유리 등의 종류가 있다.

전면강화(全面强化)유리는 열처리 등을 통해 보통 유리에 비해 잘 깨지지 않게 만들어진다. 또한 깨졌을 경우라도 유리 전체가 자잘한 둔각(鈍角)의 입자로 깨지기 때문에 부상의 염려가 적다. 다만 외부 충격으로 금이 가면 전면이 하얗게 변하고 시계(視界 · field of view · 시야(視野 · visual field))가 차단되는 단점 때문에 최근에는 사이드 글라스나 리어 글라스에 사용되는 경우가 많다. 대신 프런트 글라스에는 파손이 일어났을 경우에도 운전자의 시야를 확보할 수 있도록 만들어진 부분강화(部分强化)유리가 사용된다.

복층유리(pair glass)란 2장의 글라스 사이에 수지로 된 투명한 막을 끼운 다음 열로 압착한 것이다. 충격을 받았을 경우라도 크게 금이 가기만 할 뿐 시계를 방해할 위험성이 없다는 점이 특징이다.

한편, 전면강화유리는 T, 부분강화유리는 Z, 복층유리는 L이라는 마크를 창에 붙이는 것이 의무로 되어 있다.

글라스의 파손

전면강화유리

부분강화유리

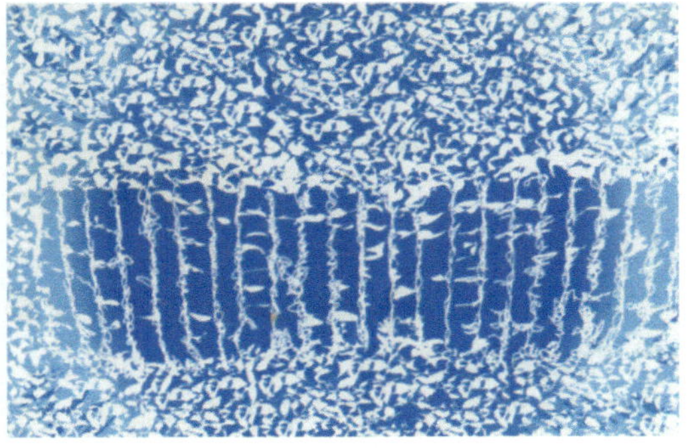

복층유리

전면강화유리는 자잘하게 깨지기 때문에 시야를 확보하기가 어렵다. 한편 부분강화유리는 운전자의 전면에만 약하게 열처리를 했기 때문에 깨졌을 때 시야를 확보할 수가 있다. 복층유리는 시야를 확보하기 쉽고 유리의 비산(飛散 · 날아서 흩어짐)도 방지할 수 있다.

등화장치

안전운전을 위한 필수장치인 등화장치(燈火裝置·lighting system). 지금까지는 할로겐전구(halogen lamp)가 주류였지만 최근에는 HID(high intensity discharge)와 발광다이오드(LED·light emitting diode)와 같은 신기술도 속속 등장하고 있다.

램프의 종류

라이트는 안전운전을 뒷받침하는 안전장치다. 예를 들면 방향지시등(方向指示燈 · winker · flasher · 방향지시기 · 깜박이)이나 제동등(brake lamp) 등에는 운전자의 의사나 운전상태를 다른 운전자에게 알려주는 역할이 있다. 전조등(前照燈 · head light · head lamp)은 통상 주행은 물론이고 터널 안이나 야간주행에서 전방을 비춘다.

주류(主流) 전구인 할로겐 전구는 텅스텐이라고 하는 금속원소를 발열시켜 빛을 내게 하는 전구다. 이는 할로겐 사이클을 이용하고 있기 때문에 수명이 긴 장점이 있다. 고온에 대한 내구성은 있지만 전구 내부에서 발광하는 가느다란 텅스텐(tungsten)선(線)인 필라멘트(filament)가 소모되면 발광 능력이 떨어진다.

그래서 필라멘트를 사용하지 않고 할로겐 전구 이상의 밝기를 실현한 'HID'라고 하는 고휘도 방전등(高輝度放電燈)이 개발되었다. 이는 방전현상을 이용해 발광시키는 전구이다. 전극 사이에 고전압을 걸면 발광하며, 한번 불이 들어오면 낮은 전압에서도 밝기를 유지할 수 있다. HID

의 광량(光量)은 할로겐 전구의 2배 이상이며, 태양광에 가까운 자연스러운 색을 발하기 때문에 주위를 쉽게 확인할 수 있고 소비전력도 낮추는 효과가 있다.

또한 후미등(tail lamp)이나 브레이크 램프 등과 같은 보조등(補助燈 · subsidiary lamp) 에서 지금까지 주류였던 백열전구(白熱電球 · incandescent lamp)에서 발광다이오드라고 불리는 LED로 점차 바뀌고 있다. LED는 고휘도에 수명이 길뿐만 아니라 소비전력이 낮다는 점이 가장 큰 특징이다. 또한 점등(點燈)과 소등(消燈)을 약한 전력으로 간단히 제어할 수 있다는 장점도 있다. 다만 LED는 하나하나를 크게 하는 것이 곤란하기 때문에 밝기를 높이려면 많은 LED를 배치해야 하는 제약이 있으며, 이로 인해 가격도 비싸다.

램프 종류의 소비전력 저하는 충전장치의 부담경감으로 이어지고 나아가 저연비(低燃費)로 이어진다. 이 때문에 수명이 길고 밝다는 점이 개발하는 데에 중요한 포인트라 할 수 있다.

할로겐 전구와 HID의 구조

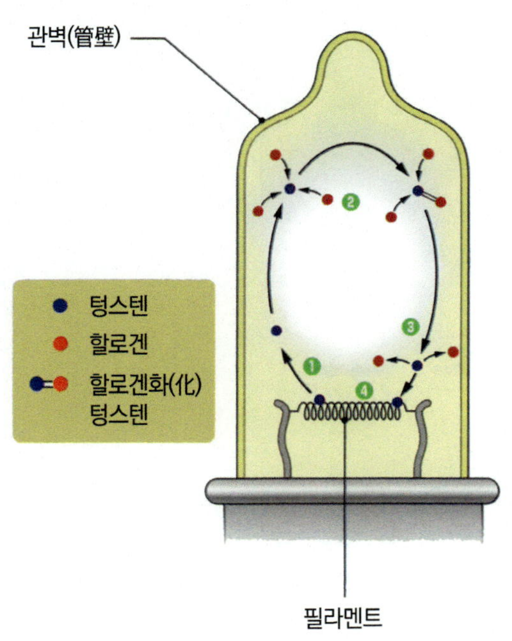

할로겐 전구

전기저항이 큰 텅스텐에 전기가 흐르고 그것이 발열해서 발광하는 구조다. 또한 '흑화현상(黑化現象·blackening phenomenon·증발한 텅스텐이 유리 내부에 부착해 유리가 검어지는 현상)'이 잘 안 일어나기 때문에 수명이 길다. 좌측의 구조를 할로겐 사이클이라고 한다. ① 고온의 필라멘트 부근에서 전구 안의 텅스텐이 발열하고, ② 온도가 낮은 부분에서 할로겐과 결합한 할로겐화(化) 텅스텐이 된다. ③ 고온의 필라멘트 부근에서 텅스텐과 할로겐으로 분해된 다음 ④ 텅스텐이 필라멘트로 돌아오는 식이다.

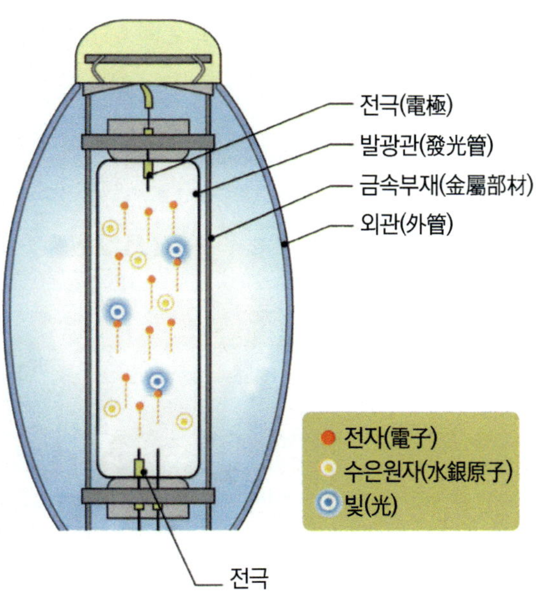

HID

HID는 전극 사이에 고전압을 걸어 방전(放電)시킴으로써 발광되는 램프다. HID란 고압수은(高壓水銀) 램프나 메탈 핼라이드 램프(metal halide lamp) 등의 총칭으로 기본원리는 거의 비슷하다. 예를 들면 고압수은 램프의 경우 먼저 전극에서 전자가 방출되고 반대 극으로 이동하는 과정에서 수은원자와 부딪쳐 발광하는 구조다.

133

차 내부 공간

자동차 실내 공간이 쾌적하게 만들어졌는지 여부는 안전측면에서도 중요한 문제다. 또한 각 자동차 메이커는 디자인 측면도 중요하게 생각하고 설계하고 있다.

인스트루먼트 패널

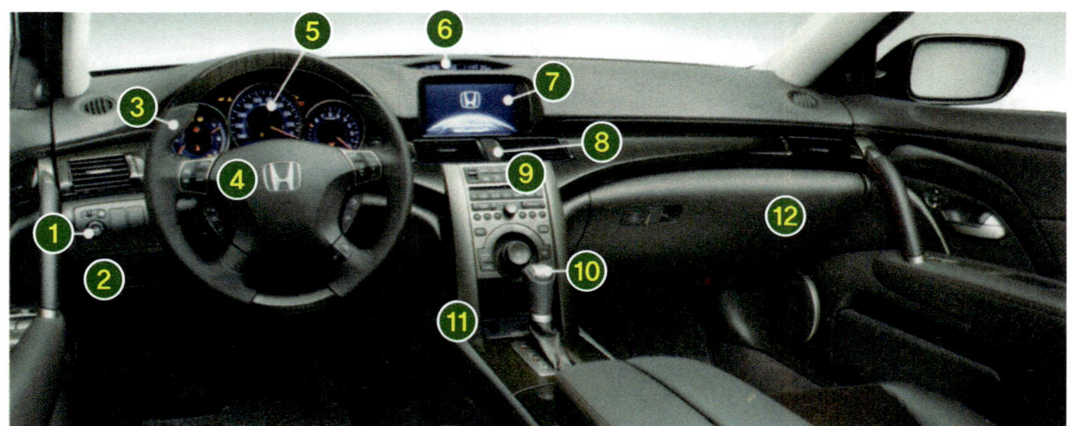

①	도어 미러 조절 스위치	도어 미러(door mirror)의 각도를 조절할 수 있다.
②	코인 포켓(coin pocket)	동전을 보관하는 공간.
③	스티어링 휠(steering wheel·handle)	
④	혼 스위치(horn switch)	누르면 혼이 울린다.
⑤	미터(meter)	속도계나 연료계 등의 계기류(計器類).
⑥	인포메이션 디스플레이(information display)	오디오나 시계, 온도를 표시.
⑦	내비게이션 시스템(navigation system)	도로안내를 표시.
⑧	해저드 스위치(hazard switch)	비상점멸표시등(非常點滅表示燈)을 점등시킨다.
⑨	에어컨(air conditioner)	
⑩	셀렉트 레버(select lever)	AT차에서 주행 레인지를 선택하는 레버. MT차에서는 체인지 레버가 된다.
⑪	재떨이(ashtray)	
⑫	글러브 박스(glove box)	도어 미러(door mirror)의 각도를 조절할 수 있다.

멀티 인포메이션 디스플레이(multi-information display)
주행거리나 평균속도 등을 표시

수온계
엔진 냉각수의 온도표시

인스트루먼트 패널(instrument panel)이란 운전석 앞에 있는 계기판(計器板)을 가리킨다. 일반적으로는 동승석 앞이나 글러브 박스(glove box · 동승석 앞에 있는 수납공간)까지 포함하는, 실내의 프런트 부분 전체를 가리킨다. 또한 대시보드라고 부르는 경우도 있다.

스티어링 휠(핸들), 셀렉트 레버, 룸 미러, 각종 미터나 경고램프, 운전자 시트와 동승석 사이에 있는 에어컨이나 오디오 등이 갖춰진 센터 콘솔(center console) 등 여러 가지 제품으로 구성되어 있다. 인스트루먼트 패널 디자인에 대한 선호도가 그 자동차의 판매를 좌우하는 경우도 많기 때문에 각 자동차 메이커에서는 다양한 디자인을 연구하고 있다.

TOPIC ▶▶ 스마트 엔트리 키(smart entry key)

열쇠구멍에 키를 꽂지 않고 리모컨 기능으로 도어를 잠그고 잠금을 풀 수 있는 자동차가 대세를 이루고 있는 요즘에 새롭게 '스마트 엔트리 키'라고 하는 기술도 널리 보급되고 있다. 이것은 키를 갖고 자동차에 접근해 도어 손잡이 등에 닿기만 하면 도어를 열고 닫을 수 있는 키를 말한다. 각 자동차 메이커에 따라 호칭이나 세세한 조작방법은 다르지만 기본적인 구조는 비슷하다(사진은 '현대'의 스마트 키 시스템). 또한 도어를 열고 닫는 것 이외에 엔진 시동이나 트렁크 열고 닫기 등도 할 수 있다. 앞으로도 더욱 진화될 것으로 기대된다.

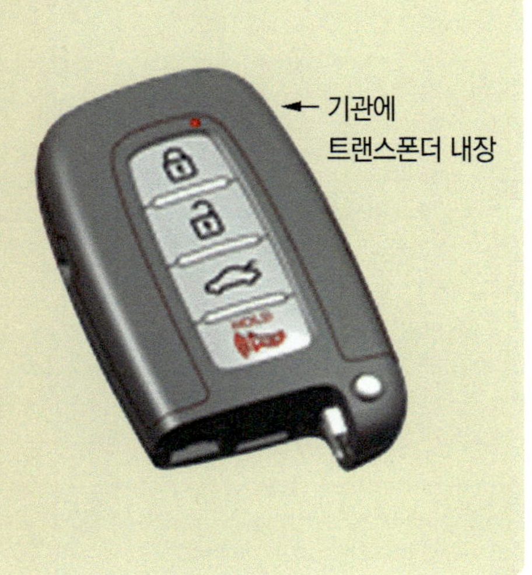

시트

의자(椅子·seat)는 오랫동안 앉아 있어도 피로감을 주지 않도록 만드는 것이 중요하다. 신체의 접촉이나 진동억제, 승객을 감싸주는 기능 외에도 충돌할 때의 안전성, 좋은 디자인 등도 더불어 요구된다.

시트에는 다양한 종류가 있지만, 기본 구조는 골격 프레임을 기본으로 스프링, 쿠션재(cushion material)가 들어가고 그 위에 표피를 구성하는 가죽이나 천을 씌우는 식이다. 일반적인 승용차에서는 앞쪽에 독립적인 세퍼레이트 시트(separate seat), 뒷쪽에는 좌우가 연결되어 있는 벤치 시트(bench seat)가 통상적으로 배치되어 있다.

또한 시트 전체를 앞뒤로 이동시키는 슬라이드 기능이나 등받이 부분의 각도를 조정하는 리클라이닝(reclining)기능, 높이를 조절할 수 있는 높이 조정기능 등을 갖춘 시트가 설치되어 있으므로 승객은 자신의 체격에 맞게 시트위치 등을 조절할 수 있다.

시트의 구조(앞쪽 시트)

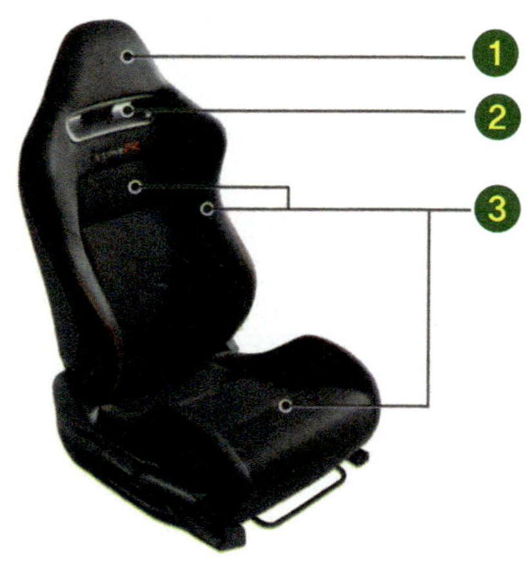

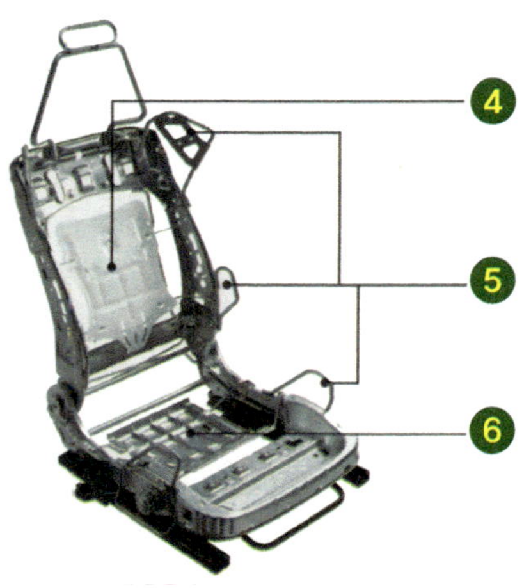

① 시트 일체형(一體型) 헤드레스트(headrest)
목을 받쳐주는 헤드레스트

② 4점식 시트벨트 대응 가니시(garnish)
2개의 어깨벨트로 신체를 잡아주는 4점식 시트벨트에 대응

③ 중앙부분과 좌우부분의 분리구조
중앙과 좌우에 경도(硬度·hardness)가 다른 쿠션재(우레탄)를 내장해 몸 전체를 감싸준다.

④ 등받이(backrest·back of a seat) 수지 플레이트 구조
척추의 굽은 상태를 감안한 등받이

⑤ 자세유지용(姿勢維持用) 프레임(frame)

⑥ 플로어 팬(floor pan)
위로 휜 구조로서 제동이 걸릴 때 허리가 삐끗하는 것을 막아준다.

혼다·시빅 타입(Civic type)-R 시트(옵션으로 장착된 차량).

루프(roof)

개구부(開口部·opening)의 형상에 따른 분류

선루프(sun roof)

개폐식 채광창(採光窓·skylight·lighting window)이 장착된 루프. 채광창은 알루미늄 외에 유리나 플라스틱 재질도 있다.

T바 루프(T-bar roof)

루프 중앙부분을 남겨놓고, 좌우 윗부분이 개폐되는 타입. 바(bar)가 남는 만큼 컨버터블(convertible) 등과 비교해 루프가 강하다.

타르가 톱(targa top)

센터 필러(center piller·자동차 중앙부분의 기둥)와 리어 필러(rear piller·자동차 후방부분의 기둥) 이외의 루프를 제거한 타입의 루프.

컨버터블(convertible)

루프가 완전히 없는 타입. 덮개를 접어서 수납하거나 탈착하는 타입

루프란 보디의 지붕을 말한다. 루프는 안전성이나 실내 공간의 거주성 등의 관점에서 중요한 부분이기도 하지만 루프 때문에 실내 공간이 답답하게 느껴지는 경우도 있다. 그래서 각 자동차 메이커에서는 개방감이나 실내 환기, 채광 등의 목적으로 윈도우를 장착하거나 개폐식 루프로 하는 등 다양한 연구를 진행하고 있다.

루프를 개구부 형상으로 대략적으로 나누면 선루프, T바 루프, 타르가 톱, 컨버터블 4종류로 나뉜다. 또한 리드(lid · 루프를 덮는 덮개)의 작동방법 차이에 따라 슬라이드 타입(slide type · 리드가 움직이면서 루프가 열린다), 틸트 타입(tilt type · 리드 뒷부분이 조금 올라간다), 고정 타입(fixed type · 유리가 루프의 일부로 고정되어 있다) 등으로 나뉘며, 대부분은 전동식(電動式)이다.

차량 내비게이션 시스템

도로 안내

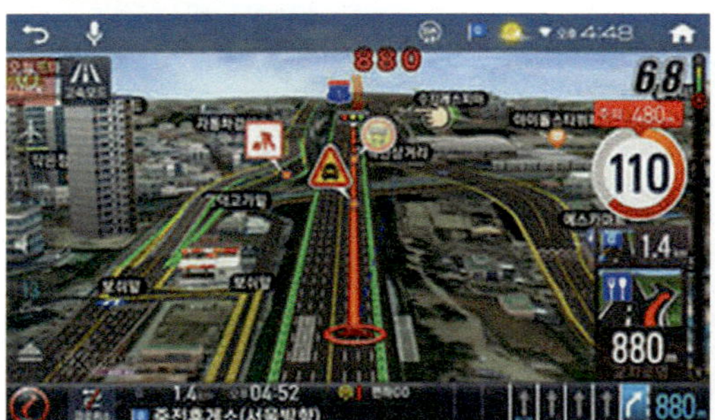

입체적인 지도를 사용해 목적지까지의 도로를 안내

안전운전 지원

차선 이탈 경보, 전방 추돌 경보, 신호 변경 안내, 차로 변경 예보 등 안전운전을 지원한다.

주변지도 업데이트

휴대 전화를 사용해 운전 중이라도 수시로 주변지도 업데이트가 가능하다.

정체구간 안내

현재의 정체 상황이나 진행경로 상의 정체 발생 정보 등을 통지.

애매한 목적지의 검색

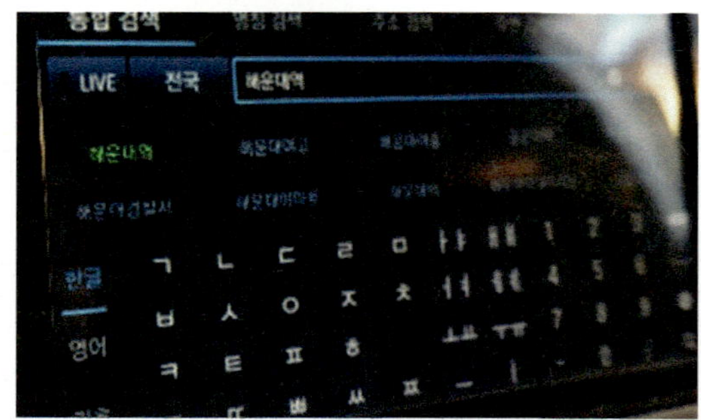

정식명칭 등을 몰라도 키워드 입력 등으로 검색할 수 있다.

도어 투 도어(door to door) 경로 안내

골목길에 들어가더라도 최종 목적지까지 경로 안내가 가능

차량 내비게이션 시스템이란 자동차의 위치를 특정해 목적지까지의 경로를 검색한 다음 최적의 경로를 운전자에게 전달하는 시스템이다. 통상 검색된 경로는 인스트루먼트(instrument) 부분에 있는 모니터에 나타낸다. 또한 실시간 교통정보나 기상정보를 알려주는 동시에 오디오 기능이 갖추어져 있는 등 하루가 멀다 하고 진화를 거듭하고 있으며 출하대수도 매년 증가하고 있다.

통상, 자동차의 위치를 특정 하는 데는 위성항법장치(衛星航法裝置 · GPS · global positioning system)를 이용하는 방법과 방위 센서(direction sensor)나 차속센서(speed sens) 등으로 자신의 자동차의 거리와 방향을 측정하는 방법을 함께 사용한다. 이렇게 얻어진 데이터를 토대로 최적의 경로를 찾아내는 것이 기본적인 구조다.

또한 사용하는 지도는 주로 SD카드(secure digital card)에 저장되며 고정밀도를 자랑하지만 시간이 지남에 따라 옛것이 되기 때문에 최근에는 실시간으로 지도를 갱신할 수 있는 서비스도 등장하고 있다.

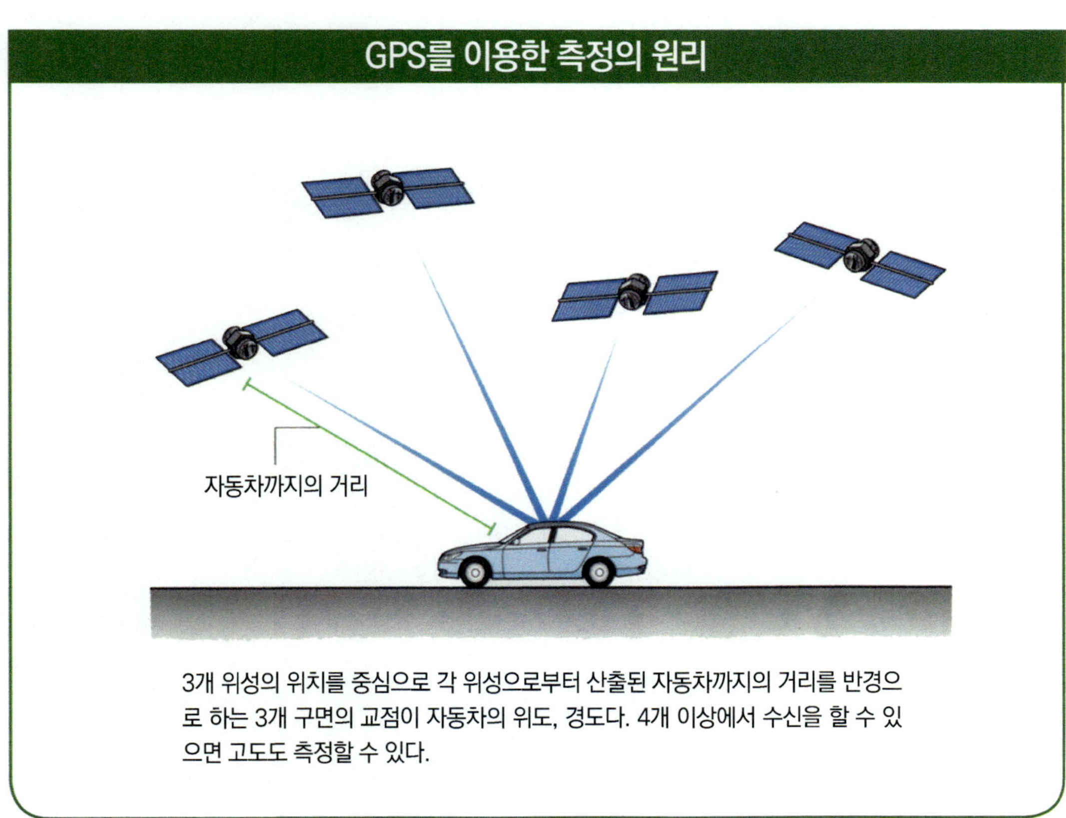

3개 위성의 위치를 중심으로 각 위성으로부터 산출된 자동차까지의 거리를 반경으로 하는 3개 구면의 교점이 자동차의 위도, 경도다. 4개 이상에서 수신을 할 수 있으면 고도도 측정할 수 있다.

타이어와 휠

유일하게 노면과 접촉하는 타이어 더불어 엔진에서 만들어진 동력을 가능한 효율적으로 타이어에 전달하고 있는 휠에 대해서도 강도를 높이는 방법을 중심으로도 살펴보도록 한다.

타이어의 구조

타이어는 전체가 고무로 만들어진 것처럼 보이지만 그 안쪽에는 고무 이외의 소재를 사용해 강도와 내구성을 높이고 있다. 타이어의 골격을 만드는 것은 '카커스 코드(Carcass cord)'라고 불리는 소재다. 폴리에스텔(polyester), 스틸(steel), 나일론(nylon) 등의 섬유를 고무로 피복한 코드(cord)를 붙여놓은 구조로서 이것을 몇 층으로 겹쳐서 타이어의 구조가 된다.

카커스 코드 위로는 타이어 표면이 되는 고무 층이 부착되어 전체 모습이 만들어진다. 성형(成型)에는 '가류(加硫)성형'이라고 하는 유황을 고무에 섞어 가열하면서 성형하는 방법을 이용

타이어의 내부 구조

한다. 이 방법을 통해 고무의 내구성이 향상된다.

　타이어의 고무 층에 사용되는 고무는 이용하는 장소에 따라 성질이 다른 것을 배치하고 있다. 노면과 접촉하는 부분인 트레드(tread)에는 내구성이 뛰어난 고무를 사용한다. 타이어 측면인 사이드 월(side wall)은 노면의 요철에 따라 신축을 반복하는 부분이기 때문에 굴곡성(屈曲性·flexibility)과 내(耐)피로성이 높은 고무를 사용한다. 휠과 접촉하는 비드(bead)에는 휠과의 밀착성을 높이기 위해 강도가 좋은 고무를 사용하며, 심지어 보강 차원에서 안에 비드 와이어(bead wire)가 들어가 있다.

　전에는 타이어 안에 튜브(tube)를 넣은 다음 공기를 넣었지만 오늘날은 타이어 자체가 공기의 보존 역할을 하는 튜브리스 타이어(tubeless tire)가 주류를 이루고 있다. 튜브리스 타이어는 휠과의 탈착이 쉽고 내부공기와 휠이 직접 접하고 있기 때문에 방열성도 좋다.

　또한 근래에 개발된 '런 플랫 타이어(run-flat tire)'는 펑크가 나더라도 어느 정도까지 계속해서 주행할 수 있는 기능을 가지고 있다. 이것은 사이드 월 안쪽에 들어간 보강재가 공기가 빠져 나가더라도 타이어 높이를 확보해 주기 때문에 가능하다.

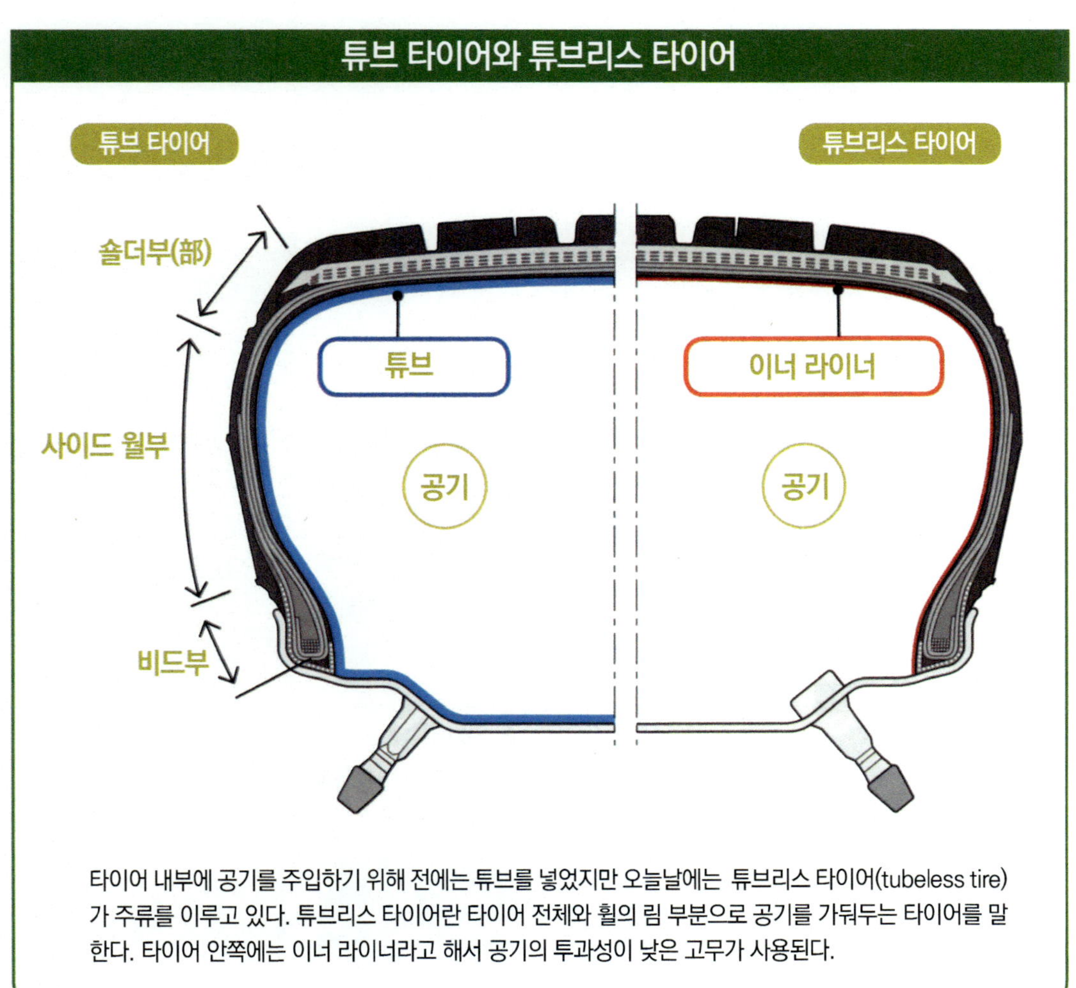

타이어 내부에 공기를 주입하기 위해 전에는 튜브를 넣었지만 오늘날에는 튜브리스 타이어(tubeless tire)가 주류를 이루고 있다. 튜브리스 타이어란 타이어 전체와 휠의 림 부분으로 공기를 가둬두는 타이어를 말한다. 타이어 안쪽에는 이너 라이너라고 해서 공기의 투과성이 낮은 고무가 사용된다.

트레드 패턴

타이어의 접지면(트레드)에는 다양한 타입의 홈을 새겨 넣어 자동차의 조종성(操縱性 · maneuverability), 배수성(排水性), 제동력(制動力)을 높이고 있다. 이 홈의 형상을 트레드 패턴(tread pattern)이라고 하며, 크게 나눠 리브형(rib type), 러그형(lug type), 리브 · 러그형 (rib · lug type), 블록형(block type) 등 4가지 패턴이 있다.

리브형은 타이어의 원주방향을 따라 홈이 나 있는 패턴으로 구름저항(타이어의 회전을 억제하려고 하는 힘)이 적고, 횡 슬립(lateral slip) 에 대한 저항이 크다. 조종성이 뛰어나고 소음이 적기 때문에 포장도로 주행에 적합한 패턴이라고 할 수 있다. 러그형은 타이어의 원주방향에 대해 직각으로 홈이 나 있는 패턴이다. 구동력이나 제동력 전달이 뛰어나지만 승차감이 나쁘고 소음도 크다. 험로주행에 적합하며, 승용차에는 그다지 사용되지 않는다.

리브형과 러그형 양쪽을 조합한 것이 리브 · 러그형이다. 타이어 중앙에 리브형, 주변에 러그형을 배치한 패턴이 많다. 성능도 양쪽을 겸비하고는 있지만 러그형 성격이 약간 강하게 나타난다. 포장도로, 비포장도로 공통으로 사용할 수 있어서 현재 주류를 이루고 있다. 블록형은 가로, 세로로 나 있는 다수의 홈으로 인해 표면이 블록상태로 나누어진 패턴이다. 눈길이나 진흙길에서도 조종성이 뛰어나고 구동력을 발휘할 수 있기 때문에 스노우 타이어(snow tire) 등에 적용되고 있다.

트레드 패턴의 종류

리브형

배수성이 뛰어나고 횡 슬립에 강하다. 구름저항은 적다.

러그형

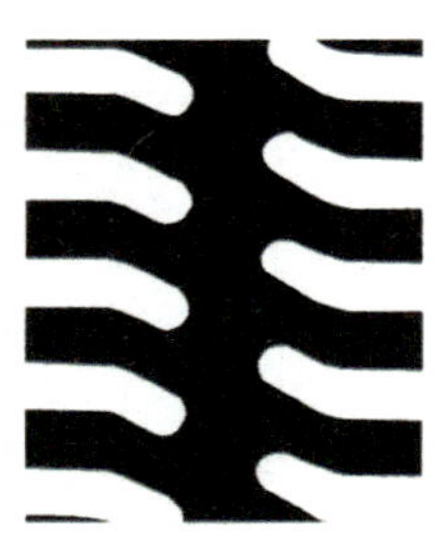

험로주행에 적합한 패턴으로, 구동력이나 제동력은 높지만 소음이 크다.

리브·러그형

리브형과 러그형을 합친 패턴. 트럭이나 버스 등에 사용되고 있다.

블록형

험로나 빙판길 주행에 적합한 패턴으로, 구동력과 제동력이 뛰어나다.

타이어 사이즈와 편평률

타이어 사이즈나 브랜드 이름 등과 같은 정보는 타이어의 측면의 사이드 월에 숫자나 기호로 표시되어 있다.

예를 들면 「200/60 R 16 90 S」와 같은 경우, 처음의 200은 타이어의 횡폭을 밀리미터로 표시한 것이고, 60은 편평률(扁平率·aspect ratio·flattening)을 나타낸다. 다음의 R은 타이어의 스틸코드가 회전방향에 대해 수직으로 배열된 현재의 주류인 래디얼 타이어(radial tire) 구조라는 기호다. 만약 「−」란 표시가 있을 경우는 스틸코드가 회전방향에 대해 비스듬하게 배치된 바이어스 타이어(bias tire)라는 뜻이다.

16은 휠의 림(rim)의 지름을 인치로 표시한 것이고, 90은 무게를 견딜 수 있는 힘을 나타내는 하중지수다. 마지막 S는 속도기호로서 180km/h 스피드까지 타이어가 견딜 수 있다는 것을 의미한다.

편평률이란 타이어의 단면 폭에 대한 높이의 비율로서 애스펙트 레이쇼(aspect ratio)라고도 한다. 편평률을 작게 하면 타이어의 접지면이 늘어나면서 하중이 분산된다. 또한 전체 내(耐)하중도 커지고 타이어 성능이 향상된다. 현재는 편평률 60%~70%인 타이어가 일반적이다. 고성능 타이어의 경우는 평균 편평률이 30%~50% 정도다.

타이어 사이즈

휠 구조

휠은 타이어와 차축을 연결하면서 샤프트의 회전을 확실하게 타이어에 전달하는 역할을 맡고 있다.

가령 휠 없이 타이어가 접속부분까지 고무제품이라고 한다면 가느다란 샤프트와 타이어와의 접촉면이 작기 때문에 접속부분에 강한 토크가 걸림으로써 샤프트가 공전하거나 고무가 변형될 우려가 있다. 휠에 따라 타이어와 접하는 면적을 높이고 원주를 길게 하면 접속부분에 걸리는 토크가 분산된다. 그 결과 과도한 토크에 따른 샤프트의 공회전이나 고무의 변형 등을 방지함으로써 확실하게 타이어를 회전시켜 효율적으로 전진할 수 있다.

휠은 타이어를 끼우는 림 부분과 회전축을 연결하는 디스크 부분으로 구성되어 있다. 알루미늄합금 등으로 만들어진 경합금 휠은 림 부분과 디스크 부분이 일체형인 '1피스 구조'로 되어 있다. 이 구조는 자동차 메이커 순정(純正) 휠에 많으며, 강성이 뛰어나고 가볍다는 것이 특징이다.

그 밖에 마그네슘합금을 사용한 경합금 휠도 있으며, 이것은 알루미늄보다 가벼운 반면에 가격이 비싸고 알루미늄보다 쉽게 부식한다는 단점이 있다.

철로 만든 스틸 휠에는 림 부분과 디스크부분을 별도로 만든 다음 용접으로 연결한 '2피스 구조' 또는 2피스 구조의 림 부분이 다시 2개로 나누어진 '3피스 구조'를 하고 있다. 스틸 휠은 대량생산이 가능하기 때문에 가격을 낮게 유지할 수 있다. 디자인 자유도는 3피스 구조의 타이어가 가장 높다.

주행 중에 노면과의 마찰이나 고무의 신축에 따라 타이어 안의 공기는 열로 인해 팽창하게 된다. 그 결과 내부의 공기압은 높아지고 과도해지면 타이어가 파열할 위험이 있다. 그것을 막는 의미에서도 휠은 방열성이 중시되어 구멍이 난 구조를 한 것이 많다.

휠과 타이어의 관계

휠이 없는 경우

샤프트를 직접 고무 타이어에 끼우게 되면 타이어에 걸리는 토크가 커지면서 회전하려고 하는 힘이 강해지기 때문에 고무가 당겨지거나 샤프트가 공전(空轉·idle)한다.

휠이 있는 경우

휠로 인해 회전축이 굵어지며 타이어와의 접촉부분이 커지고 거기게 걸리는 토크가 분산됨으로써 적절하게 동력을 전달할 수 있다.

휠 각부(各部)의 명칭

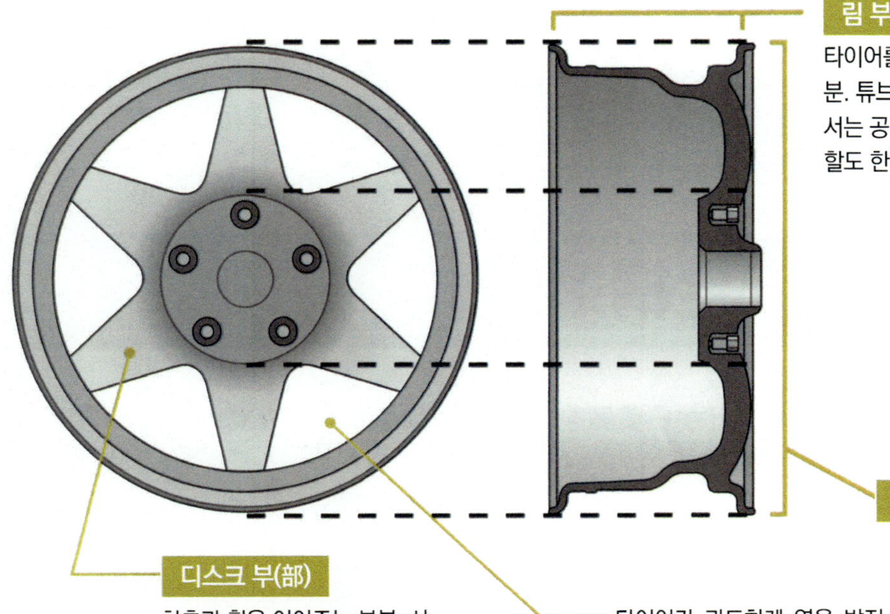

휠의 종류

림 부와 디스크 부가 일체로 만들어져 있다. 알루미늄 휠 등과 같은 경합금 휠은 이 구조가 많다.

림 부와 디스크 부가 별도로 만들어져 용접으로 접합한다. 스틸 휠은 이 구조가 많다.

림 부가 내외로 2분할되는 구조로서 범용성이 많다. 이 구조도 스틸 휠에 많다.

145

자동차의 안전구조

자동차에는 만일의 경우에 대비해 다양한 안전구조가 구비되어 있다. 외부로부터의 충격을 얼마나 완화시키느냐가 중요한 포인트다.

보디의 안전구조

자동차의 사고 등으로부터 승객을 보호하는 것이 보디의 안전구조다. 전(前)에는 보디가 너무 강했기 때문에 차체가 찌그러드는 경우가 적었으나 한편으로는 승객에게는 강한 충격이 전해지면서 중상을 입는 경우도 많았다. 그래서 현재는 충돌했을 경우에 충격을 흡수할 수 있도록 안전구조를 갖추고 있다.

자동차는 충격에 대한 시스템으로 크러셔블 존(crushable zone)과 세이프티 존(safety zone)이 설정되어 있다. 크러셔블 존이란 충격흡수를 위한 구역으로서 사람이 타고 있는 cabin 앞뒤에 있는 트렁크 룸이나 엔진 룸이 쉽게 찌그러들어 충돌 시에 충격을 흡수한다. 세이프티 존은 형태를 유지하는 구역으로서 승객을 보호하는 구조로 되어 있다.

하지만 충돌사고는 앞뒤뿐만 아니라 측면에서 일어나는 경우도 있다. 그럴 경우 도어와 사람과의 거리가 가까운 쪽에 크러셔블 존을 배치하기가 곤란하다. 그래서 튼튼한 지지구조로 충격

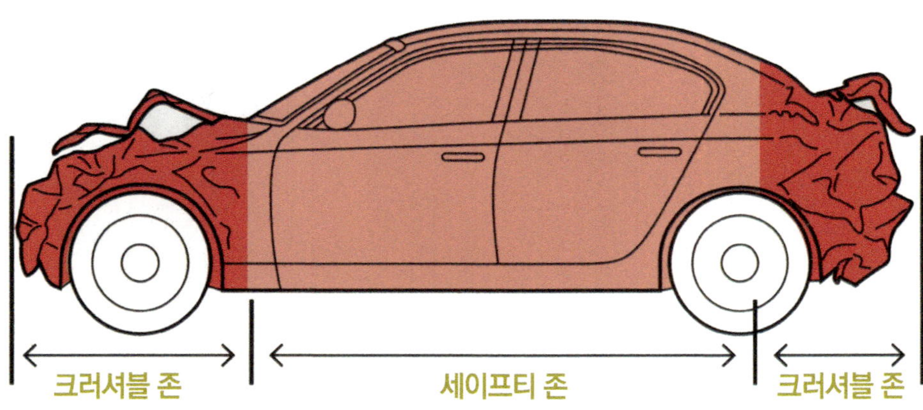

크러셔블 존

크러셔블 존이 찌그러듦으로써 충격을 흡수하고 고강도로 만들어진 승객실의 세이프티 존에서 실내를 지키는 구조로 되어 있다. 또한 보행자와 충돌했을 때 보닛(bonnet)이나 범퍼(bumper) 등에서 충격을 흡수함으로써 보행자에게 가해지는 충격을 줄이는 구조도 있다.

을 완화시킬 수 있는 사이드 임팩트 빔(side impact beam)이나 충돌할 때 충격을 흡수하는 쿠션재(cushion material)를 도어 안쪽에 배치함으로써 옆쪽에서의 충격에 대응하고 있다.

또한 차체 앞쪽에 탑재된 엔진으로 뒷바퀴를 구동하는 FR차량은 엔진과 트랜스미션이 앞뒤로 배치된다. 통상 상태에서도 그 일부가 실내로 돌출되어 있어 충돌할 때 엔진이 밀리면 실내를 압박할 확률이 높다. 그에 대한 방지책으로 엔진과 트랜스미션을 설치하는 부분의 강도를 높이거나 위치를 조정해 프로펠러 샤프트를 접히게 함으로써 엔진과 트랜스미션이 차체와 비스듬하게 아래로 이동하는 구조로 하고 있다. 이렇게 하면 가령 사고가 일어났을 경우라도 엔진이 실내로 뚫고 들어오는 것을 방지해 피해를 줄일 수 있다.

그밖에 충돌사고에서는 핸들이 운전자를 다치게 하는 경우도 있다. 그래서 스티어링 샤프트 일부를 2중 구조로 만듦으로써 핸들 자체가 앞쪽으로 박혀 충격을 흡수하는 구조도 사용되고 있다.

안전구조의 예

컴패티빌리티(compatibility) 대응 보디

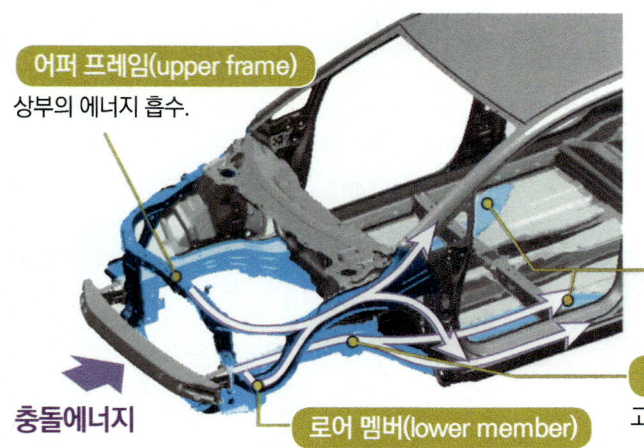

어퍼 프레임(보닛이 얹히는 부분)이나 로어 멤버(범퍼 옆 부분)가 앞 방향에서의 충격에너지를 분산, 흡수한다. 또한 상대 차량과의 엇갈림으로써 접촉을 방지해 충격을 더 넓은 면에서 받아들임으로써 효율적으로 충돌에너지를 흡수하고 실내를 보호하는 구조로 되어 있다.

바닥의 골격하중 분산 구조(骨格荷重分散構造)로 인해 충돌에너지 분산.

고효율적으로 에너지 흡수.

상대 차량 쪽 충격 흡수 부재와의 엇갈림을 함으로써 접촉을 방지.

도어의 안전구조

사이드 임팩트 도어 빔(side impact door beam)이란 옆으로부터의 충격을 완화시키기 위하여 도어 내부에 설치된 금속제 막대기(棒). 일반적으로는 사이드 임팩트 빔이라고 한다. 각각 도어 내부에 장착되어 있다.

147

시트 벨트

시트 벨트(seat belt)란 자동차의 충격 등으로부터 승객을 보호하기 위해 시트에 장착되어 있는 안전벨트를 말한다. 전(前)에는 허리의 좌우 2군데에서 하반신을 고정하는 2점식이 주류였지만 현재는 어깨부터 허리로 벨트를 돌려서 상반신과 하반신을 고정하는 3점식이 일반적이다. 또한 숄더 벨트가 2개 부착되어 있어 양어깨와 허리를 잡아주는 4점식도 있다.

벨트 종류로는 긴급사태에 자동적으로 벨트가 잠기는 ELR식 시트벨트가 주류다. 그리고 ELR식은 긴급할 때의 작동에 따라 2종류가 있으며, 하나는 충격감지로 벨트가 잠기는 '차체 감지식(車體感知式)'이고, 다른 하나는 벨트가 갑자기 당겨지면 잠기게 되는 '웨빙 감지식'이 있다. 이 두 가지를 조합한 '복합 감지식(複合感知式)'이 주류이다. 다만 충격을 받았을 때 시트벨트가 장착되어 있어도 관성에 의해 몸이 앞쪽으로 쏠리는 현상이 일어난다. 그래서 충격을 감지하면 동시에 벨트를 강하게 감아줌으로써 구속효과를 높여 안전성을 향상시키는 '프리텐셔너(pretensioner)'를 갖춘 벨트도 있고 프리텐셔너 동작으로 강하게 조여진 가슴부위의 압박을 방지하기 위해 조금 조임상태를 완화하는 '포스 리미터(force limiter)'가 있는 벨트도 있다.

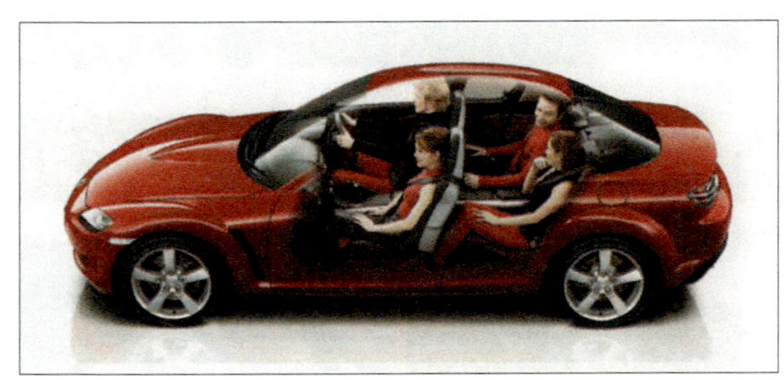

전방 좌석분만 아니라 후방 좌석에도 장착되어 있다. 2008년 6월부터 후방 좌석 시트벨트 착용도 의무화되었다.

프리텐셔너와 포스 리미터

프리텐셔너(pretensioner)

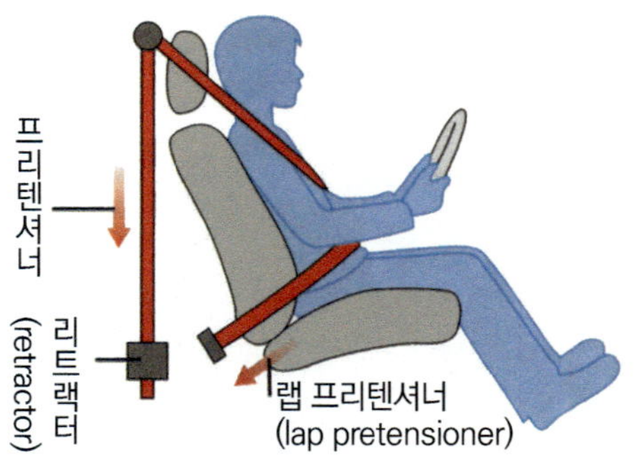

충격에 의해 승객이 앞쪽으로 쏠리는 것을 막아주기 위해 동작함으로써 승객을 시트 쪽으로 당겨준다. 리트랙터 쪽에서 당기는 것과 허리 쪽에서 벨트를 감아주는 것(랩 프리텐셔너)이 있다.

포스 리미터(force limiter)

프리텐셔너에 의해 구속된 상태로 가슴부위에 가해지는 압박을 억제하기 위해 시트 벨트를 조금 늦춰주는 기능. 구속력에 맞춰 단계적으로 구속력을 늦추어 주는 타입도 있다.

에어 백

최근에는 운전석이나 동승석뿐만 아니라 측면이나 다리를 보호하는 에어백도 등장하고 있다.

에어 백(air bag)이란 자동차가 충돌했을 때 운전자와 스티어링 휠(핸들) 사이나 동승석 승객과 대시보드 사이에서 순간적으로 기체봉지를 팽창시켜 탑승객을 지켜주는 시스템이다. 시트 벨트를 보조하는 기구이기 때문에 시트 벨트를 단단히 착용하지 않으면 효과가 반감된다. 실제로 에어백이 작동한 사고에서 시트 벨트 착용을 소홀히 한 경우의 사망률이 약 8배나 더 높다고 알려져 있다. 운전석 에어 백은 보조 보호장치라는 의미의 영어 머리글자를 따서 SRS 에어백(supplemental restraint system air bag)이라고 부른다.

에어백은 접이식 기체 주머니(氣體袋), 전기 점화장치나 착화제(着火劑), 질소가스 발생제(發生劑) 등이 들어간 공기 팽창기(膨脹器 · inflator)로 구성된다. 자동차 각 부분에는 충격을 감지하는 가속도 센서가 장착되어 있기 때문에, 충돌 등에 의한 충격을 감지하면 에어 백을 제어하는 컴퓨터 시스템이 자동차에 장착된 센서가 감지한 정보를 토대로 에어 백 작동에 대한 필요성을 판단한다. 필요하다고 판단하면 점화제(點火劑)를 발화시켜 가스 발생제를 일순간에 연소시킴으로써 다량의 질소가스가 발생하면서 에어 백을 팽창시키는 구조로 되어 있다. 충격 감지부터 100분의 5초 후에는 완전히 팽창된다.

한편 에어 백은 결코 부드럽지 않다. 그 때문에 에어 백이 영구적으로 팽창한 상태를 유지하는 것이 아니라, 작동 후 자동적으로 축소됨으로써 승객에서 과도한 충격을 주지 않도록 하거나 사고 후의 시야를 확보해 운전 조작의 위험성을 낮추고 있다.

현재 에어백은 표준적으로 운전석과 동승석에 장착되고 있다. 또한 측면으로부터의 충격에서 몸을 지켜주는 사이드 에어 백(side air bag)이나 머리 부분을 보호하는 커튼 실드 에어 백(curtain shield air bag), 다리를 보호하는 니 에어백(knee air bag) 등도 개발되면서 장착하는 차량이 늘고 있다.

Ⅱ 지금도 진화하는 자동차 기술

　석유를 대체할 신에너지 개발 측면에서 각 자동차 메이커는 제로 에미션(zero emis-sion · 배기가스 제로) 차량이라고 하는 궁극적인 저(低)공해 차량 개발에 힘을 쏟고 있다. 그런 한편 사람, 자동차 및 도로를 정보통신 기술로 연결해「효율」,「안전」,「쾌적」을 향상시키는 ITS 기술개발도 진행함으로써 예전에 머릿속에서만 그렸던「미래의 자동차 사회」가 현실로 다가오고 있다. 그래서 2부에서는 지금 현재 어떤 기술이 개발되고 있는지 구체적으로 살펴보기로 한다.

하이브리드 차의 구조

하이브리드 차는 「깨끗하고 연비가 좋은 자동차」로 인식되고 있는데 그 이유는 2가지 동력을 조합한 독특한 구동방식에 있다.

하이브리드 시스템이란?

　하이브리드(hybrid)는 「혼성물」, 「복합」, 「다른 것을 서로 섞는다」는 의미로서 하이브리드 차란 복수의 동력원(일반적으로는 가솔린 엔진과 전기 모터)을 탑재한 자동차를 가리킨다. 하이브리드 시스템은 자동차 메이커나 차종에 따라 다른 방식을 채용하고 있다. 엔진과 모터를 사용하는 방법에 따라 크게 3가지 방식(시리즈 하이브리드 방식, 패럴렐 하이브리드 방식, 시리즈·패럴렐 하이브리드 방식)으로 분류되지만 세 방식 모두 「에너지 효율의 향상」, 「소음·진동의 완화」, 「배출가스의 절감」을 목표로 개발된 것이다.

　하이브리드 차는 엔진과 모터 각각의 이점을 구분해 사용한다. 예를 들면, 시리즈 하이브리드 방식과 같은 경우 발진할 때는 배터리 전력으로 모터를 돌려서 달리고(엔진은 정지), 통상적인 주행을 할 때는 엔진과 모터를 나누어서 주행한다.

　또한 하이브리드 차는 액셀러레이터에서 발을 떼거나 브레이크를 걸면(감속할 때) 모터를 발전기로 작동시켜 에너지를 흡수하고 배터리에 충전하는 구조로 되어 있다. 기존 차량에서는 열로 버려지던 에너지를 전기로 변환해 재이용하는 것이다. 자동차가 정지되면 자동적으로 엔진도 멈추기 때문에(아이들링 스톱) 가솔린을 낭비하는 일도 없다.

　더불어 모터를 병용하는 만큼, 가솔린 엔진 차량에 비해 NOx(질소산화물), HC(탄화수소), CO(일산화탄소) 등과 같은 유해가스 배출량을 감소시킬 수 있다. 또한 가솔린 사용량이나 CO_2(이산화탄소) 배출량도 가솔린 엔진 차량의 반(半)이하로서 기존 차에 비해 환경에 대한 부담을 경감시키는데 성공을 거두고 있다.

대표적 하이브리드 차인
현대 그랜저

● 시리즈 하이브리드 방식(series hybrid system)

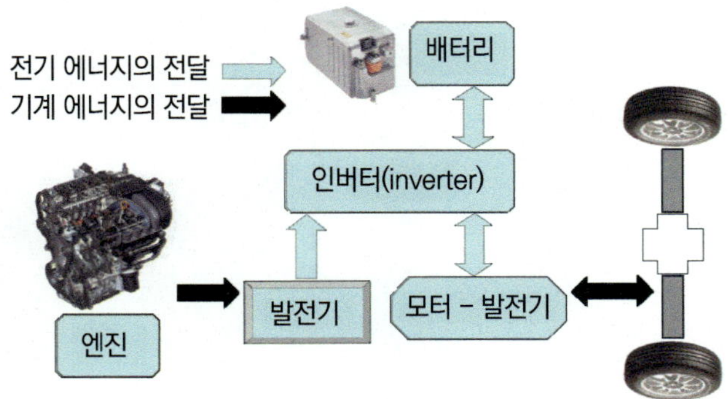

엔진으로 발전기를 돌려 전기를 만들어 배터리에 충전한다. 배터리에 충전된 전기를 사용하여 모터를 돌림으로써 자동차를 움직인다(엔진이 구동바퀴를 직접 움직이는 일은 없다). 전기자동차의 기술을 응용한 것으로서 「1회 충전할 경우 주행거리가 짧다」는 전기자동차의 약점을 보완하기 위해 개발된 방식이다.

● 패럴렐 하이브리드 방식(parallel hybrid system)

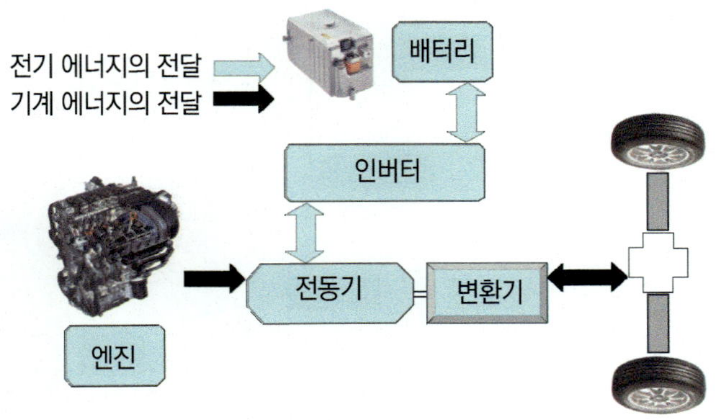

엔진과 모터의 사용을 병행(parallel) 상태로 하여 구동하는 방식이다. 각각의 동력을 단독으로 구동시킬 수도, 양쪽을 조합해 구동시킬 수도 있다. 달릴 때는 엔진이 주체가 되고 발진이나 가속할 때 등과 같이 엔진이 연료를 많이 소비할 때는 모터로 지원한다.

● 시리즈·패럴렐 하이브리드 방식

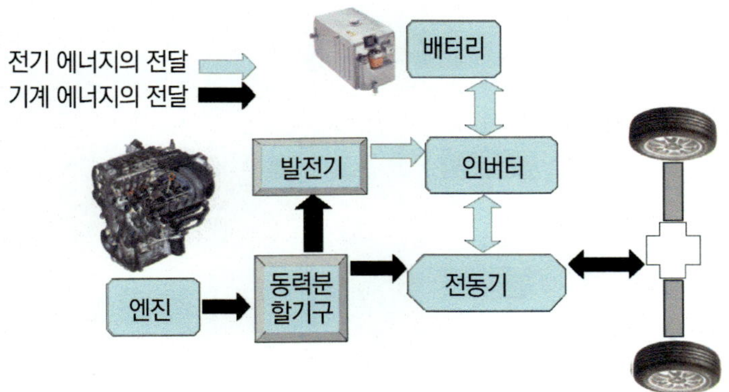

앞선 2가지를 합쳐 놓은 방식. 모터만으로 주행할 수 있으며, 또한 엔진과 모터 양쪽을 사용해 주행하는 것도 가능하다. 발진할 때나 저속에서는 모터만으로 주행하고 통상적인 주행에서는 양쪽을 나누어 사용한다.

대표적인 하이브리드 차량

하이브리드 차의 구상은 제2차 세계대전 당시의 독일까지 거슬러 올라간다. 그 후 많은 자동차 메이커가 양산화를 시도했다. 하지만 비용이나 관련 장치의 탑재 공간 측면에서 과제도 많았고 일반 승용차에 탑재하기는 어렵다고 판단되었다. 그러한 와중에 도요타가 1997년 프리우스를 발표하면서 먼저 양산화에 성공하였다. 그 후 동력의 스형화에 성공한 프리우스를 계기로, 본격적으로 하이브리드 차량의 공급이 시작되었다.

한편 도요타와 함께 '환경 이란 이미지를 추구하는' 혼다도 하이브리드 차를 정력적으로 선보이기 시작한다. 혼다의 시빅(CIVIC) 하이브리드 차는 '엔진을 주동력으로 하고 필요할 때 모터로 지원'하는 프리우스 와는 다른 기술을 토대로 설계되었다. 일본을 대표하는 하이브리드 차량인 도요타의 프리우스와 혼다의 시빅의 구조를 살펴보면 하이브리드 기술을 이해하기에 충분하다고 판단된다.

● 도요타의 프리우스(PRIUS)

뒤에서 설명할 '시빅' 하이브리드나 '하리아' 하이브리드는 기존 차량(가솔린 엔진 차량)의 보디에 하이브리드 시스템을 탑재한 것이지만 프리우스는 전용 보디를 개발해 '세계최고의 환경성능'과 '주행하는 즐거움' 등 두 개의 목적을 추구하고 있다(도요타에서는 이 2가지를 양립시키는 사상을 '하이브리드 시너지 드라이브(hybrid synergy drive)라고 부른다).

스타일링은 'triangle mono forme,이라고 하는 공력특성이 뛰어난 보디를 채용하였다. 지붕(roof)을 길게 한 하이 데크(high deck) 스타일로 만듦으로써 공기저항을 감소시키고 있다. 독특한 보디형상으로 인해 전방에서의 바람 흐름을 아래쪽으로 바꾸어주기 때문에 그 결과 타이어에 부딪치는 바람이 감소해 주행성능(走行性能) 향상과 저연비(低燃費 · low fuel consumption)화로 이어지는 것이 특징이다.

센터미터 & 디스플레이

멀티 인포메이션 기능을 사용하면 운전 중에 모터와 엔진이 어떤 역할을 맡고 있는지 즉,에너지가 어떻게 흐르고 있는지를 확인할 수 있다.

EV 드라이브 모드 스위치

스위치를 누르면 모터만 사용하여 주행할 수 있다. 즉, 약 55km/h 이하로 수백m에서 2km정도의 주행이 가능하다.

내부 공간

객실용량도 넉넉히 확보해 쾌적한 환경을 제공한다.

운전석

프리미엄(premium) 느낌이나 쾌적성을 갖춘 거주 공간. 계기류의 시인성도 뛰어나다. 또한 푸시버튼 스타터(push button starter) 등 선진기능도 탑재되어 있다.

프리우스(S) 주요 제원 [도요타]

· 전장×전폭×전고 : 4450mm×1725mm×1490mm
· 차량중량 : 1260kg
· 엔진 : 1496cc 직렬4DOHC
· 최고출력 : 56kW(76PS) / 5000rpm.
※ 모터는 50kW(68PS) / 1200~1540rpm.
※ 시스템 *는 81kW(110PS) / 85km/h 이상
· 최대토크 : 110N·m / 4000rpm.
※모터는 400N·m / 0~1200rpm.
※시스템 *는 474N·m / 22kW/h
· 연료탱크 : 45 ℓ
※ 10·15모드 주행일 때.
JC08모드 주행일 때는
29.6km/ℓ

* 엔진을 모터에 의해
시스템으로 발휘할 수
있는 값
(도요타 산출치)

● 프리우스의 구조

프리우스에는 하이브리드 시너지 드라이브라는 컨셉어 기초하여 엔진 파워와 모터 파워의 상승효과를 이끌어내는 'THS Ⅱ(Toyota Hybrid System Ⅱ)'가 사용되고 있다. THS Ⅱ는 시리즈·패럴렐 하이브리드 방식으로 높은 토크와 컴팩트한 차량으로서 저연비를 실현한 하이브리드 시스템이다.

202V 배터리 전압을 최대 500V까지 승압시키는 가변 전압 시스템을 적용하였으며, 또한 중량과 용량당 출력이 세계 최고수준인 고성능 모터와 최대 회전수 10,000rpm을 실현하는 발전기 등을 탑재함으로써 저속부터 중속영역까지 모터에 큰 전력 공급이 가능하다. 이와 같은 전용 파워와의 조합을 통해 프리우스는 2L차량과 동등한 가속성능을 갖추었다.

또한 회생 제동제어 즉, 제동을 걸 때 모터를 발전기로 작동시켜 운동에너지를 전기에너지로 변환하는 기능의 진화 등으로 인해 에너지 회수효율을 높임으로써 대폭적으로 연비(燃費)가 향상되는 것도 특징이다.

**프리우스 전용 1.5ℓ 엔진
BEAMS 1NZ-FXE VVT-i**

하이브리드 시스템과의 협조제어를 통한 저연비화나 최고 엔진 회전수 5,000rpm 실현에 따른 고출력화도 달성하였다.

모터

전용 파워 유닛이 장착되어 있다. 엔진을 보조하는 것 외에 제동을 걸 때 발전기로도 기능한다. 회수된 에너지는 배터리에 축적된다.

인버터

배터리(직류)와 모터(교류) 전류를 최적으로 제어하는 인버터가 앞쪽에 탑재되어 있다. 또한 소형화도 실현하였다.

트랜스미션

발전기, 모터, 동력분할기구, 감속기(減速機) 등으로 구성되어 있다. 전기식 무단변속기능 즉, 엔진 회전수, 발전기 및 모터의 회전수를 무단계(無段階)로 변화시켜 스피드의 증감을 제어하는 기능도 있다.

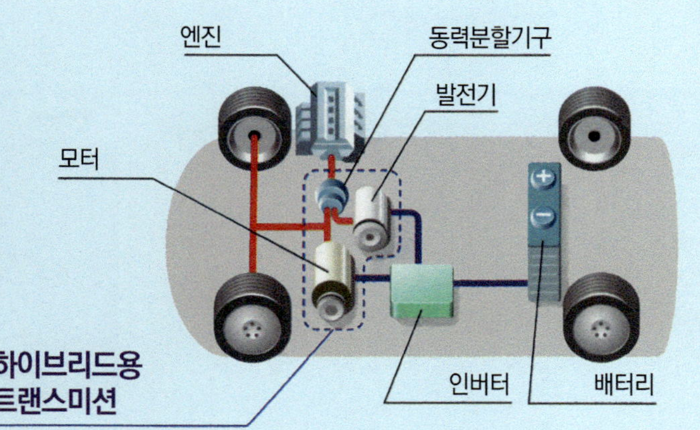

고출력 하이브리드 배터리

내부의 전류 통로를 2곳으로 설정해 배터리의 내부저항을 낮게 설정한 니켈수소 배터리이다. 전기에너지는 회생제동 시스템으로 사용하여 배터리에로 회수된다. 배터리 전압 202V에, 용량은 6.5Ah다.

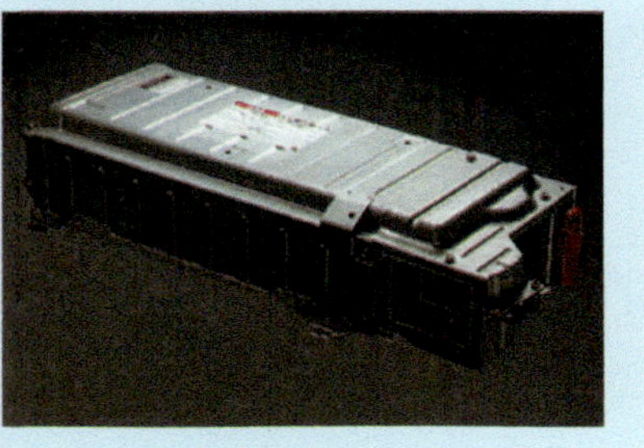

● 시빅 하이브리드(CIVIC hybrid)

멀티플렉스 미터

시빅 하이브리드 전용의 멀티플렉스 미터. 누계 주행거리를 표시하는 오도미터(odometer)나 주행거리를 표시하는 트립 미터((trip meter), 주동력인 엔진을 모터가 보조해 주는 'IMA시스템(Integrated Modular Avionics System)' 표시 등이 있다.

하이브리드 차량다운 미래지향적 분위기이다. 운전석(cockpit)은 정보를 보기 쉬운 위치에 스위치 종류는 조작하기 쉬운 위치에 배치되어 있다.

시트 쿠션에 저반발(低反撥) 우레탄을 사용하는 등 신체를 감싸줄 것 같은 밀착감이 있다.

　　시빅 하이브리드에는 패럴렐 하이브리드 방식이 채용되고 있다. 혼다의 하이브리드 차는 어디까지나 '엔진에 의한 주행이 주체'라는 컨셉에 기초하고 있기 때문에 프리우스에 비해 모터만으로 주행하는 비율이 작은 것이 특징이다. 모터는 발진과 가속할 때 등과 같이 엔진에 부하가 걸릴 때 보조적으로 사용되고 있다. 즉, 모터만 주행하는 것은 저속주행에서만 사용된다.

　　시리즈 · 패럴렐 하이브리드 방식에서는 엔진을 발전기의 동력으로도 사용하기 때문에 엔진 파워가 모두 타이어로 전해지는 것은 아니다. 그러나 시빅 하이브리드의 경우는, 통상 주행 할 때는 엔진으로 발전기를 돌릴 필요가 없고 엔진 파워와 모터 파워를 손실 없이 타이어로 전달하기 때문에 운동성능을 높일 수 있다. 승차감이 보통의 가솔린 엔진 차량과 비슷한 것을 보면, 패럴렐 하이브리드 방식은 '혼다' 다운 선택이라 생각이 든다.

　　또한, 이 방식은 기존 차량에 모터와 배터리 등을 추가할 뿐이므로 간단할 뿐만 아니라 가볍게 만들 수 있다는 것도 큰 특징이다.

시빅 하이브리드(MX) 주요 제원 [혼다]

· 전장×전폭×전고 : 4535mm×1750mm×1435mm
· 차량중량 : 1270kg
· 엔진 : 1339cc 직렬4DOHC+모터
· 최고출력 : 69kW(94PS) / 6000 rpm
※모터는 15kW(20PS) / 2000 rpm
· 최대토크 : 121N·m / 4500 rpm
· 연료탱크 : 50ℓ
· 연료소비율 : 28.5km/ℓ
※10·15모드 주행일 때

파워유닛(power unit)이 간편하게 되어있으므로 리어 플랫 플로어(rear flat floor)에는 요철(凹凸)이 없다.

159

● 시빅 하이브리드의 구조

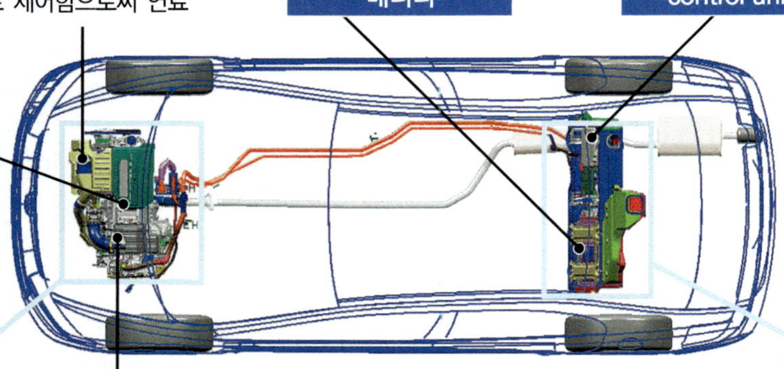

파워유닛

모터를 엔진과 트랜스미션 사이에 배치한 구조. 모터는 엔진의 보조적 동력으로 이용.

IPU(intelligent power unit)

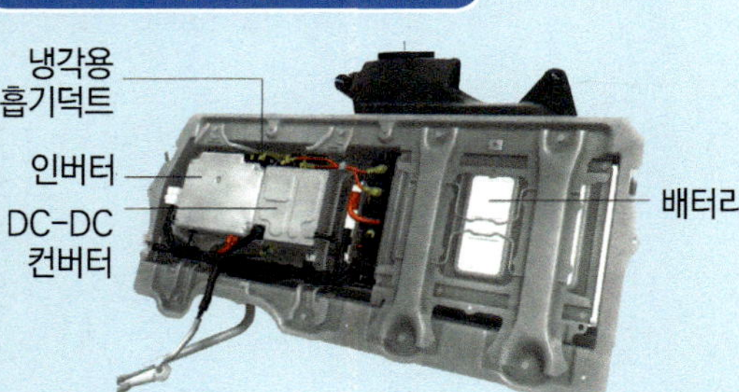

배터리나 PCU 등을 통합한 IPU이다. PCU는 전압을 변환하는 컨버터와 배터리와 모터 사이에서 전기를 제어하는 인버터로 구성된다. 간편화에 성공하면서 트렁크 공간이 넓어졌다.

박형 DC 브러시리스 모터

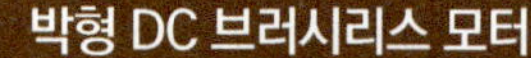

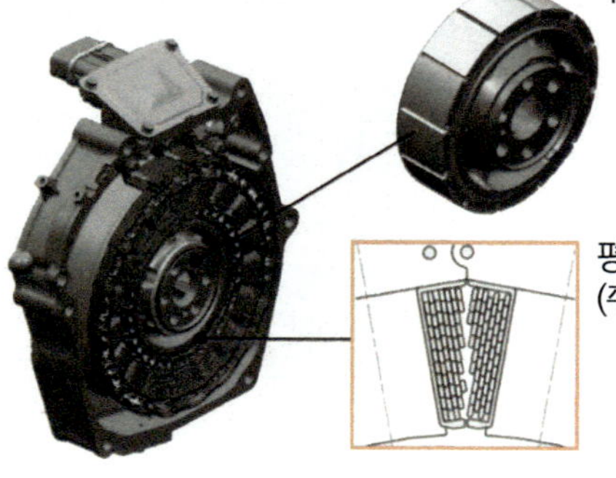

규소강판 사이에 자석을 삽입하는 IPM 로터((interior permanent magnet rotor)를 사용한다. 철과 자석이 서로 끌어당기는 힘에서 생겨나는 회전력의 유효활용, 단면적이 크기 때문에 전류가 쉽게 흐르는 평각 단면 권선이나 고성능 자석 등의 사용으로 고(高)토크 운전이 가능해졌다.

하이브리드 시스템의 동작 이미지

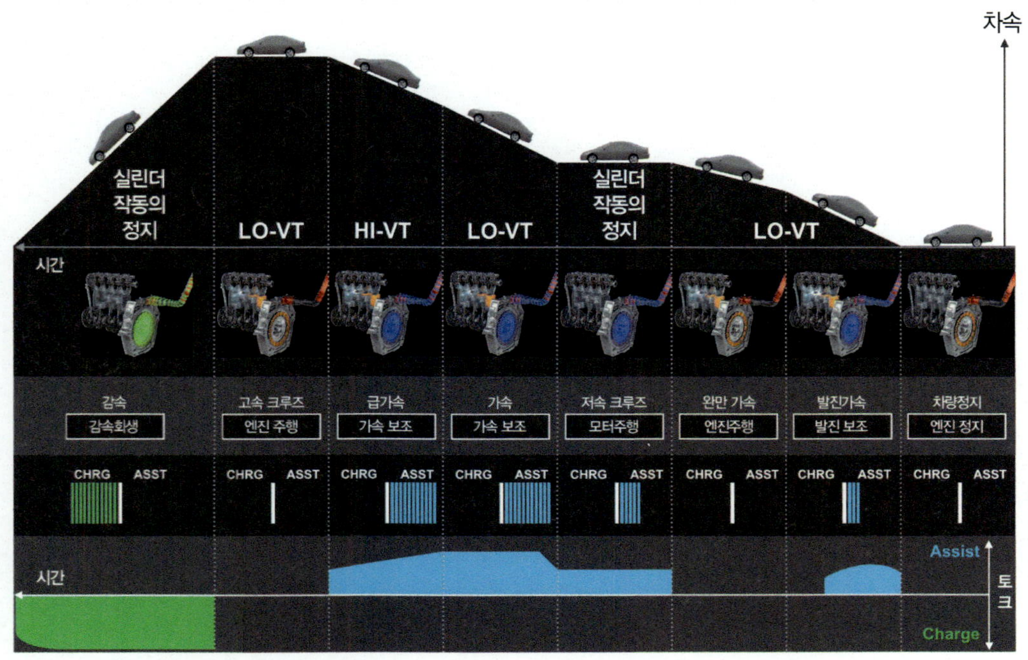

혼다의 하이브리드 시스템은 「엔진이야말로 하이브리드 차량의 기간기술(基幹技術)」이라는 바탕 아래에 엔진의 저연비화(低燃費化), 저배출가스화(低排出gas化), 그리고 고출력화(高出力化)에 힘을 쏟고 있다. 시빅 하이브리드에 탑재된 엔진은 VTEC(가변밸브 타이밍 리프트 기구)에 의해 3단계로 밸브를 제어(엔진 특성을 좌우하는 흡기 밸브를 주행상황에 맞춰 저속회전/고속회전/기통 휴지 3단계로 제어)하는 1.3ℓ 3스테이지 i-VTEC 엔진이다.

중(中)고속에서는 엔진이 주체가 되어 주행하고 가속에 들어가면 모터가 엔진 주행을 보조한다. 감속하면 4기통 모두 밸브 작용이 정지되어 연소를 쉰다. 감속 에너지를 최대한 회생해 IMA 배터리에 충전한다.

저속회전일 때는 흡기 밸브를 적게 열어 연료소비를 낮추고, 고속회전으로 올라갔을 때는 흡기 밸브를 많이 열어 고출력을 발생시킨다. 감속할 때는 흡배기 밸브와 연소를 4기통 모두 멈추게 해 펌핑 로스(pumping loss) 즉, 스로틀 밸브에 의해 발생하는 흡기 저항이 피스톤 운동을 방해해 엔진 출력을 손실시키는 현상을 줄인다.

이로 인해 엔진 브레이크의 저항이 줄어들었다. 그 때문에 감속할 때 관성(慣性·inertia)에 의해 회전하여 얻은 에너지 대부분을 전기로 바꾸어 효율적으로 배터리에 충전할 수 있게 되었다(배터리 충전량이 앞 모델보다도 약 10% 증가했다).

또한 강한 힘의 모터 구동이 특징인 혼다 독자의 IMA(integrated motor assist)를 채용하고 있다. IMA는 엔진을 주동력으로 하고 필요에 맞춰 모터가 보조하는 하이브리드 시스템이다. 아울러 모터를 가볍고 작게 만드는데 성공해 하이브리드 시스템 기술을 기존 차량에 그대로 이식(移植)할 수 있게 된 것도 주요 특징이다.

하이브리드 4WD의 구조

하이브리드 4WD는 4WD와 동등한 주파성능과 소형차와 같은 저연비를 융합시킨 시스템이다. 일반적으로 SUV는 높은 동력성능을 자랑하는 한편 보통 승용차보다 차체가 크고 무겁기 때문에 '얼마나 연비를 향상시키느냐' 라는 문제가 있었다.

그러나 하이브리드 시스템을 도입함으로써 '파워와 환경의 양립'이 가능해졌다. '가솔린 엔진과 모터를 조합한다'는 발상은 2WD 하이브리드 차와 동등하지만 구조적으로 크게 다른 것은 앞뒤에 각각 모터를 탑재하고 있는 점이다.

도요타의 하리어 하이브리드를 예를 들어 전기식 4WD 시스템(뒷 모터가 뒷바퀴를 직접 구동하는 방식)에 대해서 엔진과 앞뒤 모터의 역할을 살펴본다. 먼저 발진할 때는 앞뒤 모터 모두를 구동시켜 부드럽게 주행한다(엔진은 정지).

저속주행 때는 앞 모터만으로 주행한다. 가속이 필요할 때는 엔진과 앞 모터를 주로 사용하면서 뒷 모터의 힘을 보조적으로 이용하고 있다. 눈길이나 미끄러지기 쉬운 노면에서는 뒷 모터를 구동시켜 주행 안정성을 확보한다(4WD 상태). 감속이나 제동을 할 때는 앞뒤 모터 2개 모두가 발전기로서 작용하기 때문에 효율적인 에너지 회생이 가능하다.

모터 파워의 원천이 되는 것은 프런트 유닛이다. 동력분할기구, 발전기, 모터, 감속기, 리덕션 기어(reduction gear) 등을 간편하게 모아 두었다.

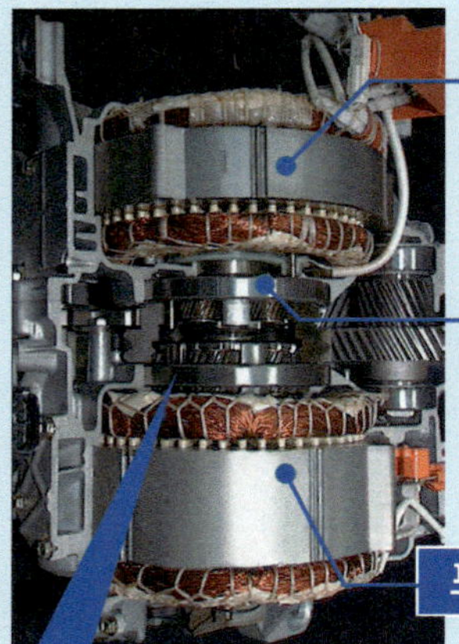

발전기
고속회전을 통해 큰 전력을 공급한다.

동력분할기구
엔진에서 만들어진 동력을 구동용과 발전용으로 구분한다.

리덕션 기어

모터의 토크를 증폭시킴으로써 큰 구동력이 발생된다. 부드러운 가속이 가능하다.

가변 전압 시스템에 의해 배터리 전압을 최대 650V로 고전압화(高電壓化) 한다. 이로 인해 구동 모터의 출력이 높아진다.

V6 3.3ℓ BEAMS 3MZ-FE VVT-i

최대 토크의 주행성능을 발휘하는 V6 3.3ℓ 엔진. 운전상황에 맞춰 흡기 밸브의 개폐 타이밍을 제어하는 VVT-i를 채용.

Ni-MH(니켈수소) 배터리

파워 컨트롤 유닛에 전력을 공급하는 고출력 니켈수소 배터리. 시트 아래에 배치되어 있다.

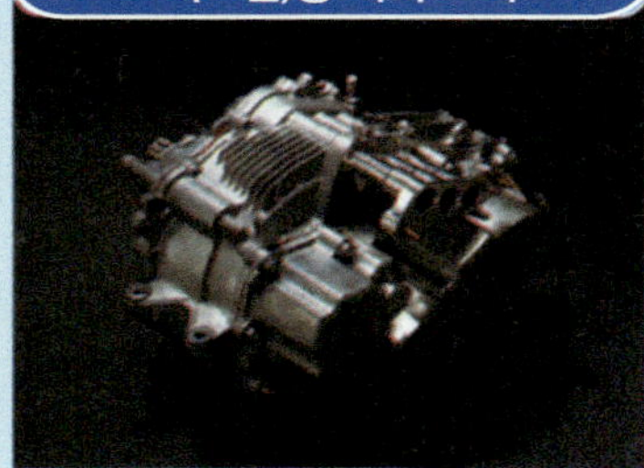

E-Four(전기식 4WD 시스템)용 리어 모터

50kW의 고출력을 발휘하는 E-Four(전기식 4WD)용 리어 모터. 주행상황에 맞춰 프런트 모터와는 독립적으로 뒷바퀴를 구동시킨다.

하리어 하이브리드 주요제원 [도요타]

· 전장×전폭×전고 : 4755mm×1845mm×1690mm
· 차량중량 : 1930kg
· 엔진 : 3310cc 수냉V형 6기통DOHC
· 최고출력 : 166kW(211PS) / 5600rpm
※프런트 모터는 123kW(167PS) / 4500rpm 리어 모터는 50kW(68PS) / 4610~5120rpm
· 최대토크 : 288N·m / 4400rpm
※프런트 모터는 333N·m / 0~1500rpm 리어 모터는 130N·m / 0~610rpm
· 연료탱크 : 65ℓ
· 연료소비율 : 17.8kmℓ ※10·15모드 주행일 때

163

클린 디젤차의 구조

예전에는 별로 인상이 좋지 않았지만 오늘날의 디젤차는 환경 측면에서 우수하여 차세대 클린 에너지 차량으로서 현실적으로 선택할만한 차량이라고 판단된다.

디젤 차량이란?

가솔린을 연료로 하는 가솔린차와 달리 디젤차는 경유(輕油 · light oil · light gas oil))를 사용한다. 가솔린 엔진은 점화 플러그로 착화시키는 점화방식을 사용하지만 디젤 엔진은 연소실 안에서 공기를 가솔린 엔진의 약 2배로 압축해 고온으로 올린 다음 연료를 분사시켜 자연착화(自然着火)시키는 방식이다.

그 때문에 엔진 구조를 간단하게 만들 수 있고 또한 열효율이 좋기 때문에 출력이 높으면서도 연비(燃費)까지 뛰어나다는 장점이 있다. 다만 고압에 견딜 수 있도록 강하게 만들 필요가 있으므로 해서 엔진이 크고 무거워진다.

디젤 엔진의 배기가스에는 PM(입자상 물질)이나 NOx(질소산화물)가 포함되어 있다. 이로 인해 예전에는 환경 측면에서 좋지 않은 이미지를 갖고 있었다. 그러나 현재는 연료 분사장치, 배기가스 후처리장치 및 연료 개선 등에 의해 유해물질이 줄어들면서 배기가스가 깨끗해졌다.

또한 디젤 엔진은 연소방식 차이로 인해 지구온난화의 주범인 CO_2의 배출량이 가솔린 엔진보다 적다는 이점도 있다. 이러한 환경 측면에서의 이점 때문에 특히 유럽에서는 차세대 엔진의 현실적인 대안으로 이미 많은 주목을 받고 있다.

디젤차의 배기가스 대책

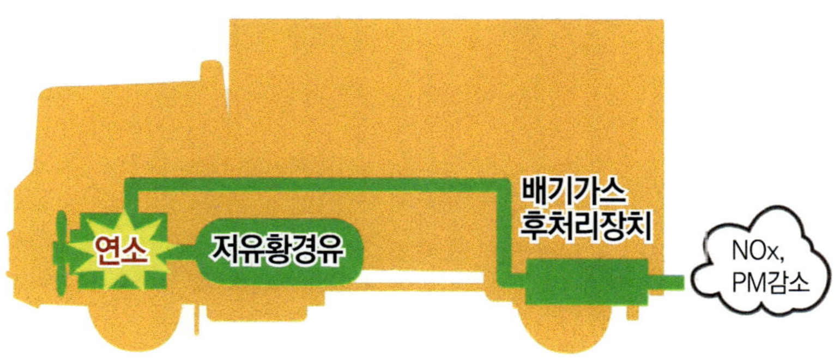

PM이나 NOx가 많이 포함되어 있는 디젤차의 배기가스 절감 대책은 엔진에 배기가스 후처리장치를 장착하는 방법이 일반적이다. PM은 입자를 물리적으로 포집하는 필터(filter), NOx는 촉매(觸媒)를 통해 무해한 질소가스로 환원시키는 방식이 사용되고 있다.

디젤엔진의 연소행정

디젤 엔진도 리시프로케이팅 엔진(reciprocating engine)의 일종으로
이 4가지 행정을 반복하면서 운동에너지를 만든다.

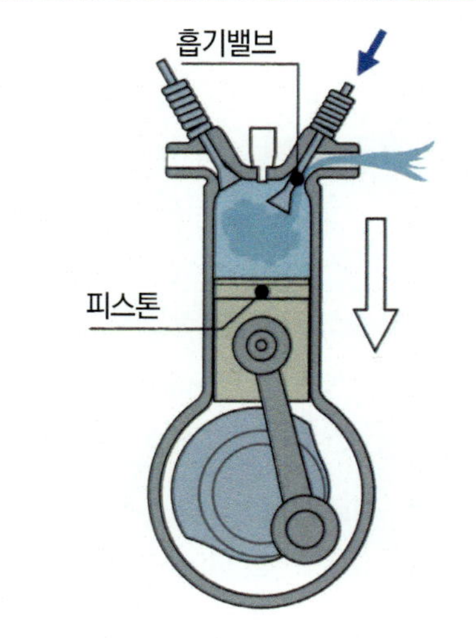

피스톤이 하강하기 시작하면, 배기 밸브는 닫힌 상태에서 흡기 밸브가 열리고 공기만 흡입된다.

흡기행정

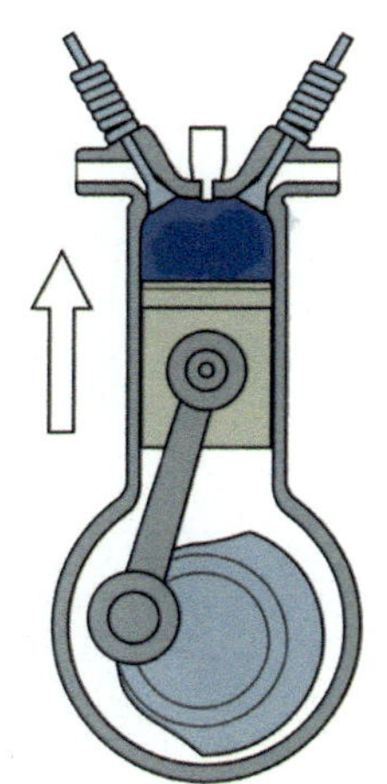

피스톤이 상승하면 흡기 밸브는 닫히고 공기가 압축된다. 이 고압에 의해 내부 공기가 600℃ 이상의 고온이 된다.

압축행정

배기행정

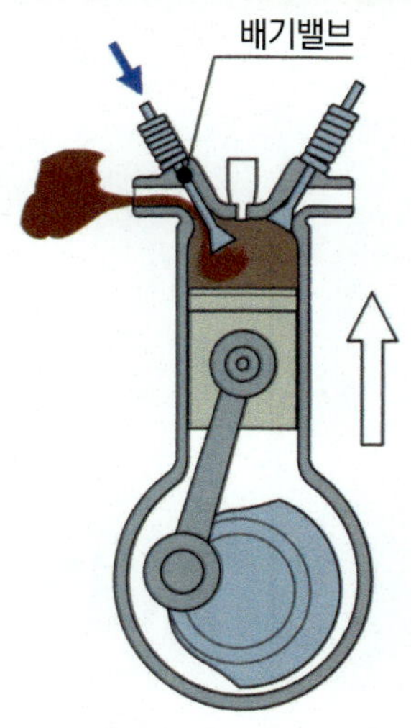

피스톤이 상승하기 시작하면 흡기 밸브는 닫힌 상태에서 배기 밸브가 열리고 연소된 가스가 배출된다.

연소·팽창행정

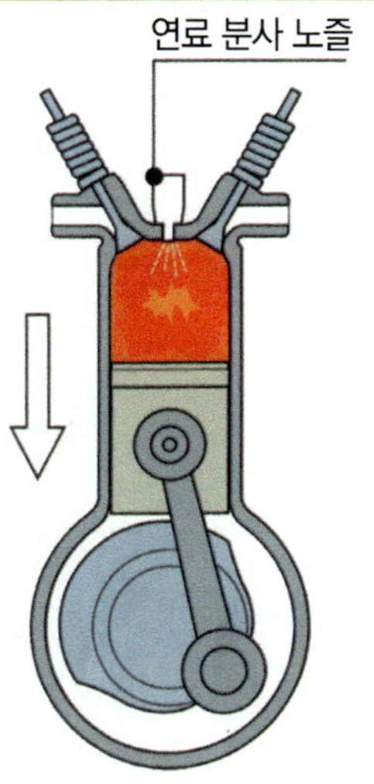

연료 분사 노즐(nozzle)을 통해 고온 상태의 공기에 연료를 분사해 자연 착화시킨다. 그리고 연료가스 압력으로 피스톤을 누름으로써 동력을 만든다.

● 오늘날의 클린 디젤차

현재의 디젤 엔진은 '클린 디젤(clean diesel)'이라고 불리면서 유럽에서는 이미 시장 점유율의 절반 정도를 디젤차가 차지할 정도로 CO_2 배출량을 삭감할 수 있는 카드로 부상하고 있다. 클린 디젤이 확산된 배경에는 '커먼레일 시스템(common rail system)'이라고 하는 배기가스의 클린화 기술이 보급된 바가 크다.

이는 연료를 고압으로 분사함으로써 연료를 미세한 안개상태로 만들고 계속 몇 회를 반복함으로써 완전 연소하기 쉽게 만들어 주는 기술이다.

배출가스 절감은 물론이고 저연비나 파워향상에도 효과를 거두고 있다. 또한 종래의 저유황 경유뿐만 아니라 유채 기름, 야자유, 올리브유, 해바라기유 등과 같은 식물 기름을 원료로 하는 '바이오 디젤(bio-diesel)'이라고 하는 새로운 연료의 연구도 각국에서 진행 중이다.

'혼다'가 독자적으로 개발한 디젤 엔진인 'i-DTEC'의 최고출력은 150ps, 최대 토크는 350N·m(2.2ℓ 경우). 또한 충돌할 때 자신의 차량과 상대방 차량을 보호하는 「컴패티빌리티(compatibility) 대응 보디」를 사용하는 등 안정성도 뛰어나다.

이러한 최신기술과 미래에 대한 가능성을 겸비한 '클린 디젤차'는 각 자동차 메이커에서도 주목받으면서 시판화가 진행 중이다. 2006년에는 메르세데스 벤츠(Mercedes-Benz)가 E320 CDI를 판매하면서 큰 화제를 모았다. 2008년 6월에 유럽에 판매된 혼다 어코드에는 2009년 시행 예정이었던 유럽 배출가스규제(Euro5) 규제 치에 적합하였으며, 신개발 2.2ℓ i-DTEC 디젤 엔진을 탑재한 모델이었다. 앞서 일본에서는 2008년 9월에 닛산 자동차가 클린 디젤 엔진을 장착한 '엑스트레일' 모델을 판매하였다. 탑재된 M9R형 디젤 엔진은 2009년 10월부터 일본에서 시행된 배출가스규제인 '포스트 신장기규제(post 新長期規制)'에 적합한 것이었다.

클린 디젤 차량의 판매추이는 2009년 이후에도 꾸준히 증가추세를 보이고 있다.

E320 CDI 아방가르드(avant garde)

대표적인 클린 디젤 시판차량. '커먼레일 시스템'으로 3.0ℓ V형 6기통 CDI 엔진을 탑재하고 있으며, 최대 토크는 5.0ℓ 가솔린 엔진에 필적하는 540N·m를 실현했다.

클린 디젤 엑스트레일 20GT

유럽에 투입되어 있는 2.0ℓ 직렬4기통 DOHC 커먼레일 디젤 터보 엔진을 개량한 M9R 유닛을 탑재.

167

기대되는 차세대 동력

가솔린차를 대신할 새로운 동력의 자동차를 개발하기 위해 현재 각 자동차 메이커는 다양한 노력을 거듭하고 있다.

다양한 차세대 동력차

● LPG차

LPG차란 가솔린이나 경유가 아니라 클린 에너지인 액화석유가스(LPG · liquefied petroleum gas)를 연료로 해서 엔진을 구동시키는 자동차를 말한다. LPG만을 연료로 하는 LPG전용차와 예비연료로 가솔린을 사용하는 바이 퓨얼(bi-fuel)차량 등 2종류가 있다.

전에는 '가솔린차보다 파워가 떨어진다' 또는 '겨울철 시동성이 나쁘다' 등이 지적되었지만 현재는 동력성능의 기술개발이 발전해 차종에 따라서

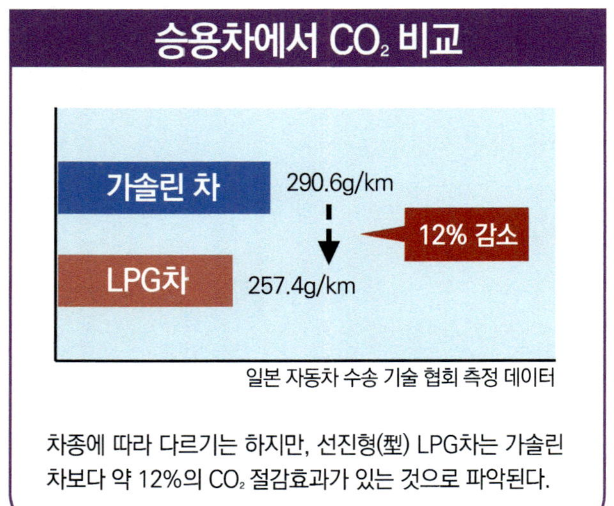

차종에 따라 다르기는 하지만, 선진형(型) LPG차는 가솔린차보다 약 12%의 CO_2 절감효과가 있는 것으로 파악된다.

는 디젤차보다 높은 토크를 발휘하는 모델도 증가했고 약점인 시동성도 해소되면서 '보통의 자동차'와 별반 다르지 않은 성능을 갖게 되었다.

LPG차의 최대 특징은 배기가스가 깨끗하다는 것이다. 천식의 원인으로 지목되고 있는 NOx(질소산화물)나 HC(탄화수소) 배출이 적고, 대기오염의 원인이 되는 PM(입자상물질)과 흑연배출은 거의 제로에 가깝다. 또한 지구온난화의 주범인 CO_2 배출량도 가솔린차에 비해 매우 적다. 더불어 디젤차는 엔진 소음이 다소 시끄러운 것이 흠인데, LPG차는 가솔린차와 비슷한 정도의 저소음과 진동 밖에 나지 않는다는 이점이 있다. 도시환경이나 운전자에게도 환경 친화적인 자동차이다. 그리고 LPG 1ℓ의 가격은 약 900원(2015년 3월 기준)으로 연료비가 가솔린에 비해 싸기 때문에 택시 및 소형트럭을 중심으로 하여 지게차(forklift truck)나 쓰레기운반차(dirt wagon), 마이크로버스(microbus) 등에 폭넓게 사용되고 있다. 국내에서는 현재(2016년 말 기준)까지 LPG차가 약 218만대가 운행 중이며, 세계 전체적으로는 2300만대(2012년

LPG 승용차(LPI 방식·Liquid Propane Injection System)

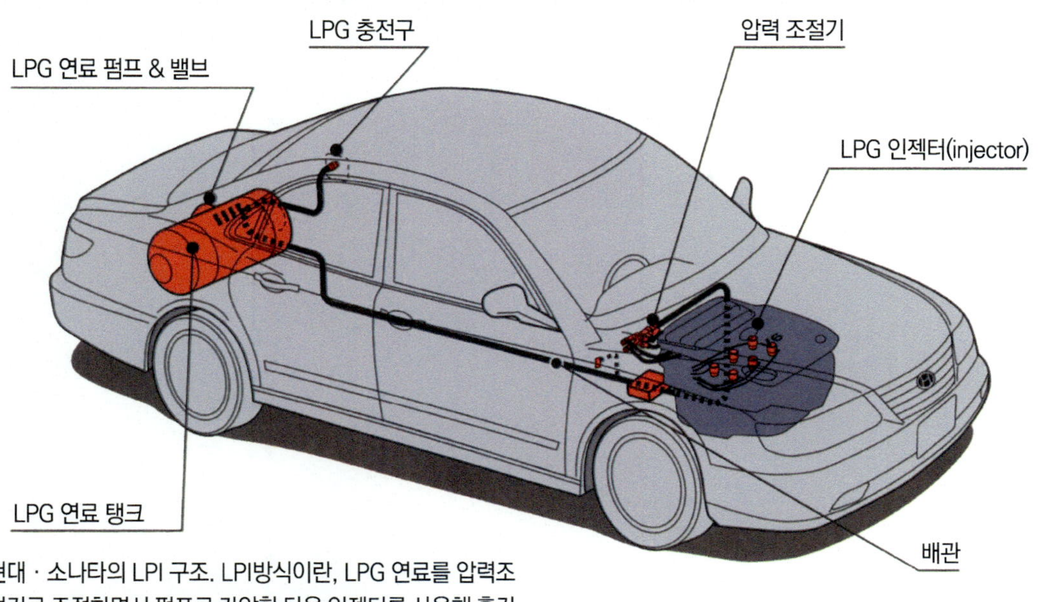

현대·소나타의 LPI 구조. LPI방식이란, LPG 연료를 압력조절기로 조절하면서 펌프로 가압한 다음 인젝터를 사용해 흡기 매니폴드 안으로 액체를 분사하는 시스템을 말한다.

LPG 트럭(LPG전용)

소리도 조용하고 배기도 깨끗한 LPG엔진의 성능은, 디젤 트럭과 동등 이상의 높은 토크를 실현한다. 운전석 좌석 아래에 배치되어 있다.

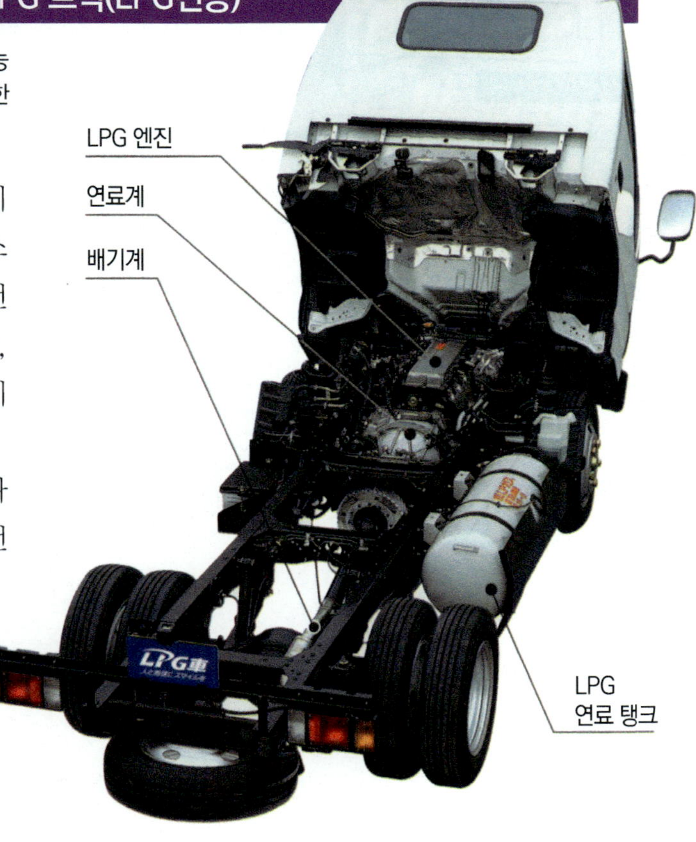

말 기준) 이상의 LPG차가 운행 중이다. 또한 LPG의 보급은 LPG 충전소에서 이루어진다. 전국의 LPG 충전소 개수는 약 1900곳 정도가 있으며, LPG차라면 어떤 차량이라도 보급이 가능하다.

　이와 같이 LPG차는 클린 성능이나 연료의 경제성이 뛰어나고 심지어 전기자동차나 수소자동차 등에 비하면 인프라도 전국적으로 설치되어 있다. 이런 이유로 디젤이나 가솔린을 대체할 클린 에너지 차로서 주목 받는 차세대 동력차이다.

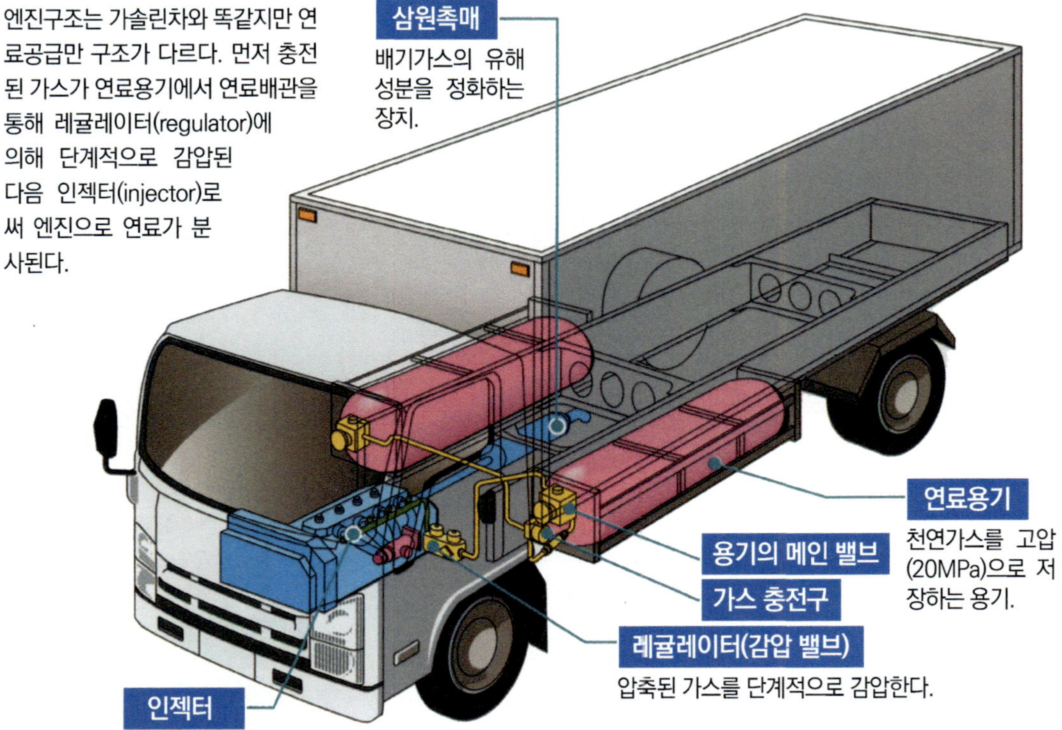

CNG차란 일반가정에 공급되는 도시가스와 같은 '천연가스'를 원료로 하여 운행되는 차량을 말한다. 천연가스 자동차는 가스의 저장방법에 따라 다음과 같이 3가지로 분류된다.

(1) CNG(압축 천연가스) 차량 : 천연가스를 기체 상태의 고압(20MPa)으로 가스 용기에 저장하는 방식의 차

(2) LNG(액체 천연가스) 차량 : 천연가스를 액체 상태로 저온용기($-160℃$ 이하)에 저장하는 방식의 차

(3) ANG(흡착 천연가스) 차량 : 천연가스를 가스 용기 내의 흡착재(吸着材)에 흡착시켜 압력을 수MPa로 저장하는 방식의 차

현재 세계 각국에서 운행되고 있는 대부분의 천연가스 자동차는 CNG차로서 국내에서는 전부 CNG차가 차지하고 있다. 그리고 연료의 공급방법에 따라 천연가스 전용, 바이 퓨얼(bi-fuel), 듀얼 퓨얼(dual-fuel), 하이브리드로 분류된다.

CNG차의 가장 큰 특징은 배출가수의 클린성이다. NOx(질소산화물), CO(일산화탄소), HC(탄화수소) 배출이 적고 PM(입자상물질)은 거의 배출되지 않는다. CO_2 배출량도 가솔린차나 디젤차보다 훨씬 적다. 이런 클린성은 LPG차와 비슷하지만, CO_2 배출량은 CNG차 쪽이 더 적다.

또한 개발기술의 진화에 따라 소음이나 진동이 줄어들었으며, 아울러 가스용기나 차단 밸브와 같은 중요 부분은 충돌할 때 직접적인 손상을 받지 않는 위치에 배치하는 등 안전성도 향상

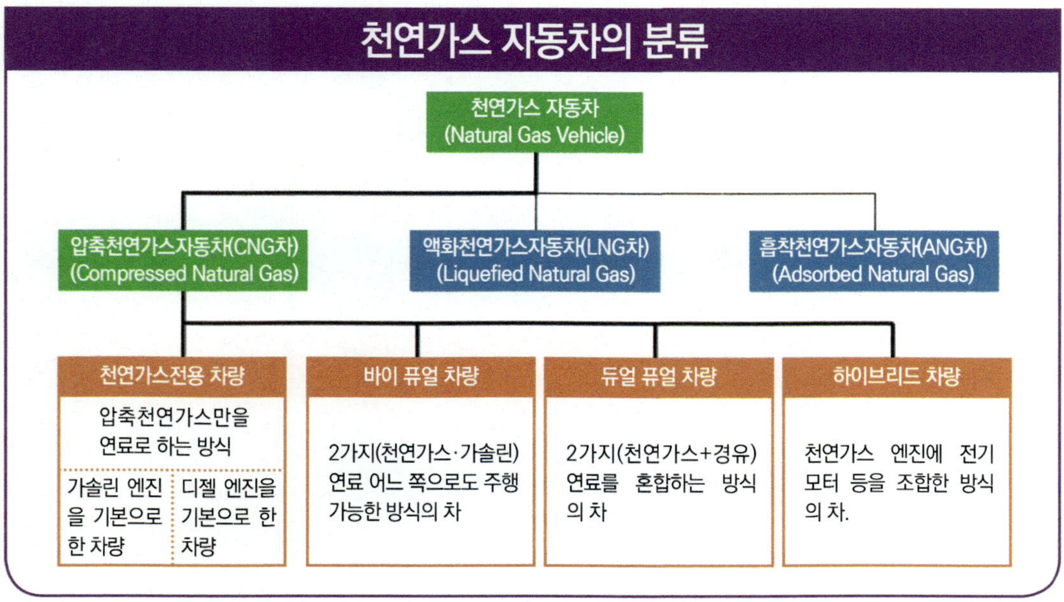

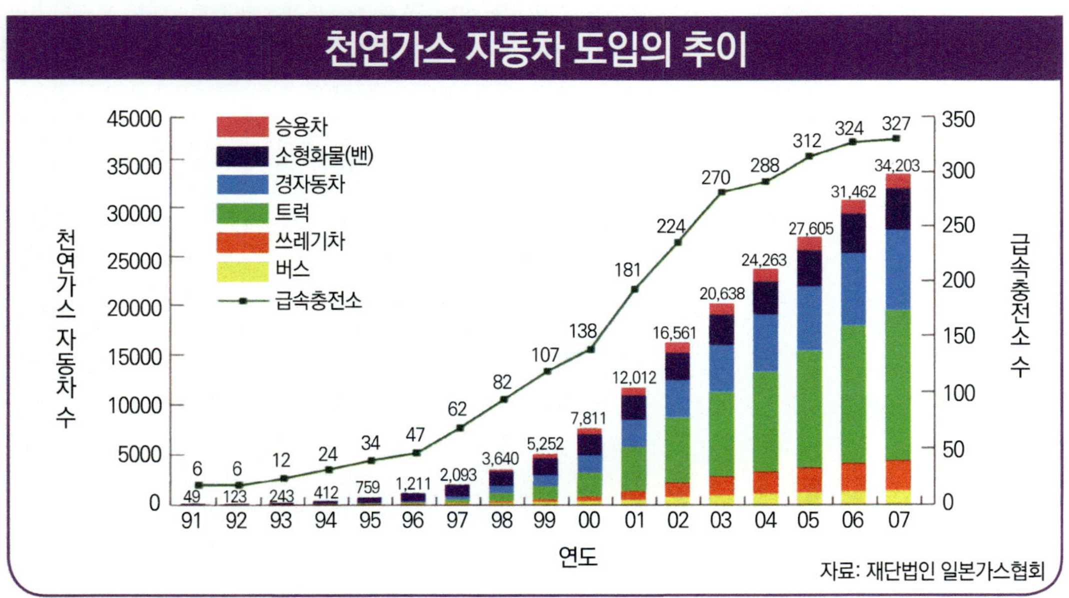

되었다. 더불어 저연비(低燃費)도 달성하였으며, 1회 충전에 주행거리가 약 300km로서 하루 종일 주행하기에 충분한 충전량이다. 최근에는 탄소섬유를 사용한 'FRP용기' 같은 가벼운 용기를 사용하는 한편 탑재수량을 늘림으로써 일반 차량과 거의 동등한 수준의 주행거리를 확보할 수 있게 되었다.

현재 천연가스 자동차는 전 세계에 보급되어 있으며, 일본을 예로 들면 1990년대 전반은 1000대에 못 미치던 보급대수가 2007년도에는 약 34000대로 급속하게 증가했다. 경(輕)자동차, 승용차, 소형 밴 및 버스 등에 사용되고 있으며, 특히 최근에는 디젤차의 배기가스 규제로 인해 트럭 수요가 확대되고 있다.

혼다의 FCX 클래러티(Clarity). 현재는 일부 법인에 한정해 리스로만 판매. 그리고 혼다는 천연가스로부터 수소를 제조해 연료전지차에 수소연료를 공급할 뿐만 아니라 가정용 열이나 전력공급에 응용하는 '홈 에너지 스테이션(home energy station)' 실현을 위해서도 연구를 거듭하고 있다.

연료전지차는 연료전지를 사용해 연료를 전기로 바꾸고 그 전기의 힘으로 모터를 구동시켜 주행한다. 연료전지는 미리 저장해 놓은 전력을 사용한다고 생각할 수 있지만 실제로는 자동차 안에서 발전하는 흔히 말하는 '발전기' 같은 것이다. 발생한 전기를 저장하기 위한 전지는 별도로 탑재되어 있으므로 전기자동차처럼 충전할 필요는 없다.

연료전지로 전기를 만드는 구조는 물에 전기를 가하면 수소와 산소로 분리되는 '물의 전기분해'와는 반대로 수소와 산소를 화학반응시킴으로써 전기와 물을 얻는 현상을 이용한다. 연료를 연소시키지 않고 화학반응으로만 에너지(전기)를 만들고 나아가 수소를 그대로 연료로 사용하는 방식이라면 배출되는 것은 물뿐이다. 규제 대상의 공해물질인 NOx(질소산화물), CO_2(이산화탄소), PM(입자상물질)은 전혀 배출되지 않는다. 심지어 가솔린차보다 에너지 효율이 1.5배~2배나 높으며, 소음이 적은 등의 장점도 있다. 전기를 얻기 위해 필요한 수소는 차량에 탑재된 탱크에 저장되며, 산소는 공기 중에서 얻는다. 즉, 연료전지차의 연료는 수소가 된다.

수소를 직접 자동차에 공급하는 방법이 이상적이지만 그렇게 되면 수소 충전소 등과 같은 대형 인프라 구축이 필요하기 때문에 현실적으로 이것 때문에 상품화하는 데는 큰 장벽이다. 물론 인프라 구축도 서서히 진행되고 있으며, 메탄올(methanol)이나 천연가스를 한 번 자동차에 넣어 수소를 효율적으로 끄집어내는 연료전지 제조도 연구 중이다. 다만, 내구 신뢰성(耐久信賴性) 향상과 비용절감이라는 기술적 과제가 있기 때문에 시판까지는 아직 시간이 걸릴 것으로 생각되지만 실현만 되면 확실한 저공해차(低公害車)가 되기 때문에 주목을 받고는 있다.

PDU(power drive unit)

전기의 흐름을 제어한다. 구동 모터 등과 일체화되어 있다.

리튬이온 배터리

연료전지 스택(stack)의 출력을 보조함으로써 모터의 발진가속을 끌어올린다.

고압 수소 탱크

수소를 저장하는 탱크. 2005년 모델은 탱크를 일체화함으로써 뒷좌석이나 트렁크 공간을 확보했다.

구동 모터(driving motor)

전기를 동력으로 변환해 자동차를 움직인다. 최고출력 100kW 달성하였음.

연료전지 스택(fuel cell stack)

수소로부터 전기를 발생시킨다. 수소와 공기를 중력방향으로 흘러가게 함으로써, 중력을 이용해 만들어진 물은 스택에서 배출된다.

연료전지 스택의 발전원리

전극의 촉매작용으로 수소는 수소이온으로 바뀌고 전자(電子)가 방출되면서 직류전류가 발생한다. 전자가 방출된 수소이온은 이온교환막을 통과해 산소극(酸素極)에서 산소이온 및 전자와 결합한다. 이 작용으로 직류전류가 통전되면서 발전(發電)이 일어난다. 부산물로서 산소극에서 물이 만들어진다.

수소극(-)의 반응 $H_2 \rightarrow 2H^+ + 2e^-$

산소극(+)의 반응 $\frac{1}{2}O_2 + 2H^+ 2e^- \rightarrow H_2O$

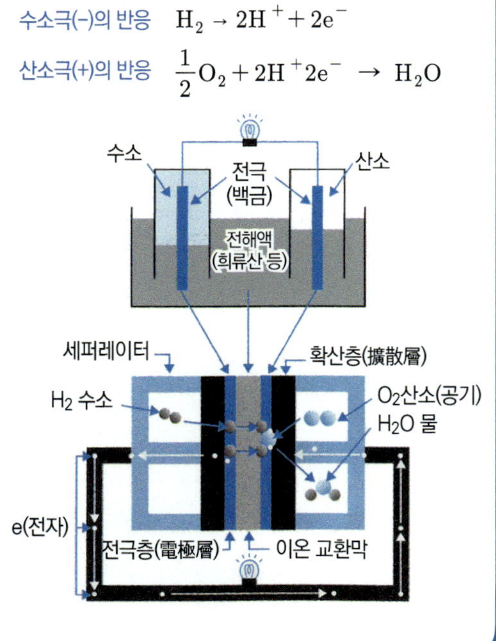

FCX 클래러티(Clarity) 주요 제원 [혼다]

· 전장×전폭×전고 : 4845mm×1845mm×1470mm
· 차량중량 : 1635kg
· 모터 : 교류동기전동기(永久磁石型)
· 최고출력 : 100kW(136PS) ※연료전지 스택은 100kW
· 최대토크 : 256N·m
· 탱크용량 : 171ℓ
· 항속주행거리 : 620km ※10·15모드 주행일 때

173

　배터리에 충전된 전기를 사용해 모터를 회전시켜 주행하는 자동차가 전기자동차다. 가솔린차나 디젤차처럼 연료를 연소함으로써 동력을 얻는 내연기관(엔진)을 사용하지 않기 때문에 주행 중에 배기가스가 전혀 나오지 않는다. 또한 엔진처럼 연료에 점화할 때 발생하는 폭발음이 없기 때문에 주행 중의 소음도 적다. 에너지가 되는 전기는 가정용 전기와 똑같기 때문에 발전소에서 배출되는 NOx(질소산화물)나 CO_2(이산화탄소)를 고려해도 이들 배출량은 종래의 차량에 비해 압도적으로 적은 편이다.

　아울러 제어할 때나 언덕길을 내려갈 때는 모터가 발전기가 되어 배터리에 충전하는 에너지 회생 구조로 되어 있어 에너지 효율이 가솔린 차량보다 3배나 뛰어나다. 나아가 니켈수소 전지나 리튬이온 전지의 실용화와 더불어 배터리 성능도 향상되었다. 충전시간은 15분~1시간 정도로 소형차는 1회 충전으로 200km 이상 주행도 가능하다.

　그리고 현재 실용적인 전기자동차로서 기대되고 있는 것이 미쓰비시 자동차의 i-MiEV이다. i-MiEV는 경(輕)자동차인 「i」를 바탕으로 작고 가벼운 모터와 인버터에 용량이 큰 리튬이온 전지를 탑재한 신세대 전기자동차다.

　그밖에 하이브리드 차의 일종으로 근거리 이동인 경우는 외부에서 충전한 전기로 달리고 장거리가 되면 엔진이 가동해 하이브리드 차로 달리는 '플러그 인 하이브리드차(plug in hybrid vehicle)'도 있으며, 앞으로의 보급이 기대되고 있다.

현재 미쓰비시 자동차는 도쿄전력을 비롯한 북수의 전력회사에 i-MiEV 시험차로 공공도로에서 실증주행시험을 실시하고 있다. 구체적으로는, 항속거리나 충전시간 등에 대한 세밀한 데이터 수집 및 분석 등을 위한 시험이다.

i-MiEV의 구조

충전은 차량에 탑재된 충전기를 사용하며, 일반가정이나 코인파킹 등에서 충전하고 또는 전력회사 등에서 개발 중인 급속충전기로 충전한다. 전력은 리튬이온 전지에 축전(蓄電)되며, 그 전력으로 모터를 회전시킨다. 모터나 인버터는 기존 차에서는 엔진이나 트랜스미션이 있던 자리에 배치되어 있다.

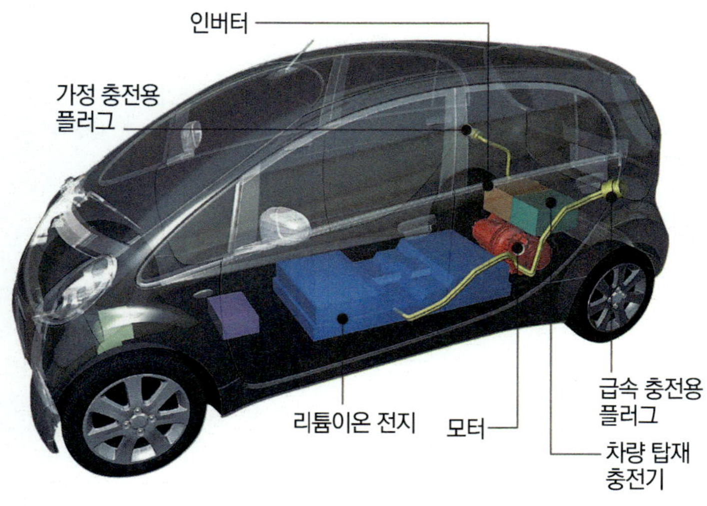

리튬이온 전지

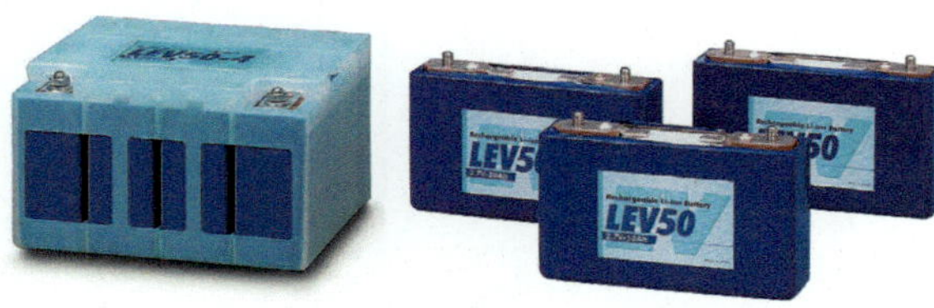

i-MiEV의 배터리에는 에너지 밀도가 높은 리튬이온 전지를 사용. 1회 충전 당 주행거리는 2006년도는 130km, 2007년도는 160km로 꾸준히 늘어나고 있다.

모터

모터는 영구 자석식 동기형을 사용. 정숙성과 경량화와 의해 주행 시스템의 구동효율 향상시켜 1회 충전에 주행거리는 160km이다.

차량 탑재 충전기와 인버터

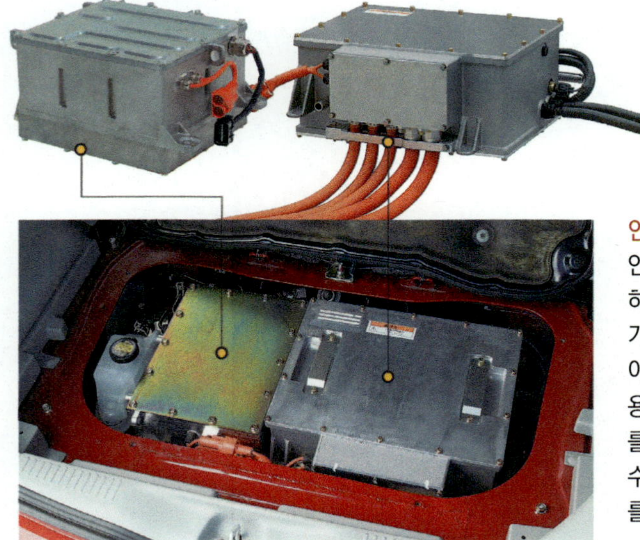

차량 탑재 충전기

탑재 충전기는 100V, 단상 200V, 삼상 200V 모두에 대응할 수 있는 구조. DC-DC 컨버터 등도 일체화 된 유닛으로 구성되어 있다.

인버터

인버터는 직류를 교류로 변환하는 장치로 하이브리드 자동차, 연료전지 자동차, 전기 자동차에서는 꼭 필요한 장치이다. 그 이유는 자동차의 구동에 교류 모터를 사용하기 때문이다. 반대로 말하면 인버터를 이용하여 자유롭게 교류 전류로 변환할 수 있기 때문에 고성능 교류의 동기 모터를 사용할 수 있다.

액체수소탱크

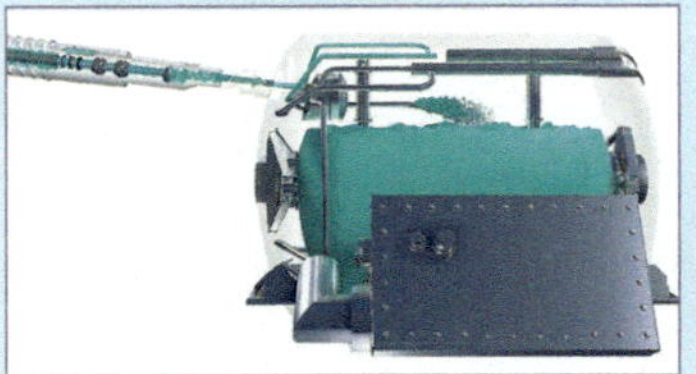

-253℃ 이하의 액체 수소를 저장해 두는 탱크. 고도의 단열재(斷熱材) 등으로 단단히 감싸여 있다.

액체 수소 탱크 커플링

차량과 연료보급 장치를 이어주는 장치.

안전용 블로우 밸브 (blowout valve)

수소유출을 감안해 수소제거 라인이 갖춰져 있다.

수소용 히트 익스체인저 캡슐 내장 예비 유닛과 탱크 제어 유닛

연료분사나 연료의 압력제어 등 수소 탱크 주변의 모든 프로세스를 제어하는 Hydrogen7 전용 전자제어 시스템.

액체 수소 탱크 커버

보일오프(boil-off) 매니지먼트 시스템

연료 탱크 내의 압력을 제어하는 시스템. 수소는 보일오프(증발에 따른 손실)하기 쉽기 때문에 이런 시스템이 필요하다.

가솔린 탱크

가솔린 엔진용 연료 탱크. 가솔린엔진으로 주행하는 경우는 여기에서 연료가 공급된다.

프레셔 컨트롤 밸브 (pressure control valve)

수소를 연료로 하는 점에서는 연료전지차와 똑같지만 연료전지차가 발전을 위해 수소를 사용하는데 반해 수소자동차는 수소를 내연기관(엔진)으로 연소시켜 동력을 얻는다. 수소는 물을 분해해 제조할 수 있기 때문에 화석 연료처럼 '한정된 자원'이 아니다. 또한 연소해도 NOx(질소산화물)는 나오지만 CO_2는 배출되지 않는다. 즉 수소 엔진차도 자원절약과 환경 측면에서 큰 장점이 있다. 수소를 대량으로 적재하려면 고압으로 하든지, $-253℃$ 이하의 액체 수소로 하는 것이 이상적이다. 그러기 위해서는 저장하는 용기(容器)를 특수하게 제조할 필요가 있다. 심지어 수소 스테이션(hydrogen station) 등과 같은 인프라 구축 등 보급되기까지는 아직은 많은 장애물이 존재한다. 그러나 엔진의 기본구조가 가솔린 엔진과 똑같기 때문에 여러 가지 문제가 해소되면 차세대 에코 차(Eco-car)로서 단번에 비약할 수 있을 것이라 판단된다.

Hydrogen 7 주요제원 [BMW]

· 엔진 : 5972cc V형 12기통 DOHC
· 최고출력 : 192kW(260PS) / 5100rpm
· 최대토크 : 390N·m / 4300rpm
· 연료탱크(가솔린) : 74ℓ
· 수소탱크용량 : 7.8kg
· 항속거리 : 최장200km(수소), 500km(가솔린)
· 연료소비율(EU모드) : 100km/13.0ℓ(가솔린),
　　　　　　　　　　　 100km/3.6kg=13.3ℓ(수소)
· 0 → 100km/h 가속 : 9.5초
· 최고속도 : 230km/h

수소와 가솔린 겸용 내연기관

현재의 수소 자동차는 가솔린 엔진을 겸용하는 방식이 일반적이다. Hydrogen 7은 실내 스위치 조작을 통해 연료를 전환할 수 있다.

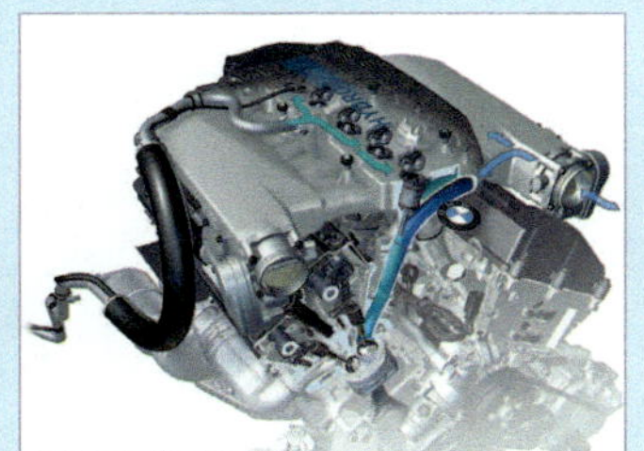

인테이크 매니폴드 (intake manifold)

Hydrogen 7이 수소모드로 주행할 때 엔진 연소에 필요한 혼합기는 여기서 생성된다.

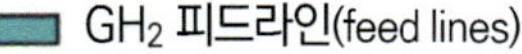

● 오늘날의 수소 엔진 차량

수소를 연료로 한 내연기관을 적극적으로 개발 및 연구하고 있는 곳은 독일 BMW와 일본 마쓰다 2곳이다.

마쓰다가 연구하고 있는 것은 고압수소와 가솔린 둘 다 연료로 쓸 수 있는 '듀얼 퓨얼 시스템(dual-fuel system)'을 탑재한 수소 로터리 엔진(hydrogen rotary engine) 차량이다. 마쓰다가 독자적 기술로 만든 로터리 엔진은 엔진 내의 연소공간이 좁기 때문에 연소 타이밍이 어긋나기가 어렵게 되어 있으므로 수소를 효율적으로 연소할 수 있다는 특징이 있다. 또한 듀얼 퓨얼 시스템은, 통상 고압수

RX-8 hydrogen RE

2003년에 발표된 수소 로터리 엔진 차량. 기존 부품을 활용할 수 있는 엔진이기 때문에 저비용으로 실용화가 가능했다.

프리머시 하이드로겐 RE 하이브리드

수소 로터리 엔진에 전기모터를 조합한 전용 하이브리드 시스템을 탑재. RX-8 하이드로전 RE보다 출력은 약 40% 향상, 수소를 사용한 항속거리는 배나 되는 200km다.

소를 연료로 하는 수소모드로 주행하고 주행 중에 수소가 떨어지면 자동적으로 가솔린모드로 바뀐다. 이 때문에 수소 스테이션이 없는 지역에서도 연료 소진을 걱정하지 않고 운행할 수 있다. 지금 마쓰다는 이 수소 로터리 엔진과 듀얼 퓨얼 시스템을 탑재한 '마쓰다 RX-8 하이드로 엔진 RE'로 공도(公道) 주행시험과 리스 판매를 실시 중에 있다. 또한 이 2가지 수소 유닛에 하이브리드 시스템을 조합한 '프리머시 하이드로전 RE 하이브리드(Premacy Hydrogen RE Hybrid)'도 있다. 이것은 2008년도부터 리스로 판매되고 있다.

Hydrogen 7

액체 수소를 저장하는 방식의 수소 자동차. 고성능 단열기술이 투입된 탱크에는 약 8kg의 액체 수소를 충전할 수 있다. 수소만으로 약 200km를 운행한다.

BMW는 7시리즈를 기본으로 해서 만든 수소 자동차 'Hydrogen 7'을 개발해 2007년에 세계 최초로 시장에 투입하였다. 마쓰다와 마찬가지로 수소와 가솔린을 전환해 주행할 수 있는 바이 퓨얼 차량이긴 하지만 마쓰다와 같이 고압수소가 아니라 액체 수소를 수소 탱크에 저장하는 차이점이 있다. 수소를 액체로 하면 분명히 기체보다도 대량으로 저장할 수 있으므로 '더 오래 달릴 수 있다' 이점과 연결된다. 현 단계에서의 Hydrogen 7의 주행가능 거리는 수소 200km 초과 + 가솔린 500km 초과로 총 700km를 조금 넘는다. 일상적으로 사용하는 자동차로서는 현실성이 있는 수치라고 할 수 있다.

수소를 액화시키려면 −253℃의 극저온으로 해야 하므로 Hydrogen 7의 수소 탱크는 초(超)고성능의 단열기술(斷熱技術)이 들어가 있다. 탱크는 이너(inner)와 아우터(outer) 2중 구조로 되어 있고 그 사이는 진공으로 되어 있으면서 탄소섬유(炭素纖維·carbon fiber)로 이어져 있다. 더불어 이너 탱크(inner tank)는 40층의 알루미늄 구조로 만들어져 있다.

TOPIC ▶▶ 수소 에너지란?

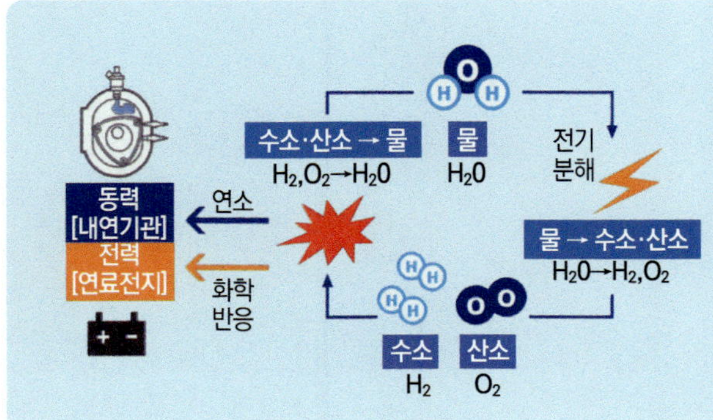

수소에너지란 수소를 연소·화학반응시킴으로써 발생하는 에너지를 말한다. 수소 엔진 차량은 수소를 실린더 내에서 폭발시켜 생성된 동력을 주행하는데 사용하며, 연료전지차량의 경우는 산소와의 화학반응으로 전력을 발생시키기 위해 사용한다.

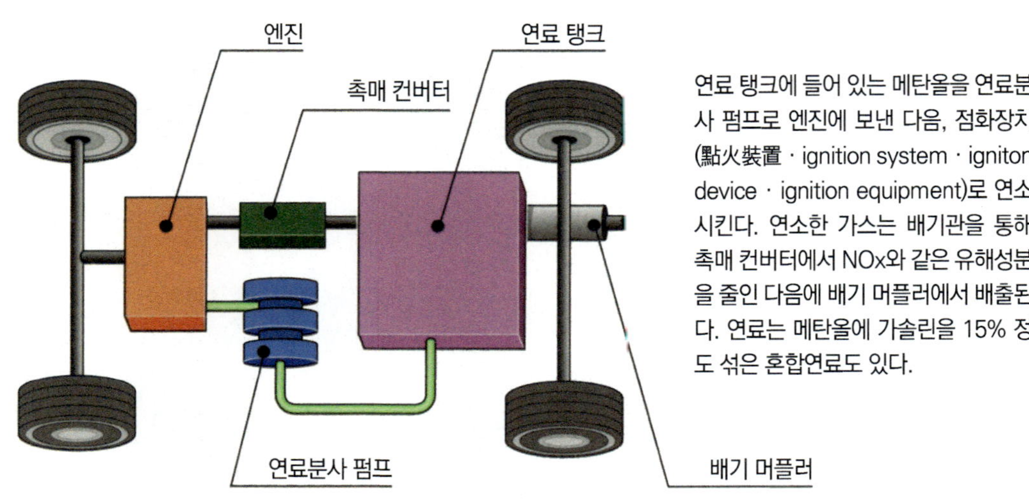

연료 탱크에 들어 있는 메탄올을 연료분사 펌프로 엔진에 보낸 다음, 점화장치(點火裝置 · ignition system · igniton device · ignition equipment)로 연소시킨다. 연소한 가스는 배기관을 통해 촉매 컨버터에서 NOx와 같은 유해성분을 줄인 다음에 배기 머플러에서 배출된다. 연료는 메탄올에 가솔린을 15% 정도 섞은 혼합연료도 있다.

알코올의 일종인 메탄올(메틸알코올)을 연료로 사용하는 자동차가 메탄올차량이다. 메탄올은 천연가스의 주성분인 메탄이나 석탄, 목재, 쓰레기 등의 다양한 자원으로부터 제조할 수 있기 때문에 풍부한 자원과 재활용성이 뛰어나다는 점이 가장 큰 특징이다. 또한 메탄올은 가솔린이나 경유보다 낮은 온도에서 연소하기 때문에 NOx(질소산화물)의 배출량은 디젤차의 약 절반 정도에 지나지 않으며, 배기가스에 흑연이나 PM(입자상물질) 등은 거의 없다. 배기가스의 청정성도 우수하다.

예전에는 메탄올차량의 엔진에서 포름알데히드나 연소되지 않은 메탄올 같은 유해가스가 배출되는 문제점이 있었지만 촉매 변환기(觸媒變換器 · catalytic converter)를 장착함으로써 환경성(環境省)이 지정한 지침이하까지 줄일 수 있었다.

일반적으로 유통된 메탄올차에는 디젤차를 베이스로 개조한 디젤방식과 가솔린차를 베이스로 개량한 오토방식이 있다. 나아가 연료 면에서는 순수한 메탄올을 연료로 하는 방식과 메탄올에 가솔린을 혼합한 메탄올 혼합연료 방식이 있다. 일본에 보급된 메탄올차는 디젤방식의 소형 트럭이 중심이며, 다른 저공해차에 비하면 보급대수가 그다지 많지 않다.

'이스즈(Isuzu)' 엘프 소형 메탄올 트럭

HONDA

http://www.hondakorea.co.kr

창업자인 혼다 소이치로가 1946년에 혼다기술연구소를 개설해 내연기관이나 공작기계 제조 및 연구를 시작한다. 48년에 혼다 기연공업으로 설립된 이후, 49년에 후지사와 다케오를 경영 파트너로서 영입. 4륜/3륜 제품의 제조 및 판매는 물론이고 항공기와 ASIMO 같은 2족 보행 로봇 등도 개발하고 있다. 4륜은 63년에 트럭 T360으로 시작한 이래 다양한 모델을 내놓는다. 특히 72년에 발매된 시빅의 저공해 엔진「CVCC」는 전 세계 자동차메이커 중 가장 먼저 대기정화 법안을 달성한 엔진으로도 유명하다. 그 후에도 독창적인 메커니즘을 탑재하고 있다. 최근에는 차세대 혁신기술인「어스 드림 테크놀로지」를 발표하며, 3종류의 스포츠 하이브리드나「VTEC터보」를 탑재한 모델도 등장하고 있다.

NISSAN

http://www.nissan-global.co.jp

닛산 자동차의 탄생은 1934년의 일이다. 11년에 설립된 쾌진사(快進社)자동차공장에 뿌리를 둔 다트 자동차제조가 도바타(戶畑)주물 산하로 들어가 33년에 도바타주물 자동차부문이 설립된다. 다음해에 사명을 닛산자동차로 고치면서 그 역사가 시작되었다. 66년에 프린스 자동차공업과의 합병을 계기로 블루버드나 스카이라인, 페어레이디 등이 히트를 친다. 80년대에는, 90년대까지 기술에 있어서 세계 최고를 지향한다는「901운동」을 펼치며 기술개발에 힘을 쏟았다. 그 후 경영난에 빠지기도 했지만 99년에 프랑스 르노와 자본제휴를 맺으면서 부활. 2012년에는 르노·닛산 얼라이언스로 4년 연속 사상최고의 판매대수를 기록한다. 14년 4월에는 연구와 개발, 생산기술과 물류, 구매, 인사 4가지 기능의 통합을 심화시키면서 파트너십을 더욱 공고히 한다.

TOYOTA

http://www.toyota.co.kr

1926년, 도요타 사키치가 발명한 도요타 자동직기를 제조하기 위해 설립한 도요타자동직기 제작소가 뿌리이다. 사내에 설치된 자동차부문(설립자는 아들인 도요타 기이치로)이 전신으로, 37년에 도요타자동차공업으로 발전했다.「도요타방식」으로 불리는 합리적 생산체제와 광역에 걸친 판매망을 구축해 성장한다.「마이카 원년」으로 불리던 66년에 초대 카롤라를 발매한 이래 렉서스LS(89년:일본명 셀시오), 세계최초의 양산 하이브리드 전용차인 프리우스(97년), 그리고 2014년에 세계최초의 양산연료 전지차인 MIRAI(미라이)를 판매한다. 시대를 대표하는 모델을 다수 발표해 왔다. 현재는 다이하쓰와 히노자동차를 산하에 두고 있으며, 후지중공업의 1대주주가 되어 86/BRZ를 공동으로 개발했다. 2013년에 그룹 세계생산대수에서 처음으로 1천만대를 넘어섰으며, 2014년에도 역대 최고이익을 갱신한다.

다양한 ITS 기술

「ITS(intelligent transport systems)」란 사람과 도로 및 자동차를 정보통신기술로 연결해 더 쾌적한 운전을 실현하기 위한 새로운 도로교통 시스템이다. 정부와 각 자동차 메이커가 「정체 해소」, 「교통사고 방지」등을 추진하기 위해 다양한 ITS 서비스를 개발해 도입하고 있다.

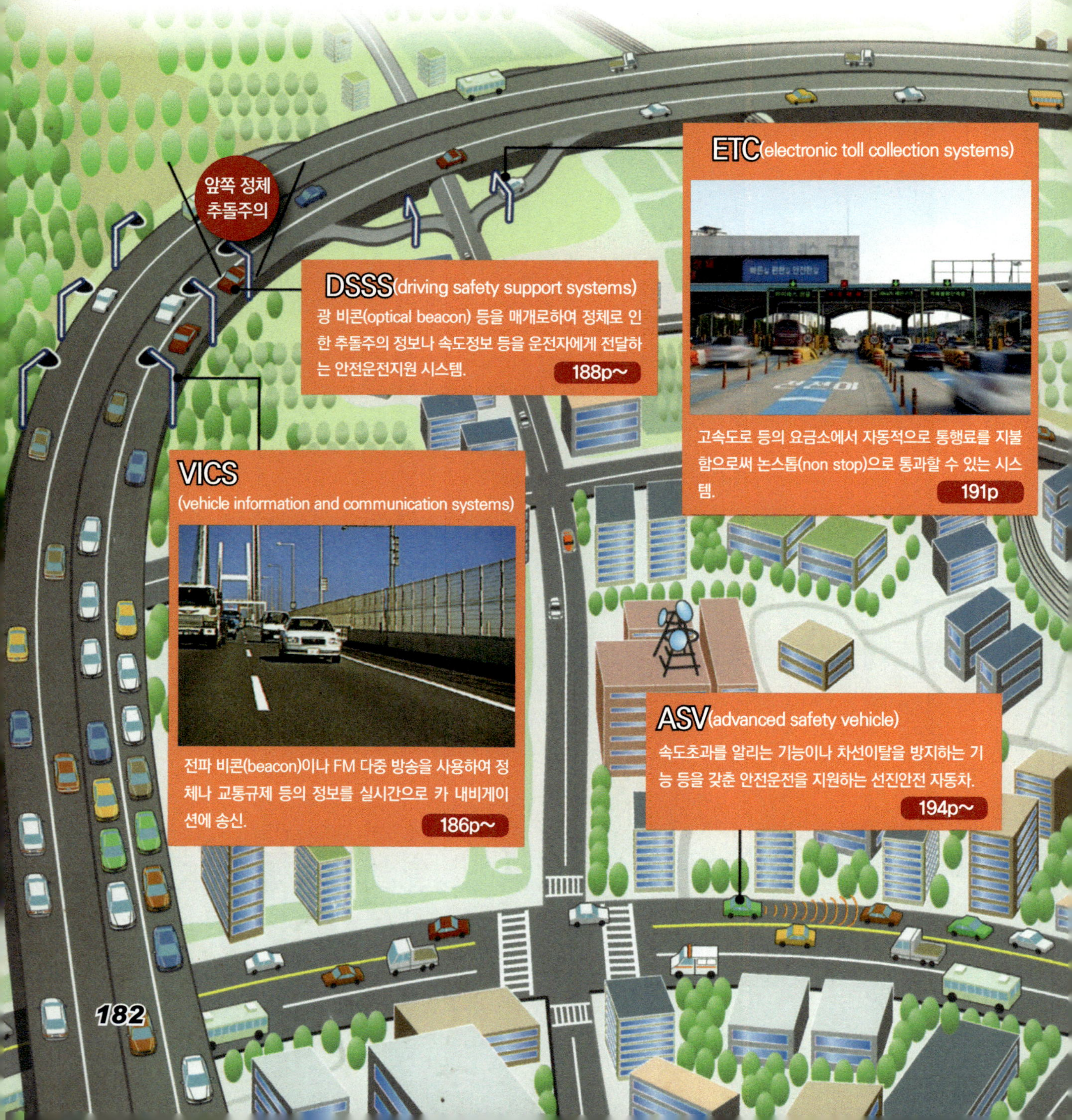

DSSS(driving safety support systems)

광 비콘(optical beacon) 등을 매개로하여 정체로 인한 추돌주의 정보나 속도정보 등을 운전자에게 전달하는 안전운전지원 시스템.

188p~

ETC(electronic toll collection systems)

고속도로 등의 요금소에서 자동적으로 통행료를 지불함으로써 논스톱(non stop)으로 통과할 수 있는 시스템.

191p

VICS
(vehicle information and communication systems)

전파 비콘(beacon)이나 FM 다중 방송을 사용하여 정체나 교통규제 등의 정보를 실시간으로 카 내비게이션에 송신.

186p~

ASV(advanced safety vehicle)

속도초과를 알리는 기능이나 차선이탈을 방지하는 기능 등을 갖춘 안전운전을 지원하는 선진안전 자동차.

194p~

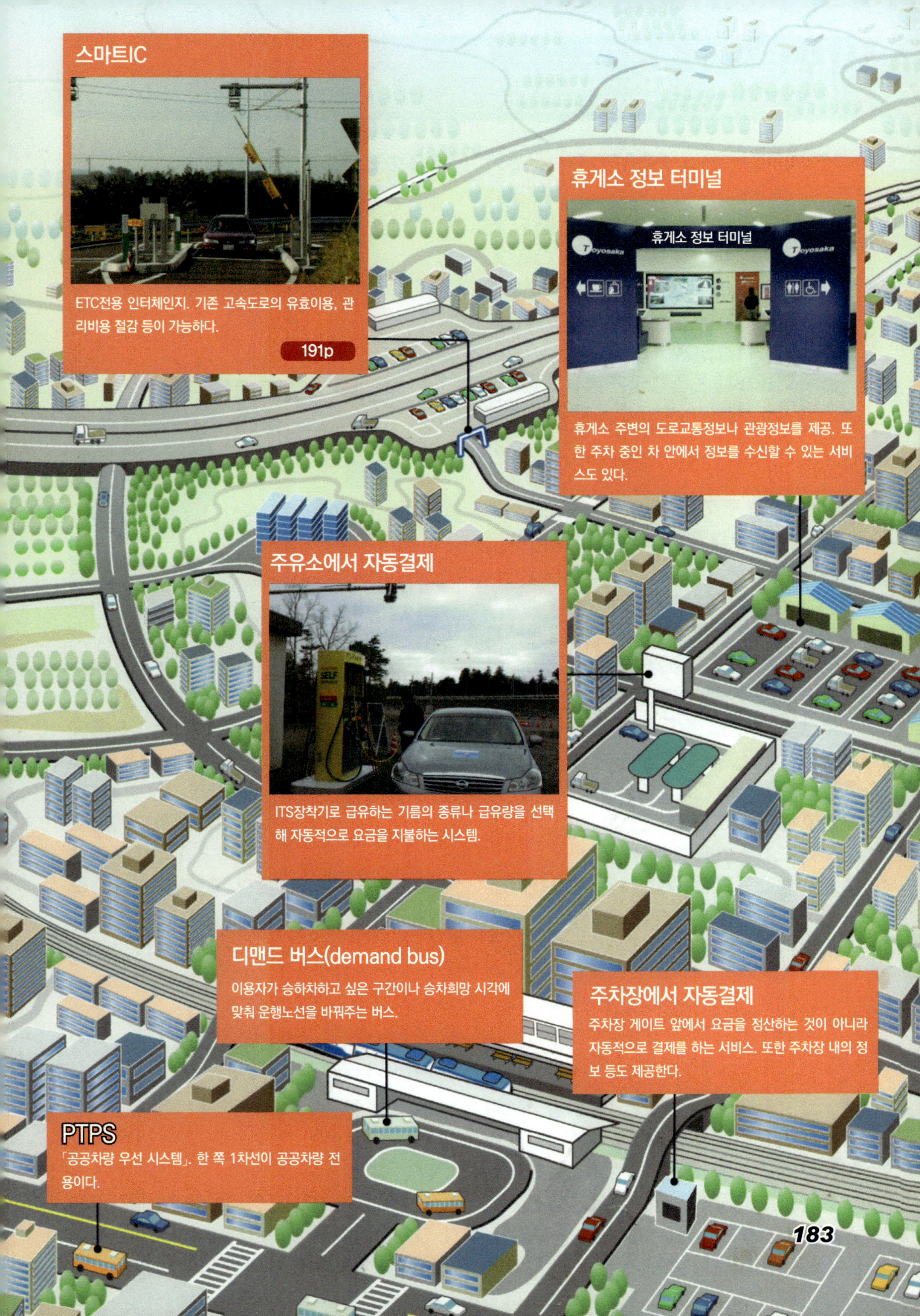

스마트IC
ETC전용 인터체인지. 기존 고속도로의 유효이용, 관리비용 절감 등이 가능하다.
191p
휴게소 정보 터미널
휴게소 정보 터미널
Toyosaka
Toyosaka
휴게소 주변의 도로교통정보나 관광정보를 제공. 또한 주차 중인 차 안에서 정보를 수신할 수 있는 서비스도 있다.
주유소에서 자동결제
SELF
ITS장착기로 급유하는 기름의 종류나 급유량을 선택해 자동적으로 요금을 지불하는 시스템.
디맨드 버스(demand bus)
이용자가 승하차하고 싶은 구간이나 승차희망 시각에 맞춰 운행노선을 바꿔주는 버스.
주차장에서 자동결제
주차장 게이트 앞에서 요금을 정산하는 것이 아니라 자동적으로 결제를 하는 서비스. 또한 주차장 내의 정보 등도 제공한다.
PTPS
「공공차량 우선 시스템」. 한 쪽 1차선이 공공차량 전용이다.
183

ITS란?

ITS(Intelligent Transport Systems)를 번역하면 '지능형 도로교통 시스템'이라는 의미다. 사람과 사물, 도로, 자동차 각각을 정보통신기술로 연결해 네트워크화 함으로써 더 안전하고 쾌적한 교통을 구축하여 사람들의 일상을 편리하게 해주는 시스템이다.

도로교통이 안고 있는 다양한 문제, 예를 들면 정체, 사고, 에너지 절감 및 환경에 관한 대책 등을 정보통신이나 제어 테크놀로지 같은 정보화·지능화로 해결하는 것이 ITS이다. 이에 관한 대표적인 예로 카 내비게이션 시스템, VICS(도로교통 정보통신

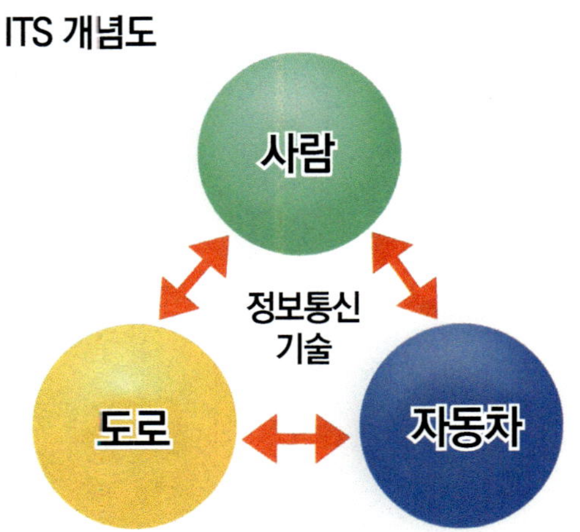

ITS란 사람, 자동차 및 도로가 최첨단 정보통신기술을 매개로 정보를 주고받으면서 도로교통이 안고 있는 여러 문제를 해결하는 시스템이다.

시스템) 및 ETC(자동요금 지불 시스템) 등을 들 수 있다. 예를 들면 VICS를 통해 실시간으로 얻은 정체 정보나 교통규제 정보를 토대로 운전자는 정체나 사고지역을 피해간다거나 ETC를 통해 고속도로 요금소 통과가 원활해지는 등 이런 시스템이 보급·발전함으로써 교통흐름이 원활하게 된다. 심지어는 교통이 원활해짐에 따라 연비개선 등을 통해 CO_2절감, 물류비용이나 연료소비 절감과 같은 효과도 기대할 수 있다.

또한 ITS를 이용하면 시내의 빈 주차장 정보를 토대로 주차가 신속하게 진행됨으로써 노상주차(路上駐車)나 아이들링(idling)을 줄일 수 있고 노면 동결이나 강설 예측 정보를 바탕으로 더 안전한 교통상황을 촉진하는 것도 가능하다. 또한 스마트폰으로 버스 운행상황이나 도착예상 시각을 검색할 수 있는 등 ITS가 발전함으로써 안전하고 쾌적할 뿐만 아니라 편리한 교통망의 구축이 기대되고 있다. 카 내비게이션 시스템, VICS 및 ETC 등의 급속한 보급에 따라 효과가 나타나고 있는 ITS는 제1 스텝(step)을 끝내고 현재는 제2 스텝으로 진행 중이다. 국가시책으로 세계에서 가장 안전한 도로교통사회를 실현하기 위한 계획이 산학관(産學官), 또한 지역과 시민이 서로 협력하면서 진행하고 있다. 또한 단순히 도로교통을 지능화하는데 머무르지 않고 앞으로는 철도, 항공 및 선박 등과의 연계를 감안한 연구개발도 진행될 전망이다.

ITS는 사회를 변혁시키는 국가 수준의 프로젝트로서 신산업이나 시장을 개척할 가능성이 많은 시스템으로 기대를 모으고 있다. 정부도 IT 국가전략으로서 중점적으로 ITS를 추진하고 있다. 기술혁신과 사회에 대한 접목이 현재 진행 중인 ITS. 앞으로는 국제표준화, 규격화 흐름이 가속화되면서 사람과 사물, 도로, 자동차가 더 밀접하게 연결된 더 고도의 정보 네트워크로 발전해 종합적인 시스템으로 진화해 나갈 것으로 판단된다.

● ITS의 개발 분야

민관(民官)이 연대해 연구개발이 이루어지는 ITS는 크게 9가지 개발 분야로 나누어지며, 각 분야의 구성은 더 세분화된다. 구체적으로는 21가지의 이용자 서비스, 56가지의 개별 이용자 서비스, 172가지나 되는 서브 서비스로 체계화할 수 있다. 현재 이들 정보나 기능을 구현하기 위한 연구가 진행 중이다.

개발분야	이용자 서비스
내비게이션 시스템의 고도화	교통관련 정보나 목적지 정보를 운전자에게 제공해 쾌적한 행동선택을 가능하게 함으로써 편리성 향상을 도모한다. 교통의 분산화, 효율적인 행동계획을 세울 수 있도록 지원한다.
자동요금 정산 시스템	유료도로에서의 자동요금 정산, 주차장과 페리 등에서의 자동요금 정산을 통해 캐시리스(cashless)화를 촉진함으로써 운전자의 편리성을 향상. 정체 해소나 관리비용 절감도 도모한다.
안전운전 지원	주행 중인 운전자에게 주행환경 정보나 위험경고를 제공함으로써 사고 등을 미연에 방지한다. 또한 운전보조를 통해 위험한 상황을 피하거나 운전자의 운전조작을 지원한다.
도로교통의 최적화	신호제어를 통해 교통의 안전성, 쾌적성 및 환경을 개선한다. 교통관리, 또한 교통사고에 따른 2차 사고를 막기 위해 장착기기나 정보제공장치 등을 통해 정보를 제공한다.
도로관리의 효율화	각 지역의 자연이나 사회조건에 맞춰 도로주행 환경을 안전하고 쾌적한 상태로 유지하기 위해 유지 관리사업 효율화나 특수차량 등의 관리, 통행규제에 관한 정보를 제공한다.
공공교통 지원	공공교통 이용정보를 이용자에게 제공해 편리성을 도모하고, 교통기관의 최적의 이용분담 실현을 지향한다. 또한 공공 교통기관의 운행상황을 실시간으로 수집해 운행관리를 지원한다.
상용차의 효율화	실시간으로 수집한 상용차의 운행상황을 제공해 운행관리를 지원. 또한 물류 효율화를 도모한다. 복수의 상용차가 적절한 차간거리를 유지함으로써 연속 자동운전을 하는 시스템을 개발한다.
보행자 등의 지원	보행자 등이 안심하고 이용할 수 있는 도로환경을 만들기 위해 휴대단말기, 자기(磁氣), 음성 등을 이용해 시설이나 경로를 안내한다. 또한 보행자 등의 교통사고에 대한 위험 등을 방지한다.
긴급차량의 운행지원	재해시나 사고 등 신속하고 정확한 복구와 구조 활동을 하기 위해 차량 자체가 자동적으로 긴급 메시지를 관계기관으로 통보하는 긴급 시 자동통보나 긴급차량 경로를 유도한다.

고도화된 내비게이션 시스템

오늘날 도로교통에는 다양한 주행지원 기술이 투입되어 있으므로 해서 운전자의 안전운전을 지원하고 있다. 국가 수준에서 시행하고 있는 「ITS 사회실현」을 위해 끊임없이 진화하는 다양한 내비게이션 기술을 살펴보겠다.

● VICS

VICS란 'Vehicle Information and Communication System(도로교통 정보통신 시스템)의 약자다. VICS센터에서 처리 · 편집된 정체나 교통규제 등과 같은 정보를 실시간으로 카 내비게이션 등에 전송함으로써 표시되는 시스템이다. 특징은 24시간 이용이 가능하다는 점과 전국의 고속도로나 주요 간선도로의 비콘(beacon) 설치장소, FM전파가 미치는 장소에서 이용할 수 있다는 점 등이다. 정보는 전파(電波) 비콘, 광(光) 비콘, FM다중방송 3가지 미디어를 통해 제공된다.

TOPIC ▶▶ 인터내비 플로팅 카 시스템(internavi floating car system)

VICS정보에 플러스알파의 정보를 보충해 더 실용적인 경로 안내가 가능한 '혼다'의 인터내비 플로팅 카 시스템이다. 이것은 자동차들끼리 정보가 교환되면서 통상의 VICS에서는 안내되지 않는 도로 정체 상황도 내비게이션에 반영되는 혼다의 기술이다. 교통정보가 표시되는 노선이 증가되어도 그 정체상황을 더 높은 확률로 피해감으로써 더 빠르고 원활하게 목적지까지 도착할 수 있다.

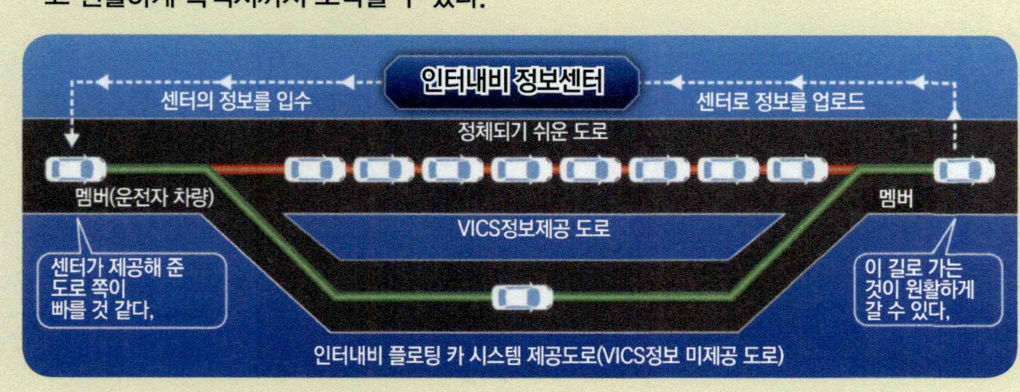

● 전국에 설치된 VICS-FM 방송국에서 FM 방송파를 이용해 지방단위의 광역정보를 일괄적으로 제공.
● 수신 중인 지방의 교통정보와 함께 인접한 지방과의 접경 부근 교통정보가 제공된다.

FM 다중방송

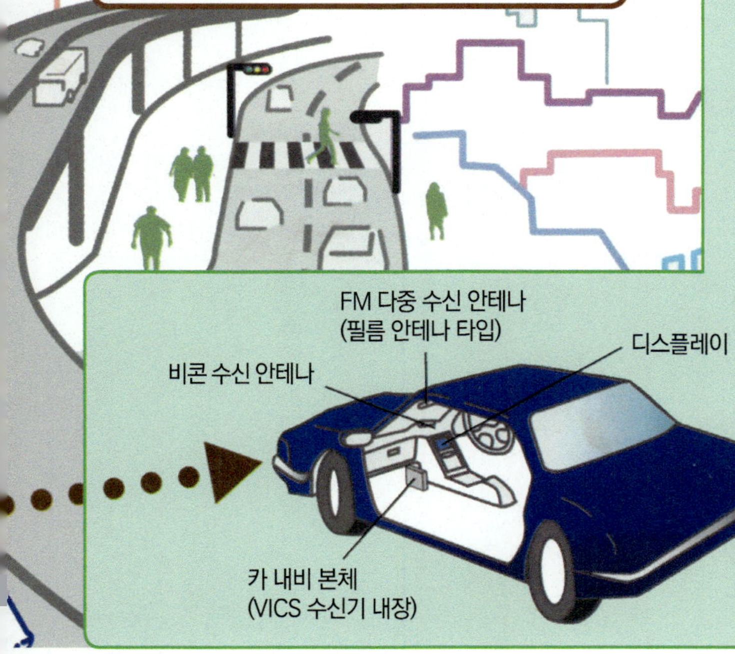

카 내비게이션 표시

지도 표시

간이 지형 표시

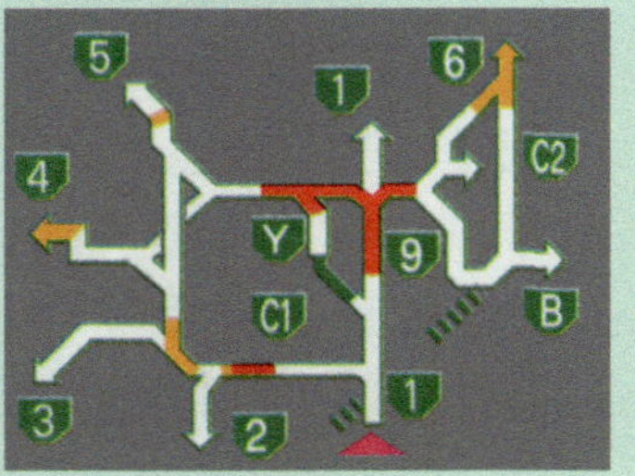

문자 표시

FM 다중 수신 안테나
(필름 안테나 타입)

디스플레이

비콘 수신 안테나

카 내비 본체
(VICS 수신기 내장)

● DSSS

　DSSS란 'Driving Safety Support Systems(안전운전 지원 시스템)'의 약자로서 운전자의 부주의나 판단 지연 등에 의한 교통사고 방지를 목적으로 하는 시스템이다. 운전자 주변의 교통상황을 시각과 청각정보로 제공해 위험요인에 대한 주의나 준비를 환기시킴으로써 안전하고 여유 있는 운전이 가능하도록 해 준다.

　교통사고를 사고 유형별로 살펴보면 추돌사고나 교차로 충돌사고가 큰 비율을 차지한다. 법령 위반별로는 안전 미확인이나 곁눈질 운전과 같이 운전자 실수에 의한 것이 많다.

　DSSS는 그런 운전자의 인지나 판단 실수가 주된 원인인 사고에 대하여 유효한 방지효과를 기대할 수 있다. 현재 정부차원에서 각각의 상황에 맞춘 정보제공 시스템을 적극적으로 연구·개발하고 있는 상황이다.

　구체적으로는 교차로 등에 설치된 각종 감지기가 통행상황을 파악하고 광 비콘을 매개로 자동차로 정보를 보낸다. 그러면 미리 예측 가능한 위험이 사전에 주의 정보로서 카 내비게이션 등에 표시되는 것이다. 예를 들면, 추돌 사고방지 지원 정보제공 시스템이 정체 말미에 추돌사고가 빈발하는 도로에서 정체를 감지했을 때 후속 차에 대해 정체추돌 주의정보를 제공한다. 좌회전 사고방지 지원 정보제공 시스템은 자동차가 좌회전할 때 좌측을 주행하는 2륜차를 감지하면 접촉주의를 알리는 정보가 제공된다. 그밖에도 속도 정보제공 시스템, 보행자 횡단 정보제공 시스템 등 십 여 가지 정도의 상황을 예상한 시스템 구축을 진행하고 있다.

　기본적인 DSSS 시스템은 미연에 사고를 방지하도록 주의를 촉구하는 '정보 제공형'이지만 여기에 추가적으로 '판단형'이나 '개입형'시스템도 실용화를 위해 연구·개발되고 있다. 판단형은 운전자가 이미 위험을 감지하고 있는 경우에는 주의를 촉구하는 정보를 제공하지 않고 위험을 감지하지 못하고 있다고 판단될 경우에 정보를 제공하는 시스템이다. 개입형은 주의정보를 제공했음에도 불구하고 회피 행동이 이루어지지 않을 때 시트나 스티어링의 진동 등을 통해 더 경고를 주는 시스템이다.

　현재 DSSS의 검증은 한국지능형교통체계협회를 중심으로 진행되고 있다.

　DSSS 도입으로 운전자의 교통판단 부담이 가벼워짐으로써 결과적으로 교차로에서의 교통사고의 감소가 기대된다.

한국지능형교통체계협회를 중심으로 각 자동차 메이커와 공동으로 공도실증실험(公道實證實驗)이 실시되고 있다.

DSSS의 주요 시스템

추돌 사고 방지 지원 정보제공 시스템

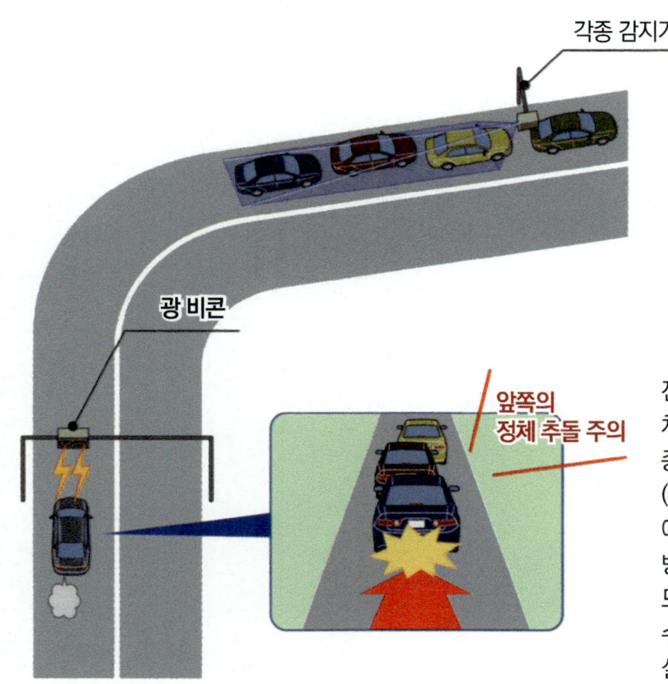

전망이 나쁜 도로에서 전방에 정지해 있는 차량의 존재 정보를 감지 카메라와 같은 각종 감지기로 포착한다. 그 정보를 광 비콘(optical beacons)을 통해 카 내비게이션 등에 보내 운전자의 주의를 환기시킴으로써 전방에 정지한 차량과의 추돌 사고 방지를 도모한다. 이 시스템을 통해 추돌사고 발생건수 삭감과 운전자의 인지(認知)·판단(判斷) 실수로 인한 사고 방지가 기대된다.

좌회전 사고 방지 지원 정보제공 시스템

교차로 등에서 좌회전할 때 후방에 이륜차 등이 달려오고 있는 경우에는 그 존재 정보를 각종 감지기가 포착한다. 그 정보는 광 비콘을 통해 카 내비게이션 등에 전송됨으로써 운전자가 후방 차량과 접촉하지 않도록 주의를 환기시킨다. 이와 같이 운전자의 사각(死角·어떤 각도에서는 보이지 않는 지점, 범위)을 보완하는 것도 DSSS에 포함된다.

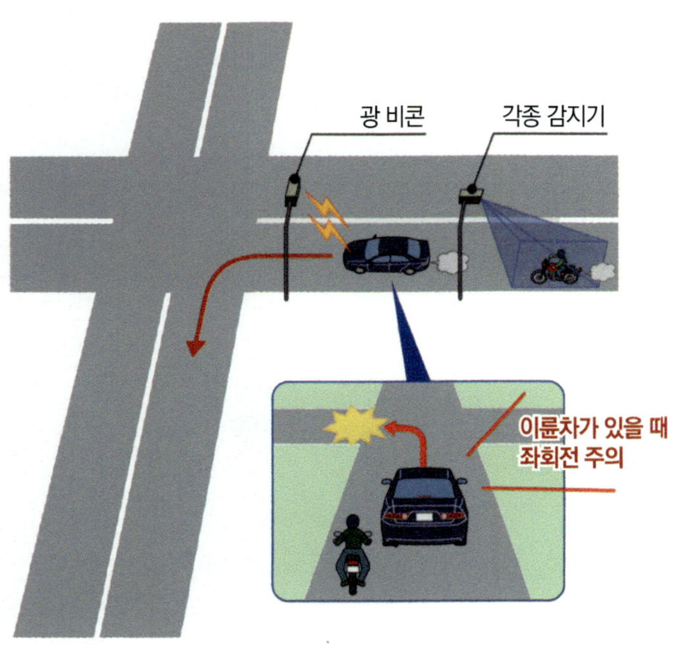

● 프로브 카

프로브 카(Probe Car)란 택시나 버스 , 트럭, 일반차량 등과 같은 자동차를 교통관측 모니터링 장치로 파악해 상세한 교통흐름이나 위치 정보, 날씨 상황 등을 모니터링하고 데이터로 축적·분석해 활용하는 시스템을 말한다.

각 차량을 통해 수집한 데이터를 일단 데이터 베이스로 축적하고 다양한 데이터와 조합시킴으로써 그 데이터를 필요로 하는 도로계획 정책부서나 이용자에게 제공한다.

데이터는 도로사업 계획이나 정책을 입안할 때의 판단 재료로 사용되는 외에도 사업완료 후에 평가를 할 때는 사업 전후의 비교 재료로서 활용된다. 또한 정체발생 시각이나 교통사고 상황 등에 맞춰 적정하게 공사를 실시하기 위한 재료로도 사용된다. 더불어 도로행정에 관한 정보 사이트나 버스 로케이션 정보 등 일반 도로 서비스에도 활용되고 있다.

또한 이런 데이터를 차량 간 통신(차량과 노면쪽 기기와의 정보교환) 등을 통해 시간차 없이 수집함으로써 실시간으로 날씨나 노면정보, 위험장소 정보를 후속차량에 제공하는 연구도 진행 중이다.

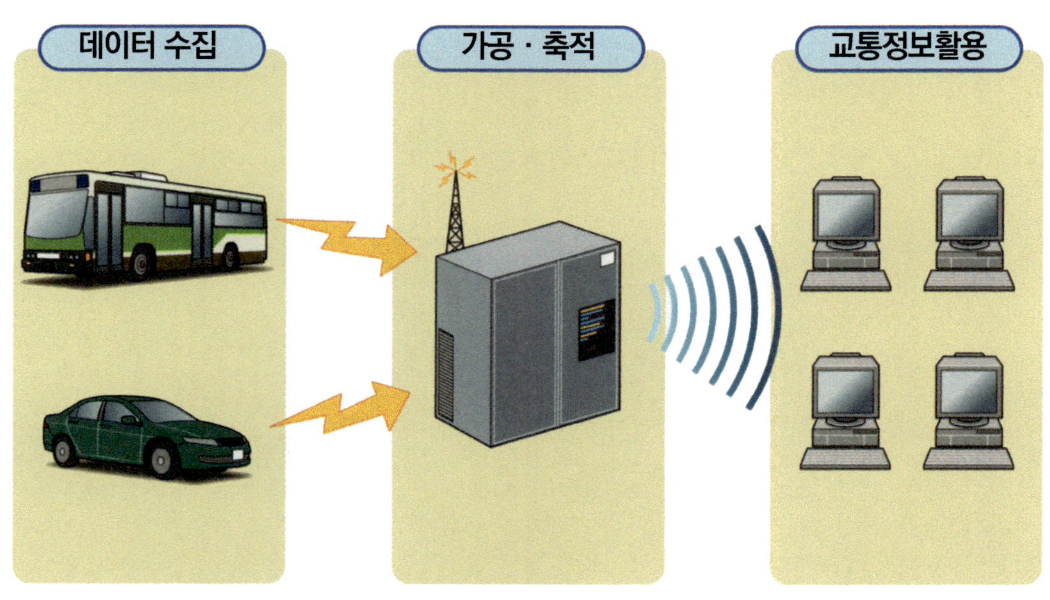

① 택시나 버스, 일반차량과 같이 주행하는 차량의 위치나 속도, 날씨 상황 등을 모니터링. 전국 각지에서 수집된 다양한 데이터는 통신 모듈을 통해 센터로 송신된다.

② 차량의 위치 데이터 등, 센터로 모인 데이터를 가공해 정체 정보나 여행시간 등을 산출해 낸다. 이렇게 걸러진 교통정보는 이 정보를 필요로 하는 교통정보 이용자에게 통신, 방송된다.

③ 센터에서 보내준 교통정보는 시간적, 공간적으로 연속된 데이터를 바탕으로 만들어지고 있기 때문에 신뢰성이 높아 도로관리나 공사계획으로부터 일반 도로 서비스까지 폭넓게 활용된다.

● ETC

ETC란 'Electronic Toll Collection System (자동요금 지불시스템)'의 약자다. 자동차에 탑재된 단말기에 ETC카드(IC카드)를 삽입하고 고속도로 등과 같은 요금소를 통과할 때 요금소에 설치된 안테나와 차량에 탑재된 단말기 사이에서 무선통신을 함으로써 자동적으로 통행료를 지불하는 시스템을 말한다.

국내의 경우, 2010년 11월 시점에서 약 490만대 이상의 ETC 단말기가 설치되었으며, 전국 고속도로에서의 이용률이 약 48%까지 올라가는 등 ECT는 순조롭게 보급되고 있다. 또한 현재는 유료도로뿐만 아니라 일반도로에서도 ECT가 활용되고 있는데 공공 주차장의 결제나 페리승선 수속 등에서 ECT 단말기를 이용하는 서비스도 실용화되고 있다.

TOPIC ▶▶ 스마트 IC

'스마트 IC'란, 고속도로 본선이나 주차구역 등에서 직접 진·출입이 가능한 ECT 전용 인터체인지다. 기존 고속도로에 유효하게 활용할 수 있고 지역 활성화에도 효과가 있다. 또한 설비 투자비도 비교적 싸고, 관리비용도 삭감할 수 있기 때문에 서서히 설치장소가 증가하고 있다. 스마트 IC를 크게 나누면 'SA·PA접속형' 과 '본선 직결형'으로 나뉜다. SA·PA접속형은 서비스 구역이나 주차구역, 버스정류장에 ETC 게이트를 설치한 것이다. 기존 시설을 이용하기 때문에 비교적 쉽게 설치할 수 있다. 본선 직결형이란 고속도로 본선에 직접 접근로를 연결한 것을 말한다. 서비스 구역이나 주차구역이 없는 장소에도 설치할 수 있다.

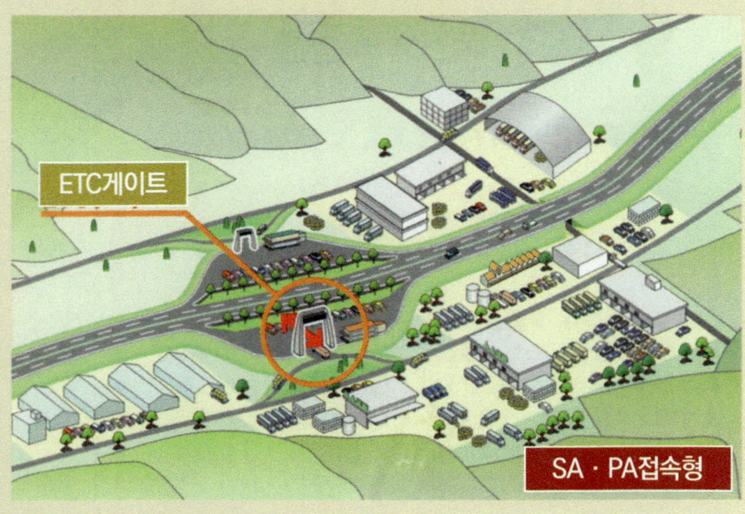

AHS

AHS는 'Advanced Cruise-Assist Highway Systems(주행지원도로 시스템)'의 약자로서 도로와 자동차가 연동되어 있으며 노차협조(路車協調)를 통해 교통사고나 정체 감소를 지향하는 시스템이다. 센서나 도로/차량 간 통신 등 최신 ITS기술을 통해 사고다발 지점, 상세한 공사규제, 정체말미 등의 정보를 실시간으로 제공한다.

예를 들면, 주행 중인 자동차 전용도로에 전방에 장애물이나 정지차량이 있을 경우 센서로 감지해 추돌을 사전에 방지하기 위해 주의와 경고를 전해준다. 운전자 입장에서는 보이지 않는 커브길 끝에 정체나 장애물이 있어도 사전에 인지할 수 있게 되는 것이다.

이런 지원 외에도 지선(支線)에서 합류하는 자동차의 존재를 사전에 본선 쪽에 알려 줌으로써 접촉사고를 피하게 하거나 급커브 길의 존재를 사전에 정보로 제공함으로써 커브 진입부에서의 시설 접촉사고를 막는 등 최첨단 기술을 구사한 고통사고 방지로 이어지는 시스템 연구개발이 진행되고 있다.

현재 정부의 IT전략 본부에서도 강력한 드라이브를 걸고 있는 상황으로 수도권 고속도로를 비롯해 3대 도시권 등의 지역에서 국가연구기관과 고속도로회사가 연대해 대규모 공도실험이 실시되고 있는 등 실용화를 향해 적극적으로 추진되고 있다.

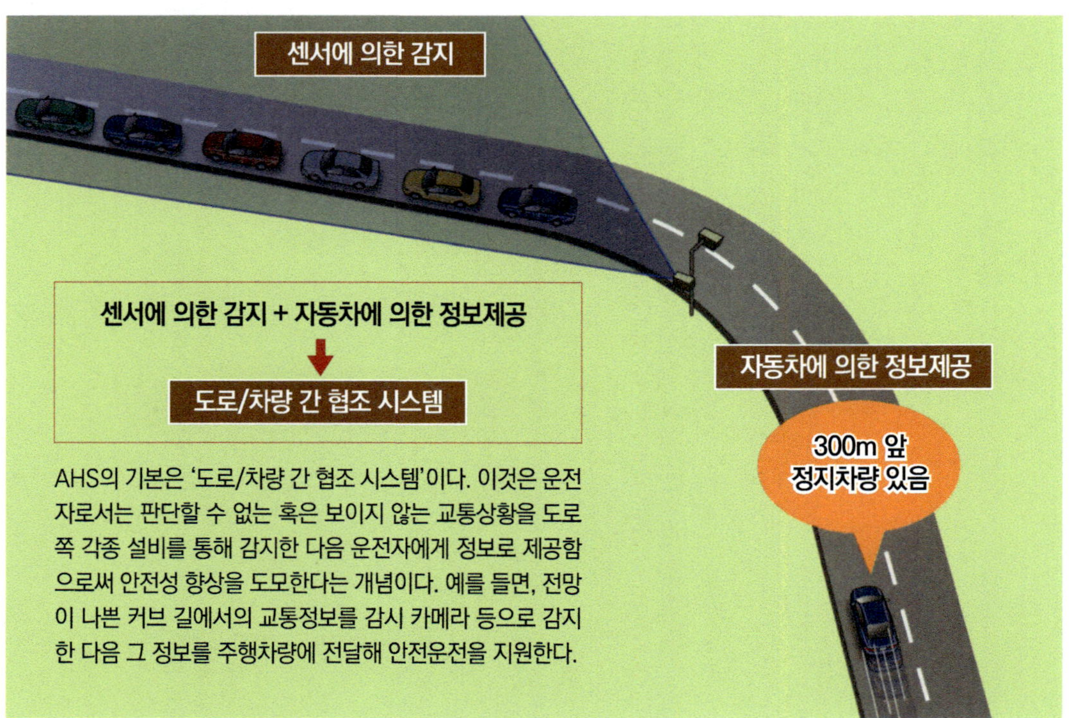

AHS의 대표적인 시스템

전방 장애물 충돌 방지 지원

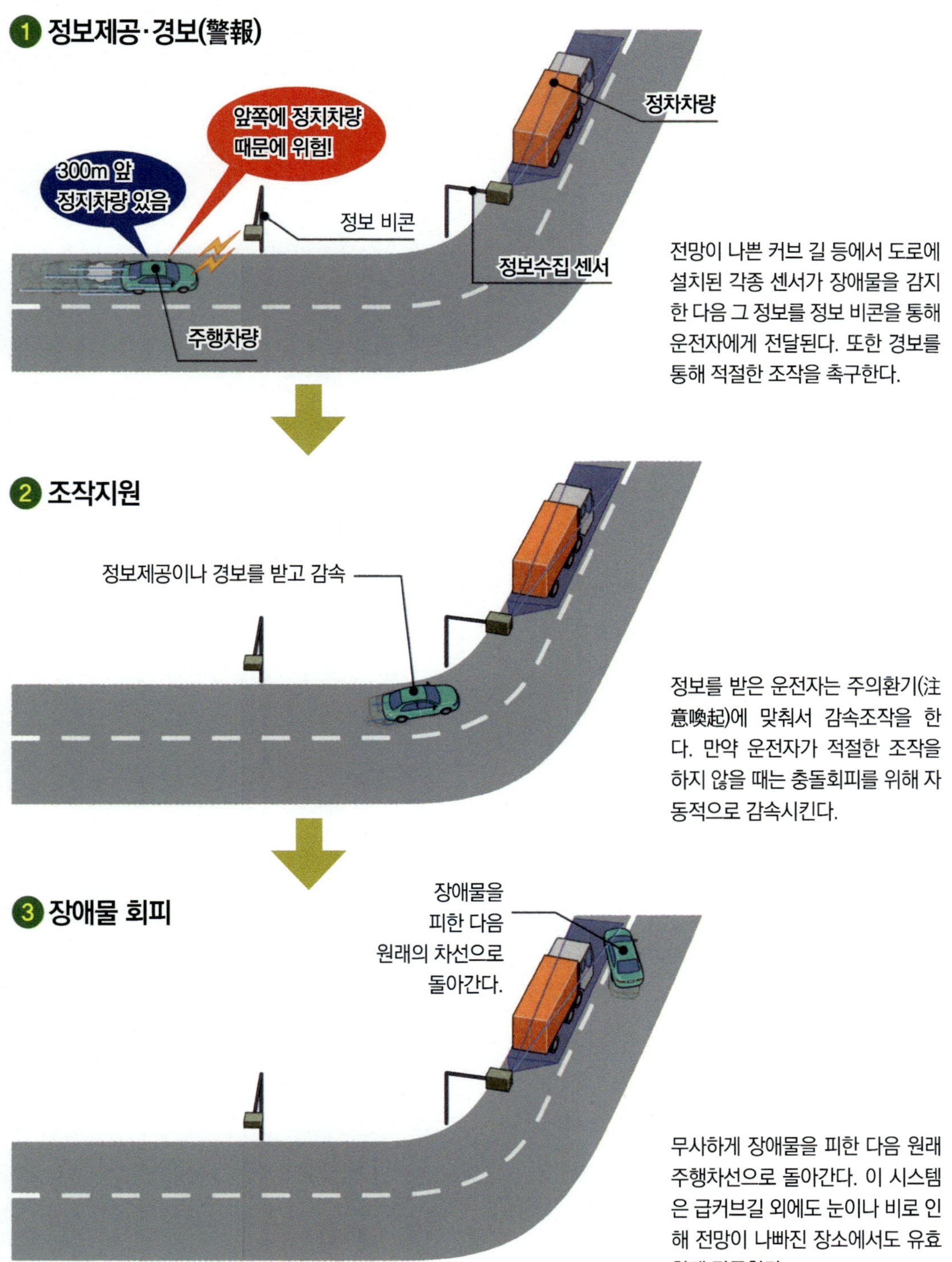

① 전망이 나쁜 커브 길 등에서 도로에 설치된 각종 센서가 장애물을 감지한 다음 그 정보를 정보 비콘을 통해 운전자에게 전달된다. 또한 경보를 통해 적절한 조작을 촉구한다.

② 정보를 받은 운전자는 주의환기(注意喚起)에 맞춰서 감속조작을 한다. 만약 운전자가 적절한 조작을 하지 않을 때는 충돌회피를 위해 자동적으로 감속시킨다.

③ 무사하게 장애물을 피한 다음 원래 주행차선으로 돌아간다. 이 시스템은 급커브길 외에도 눈이나 비로 인해 전망이 나빠진 장소에서도 유효하게 작동한다.

ASV

교통사고를 미연에 방지하는 기술은 계속 개발 중에 있다. 최신기술을 탑재한 자동차에 타고 있다 하더라도 완전하게 교통사고를 막을 수는 없지만 안전운전 지원 시스템을 탑재한 자동차 쪽이 교통사고를 일으킬 위험이 낮은 것 또한 사실이다.

ASV는 'Advanced Safety Vehicle(선진안전 자동차)'의 약자로서 운전자의 안전운전을 지원하는 시스템을 탑재한 자동차를 말한다. ASV기술은 긴급 시의 운전지원은 물론이고 통상적인 주행지원도 가능하기 때문에 정보제공이나 주의환기 또한 경보 등을 통해 운전자의 운전을 지원한다.

국토교통부는 ASV에 관한 기술개발, 실용화 및 보급을 촉진하기 위해 1991년부터 'ASV기본이념' 등을 정해 왔다.

ASV기본 이념은 ① 운전자 지원에 관한 원칙, ② 운전자 수용성의 확보, ③ 사회 수용성 확보 3가지를 들 수 있다. ①은 운전자의 의사를 존중해 안전운전으로 지원한다는 것이다. 즉, 주체는 어디까지나 운전자이고 ASV기술은 운전자의 지원기술에만 전념한다는 개념이다. 따라서 운전자는 시스템 동작 내용의 확인은 물론이고 시스템이 하는 제어에도 강제로 개입할 수 있다. ②는 운전자가 안심하고 사용할 수 있는 기술로 설계한다는 개념이다. 그리고 ③은 ASV가 사회적으로 인식되고 올바르게 받아들여지도록 배려한다는 개념이다. ASV 기술개발은 이 원칙에 따라 진행되고 있다.

ASV기술은 앞으로도 ITS '안전운전 지원' 분야의 중추적 역할을 담당하면서 기술개발도 계속적으로 진행되어 갈 것으로 예상된다.

● ASV기술 종류

ASV기술은 '자율검지형(自律檢知型)'과 '통신이용형(通信利用型)' 2가지로 구분된다. 자율검지형은 차량탑재 센서로 감지한 정보를 이용해 안전운전을 지원하는 시스템을 가리킨다.

예를 들면, 운전 중의 집중력 저하로 지그재그 운전을 하는 경우 시스템이 동작함으로써 운전자에게 주의를 환기시킨다. 이것을 '주행경보'라고 하며, ASV기술 가운데 하나로 실용화되고 있다.

한편 통신이용형은 통신기술을 사용해 주변정보를 습득한 다음 그것을 사용해 안전운전을 지원하는 시스템이다. 운전자에게 잘 보이지 않는 상황이나 보기 어려운 상황변화를 길가에 장착된 통신기기를 통해 제공받음으로써 폭넓은 정보를 운전자에게 제공한다. AHS와 연동된 이런 '노면/차량 정보이용형' 외에도 통신이용형에는 타 차량이나 보행자로부터의 정보를 이용하는 '정보교환형(情報交換型)'이 있으며, 국토교통부의 ASV 제4기 추진계획 하에서 실용화를 목표로 개발이 진행 중에 있다.

실용화된 대표적인 ASV기술

충돌피해 경감 브레이크

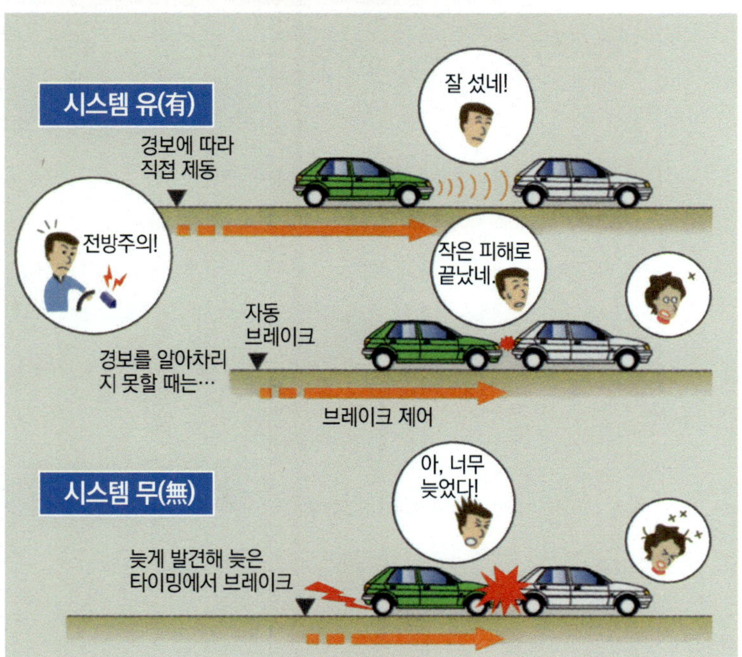

전방차량으로 접근하는 상황을 파악해 추돌 가능성이 높다고 판단하면 운전자에게 추돌을 피하도록 경보로 알려준다. 운전자가 브레이크를 밟으면 밟는 정도에 맞춰 제동력을 보조하도록 브레이크를 제어한다. 나아가 추돌을 피할 수 없다고 판단했을 경우는 자동적으로 브레이크를 제어해 긴급제동을 건다.

ACC(Adaptive Cruise Control)

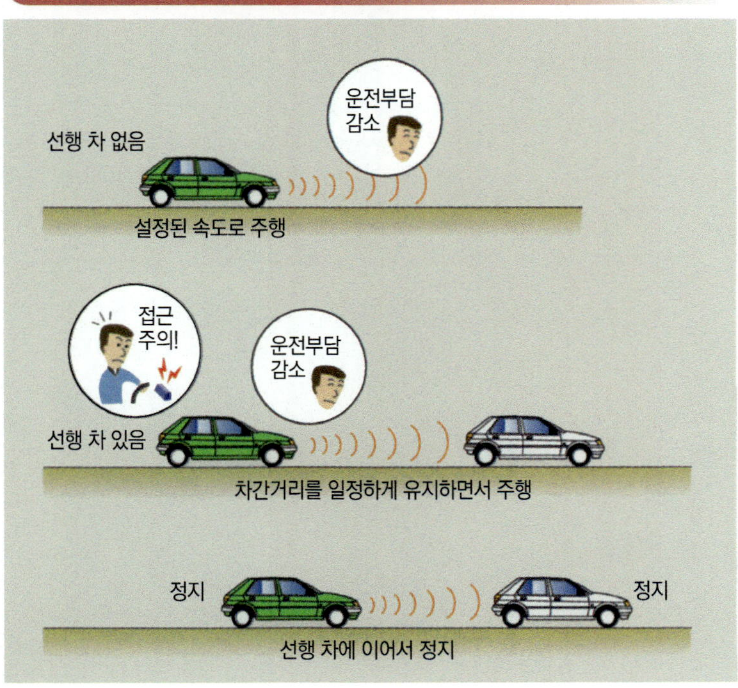

앞쪽에서 주행하는 차량과의 거리를 적정하게 유지하면서 주행하는 시스템. 중(中)고속 영역에서는 운전자가 세팅한 속도로 일정하게 주행함으로써 자신의 차량보다 늦은 선행차가 있을 경우는 선행 차와의 차간거리를 적정하게 유지하면서 추종주행을 한다. 저속영역에서는 선행 차와의 차간거리를 적정하게 유지하면서 추종주행을 한다.

● 나이트비전(night vision)

　야간에 주행할 때는 헤드라이트가 비추는 범위 밖에 있는 보행자나 장애물이 거의 보이지 않는다. 그럴 때 효과를 발휘하는 것이 적외선으로 감지한 생물이나 물건을 영상화하는 '나이트비전'이다. 나이트비전은 크게 나누어 원적외선(遠赤外線)을 사용하는 것과 근적외선(近赤外線)을 사용하는 것이 있다. 원적외선을 사용한 대표적인 것이 '혼다'의 나이트비전 시스템이다. 이것은 열원감지 원적외선 카메라에 의한 영상을 프런트 윈도우 부근에 있는 격납식(格納式) 헤드업 디스플레이에 비추는 것이다. 'BMW'의 나이트비전 시스템도 원적외선 카메라를 사용하고 있는데 표시장소가 내비게이션 화면이라는 점만 혼다와 다르다.

　한편 근적외선을 쏜 다음 그것을 근적외선 카메라로 포착하는 시스템을 사용하는 회사는 메르세데스 벤츠와 도요타이다. 두 회사 모두 표시방법이 다른데 도요타는 프런트 윈도우에 비추는데 반해 메르세데스 벤츠는 미터 패널 내에 영상을 비춘다. 또한 혼다와 도요타의 나이트비전 시스템은 인간의 형상을 특정해 사각 틀로 강조하는 보행자 탐지기능을 갖고 있다는 점이 특징이다.

　그밖에도 핸들을 꺾은 각도에 맞춰 전용 램프가 자동적으로 진행방향을 조사함으로써 시인성(視認性·visibility)을 향상시키는 'AFS'도 개발 중이다. 이와 같이 야간주행 시 커브길이나 좌우 회전할 때의 시인성을 더 높이려는 기술개발이 진행되고 있다.

나이트비전 시스템의 예

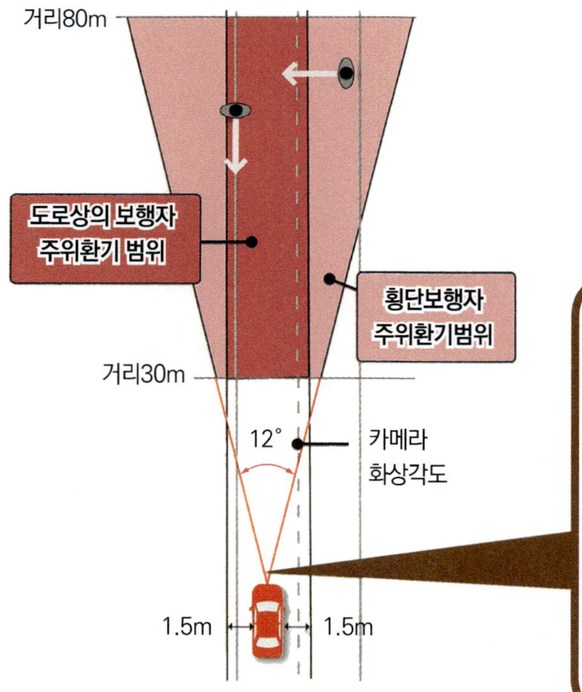

혼다가 세계최초로 개발한 나이트비전 시스템의 주위환기 작동범위. 원적외선 카메라는 프런트 범퍼 안쪽 2군데에 설치되어 있으며, 좌우 카메라 시각차를 이용해 대상물까지의 거리와 위치를 검출한다. 아울러 형상판단으로 보행자를 특정하면 소리와 황색 사각 틀(frame)로 강조표시를 함으로써 주의(注意)를 촉구하는 환기(喚起)기능도 갖추고 있다.

보기 어려운 보행자 등을 원적외선으로 포착한다.

● 스태빌리티 컨트롤 시스템(stability control system)

스태빌리티 컨트롤 시스템의 제어 이미지

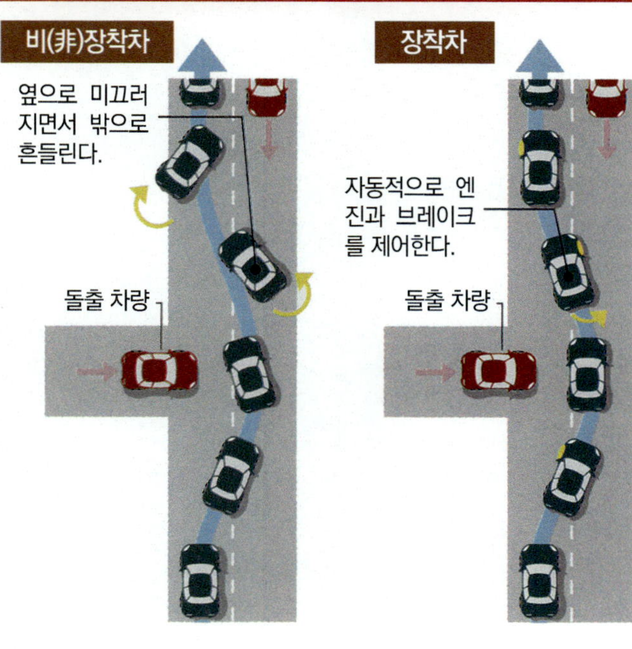

비(非)장착차량인 경우 장애물 회피를 위한 급 핸들 조작 등으로 좌우 옆으로 미끄러지는 불안정한 상태가 될 경우가 있다. 그러나 이 시스템을 장착한 차량은 자동차의 불안정한 상태를 센서가 감지해 자동차의 엔진출력이나 브레이크 힘을 자동으로 제어함으로써 속도제어 및 밖으로 튀어나가는 것을 제어한다.

갑자기 나타난 장애물을 피하려고 급하게 핸들을 꺾으면 자동차는 안정성을 잃어버린다. 미끄러지기 쉬운 노면에서 주행할 때도 타이어 그립이 떨어지면 자동차는 불안정한 상황에 빠지게 된다. 이와 같은 상태를 제어하는 장치가 스태빌리티 컨트롤 시스템이다.

스태빌리티 컨트롤 시스템은 자동차가 옆으로 미끄러지면 센서가 감지해 엔진 출력이나 4륜에 부착된 각각 브레이크를 적절하게 제어한다. 자동차의 스핀(spin)이나 밖으로 삐져나가는 것을 미연에 방지해 주는 것이다. 이 때문에 단독사고나 정면충돌 사고를 감소시키는 시스템으로 기대를 모으고 있다. 자동차 사고 대책기구(NASVA)가 교통사고 종합분석센터의 데이터에서 스태빌리티 컨트롤 시스템의 장착유무를 확인할 수 있는 10차종으로 차량 단독사고와 정면충돌 사고를 추출해 조사한 결과 음주나 졸음운전 등의 원인을 제거하면 사고발생률이 이 시스템 장착으로 약 36% 감소됨을 확인하였다.

일반도로 및 고속도로의 사고율

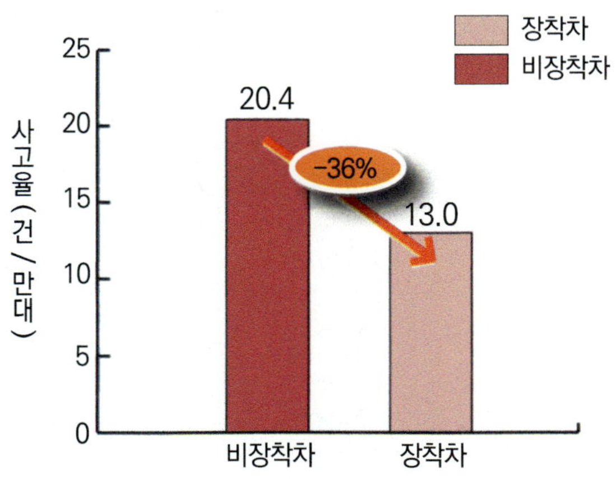

참고자료 : 자동차사고대칙기구(NASVA)
「스태빌리티 컨트롤 시스템 효과에 대한 조사결과」

● 주차 지원 기술(parking assistance technology)

　자동차에는 운전자가 보기 힘든 사각지대가 많이 있다. 특히 자동차 뒤쪽은 운전석에서 전혀 안 보이는 경우도 있어 안전 확인이 곤란하다. 이렇게 후방의 사각을 커버하기 위해 개발된 후방 모니터는 리어 게이트(rear gate)의 도어 노브(doorknob)나 번호판 등의 위치에 소형광각(小型廣角) 카메라를 설치해 후방영상을 내비게이션 모니터에 표시하는 시스템이다.

　요즘은 많은 차량이 기본으로 제공하고 있으며, 추가로 장착하는 등 인기와 관심을 모으고 있는 주차 지원 기술이다. 또한 주변에 장애물이 있을 때에 알람소리로 경고하는 파킹 센서도 대부분의 차량이 기본사양으로 제공하고 있으며, 애프터 파트(after parts)로도 널리 인식되고 있다. 이런 후방 모니터나 파킹 센서의 등장으로 인해 주차할 때의 안전 확인 작업이 종래에 비해 비약적으로 향상됨으로써 주차(駐車)나 차고입고(車庫入庫)가 어려워했던 사람에게 특히 환영받는 상황이 됐다고 말할 수 있다.

　다만 후방 모니터를 사용할 때는 과제가 남아 있다. 디스플레이에 비친 영상이 시각적으로 역방향으로 착각하는 경우가 많기 때문에 디스플레이를 보면서 핸들을 조작하는 것에 익숙해야 한다. 그리고 현재 예를 들면 음성안내(音聲案內)나 자동 핸들 조작 등 각 자동차 메이커는 이런 난점을 해결하기 위해 다양한 주차 지원 기술이 탑재된 차량을 판매하고 있다.

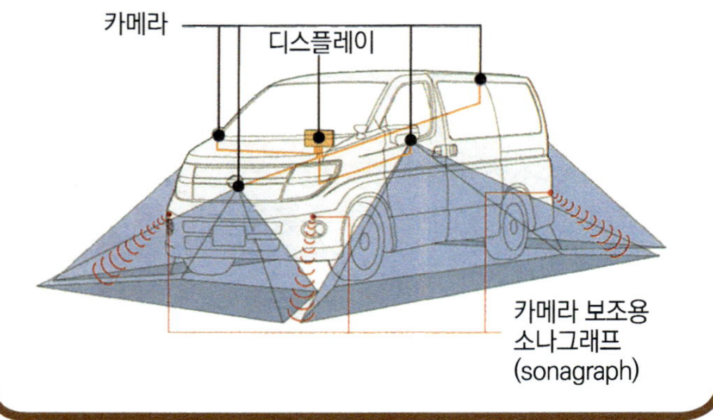

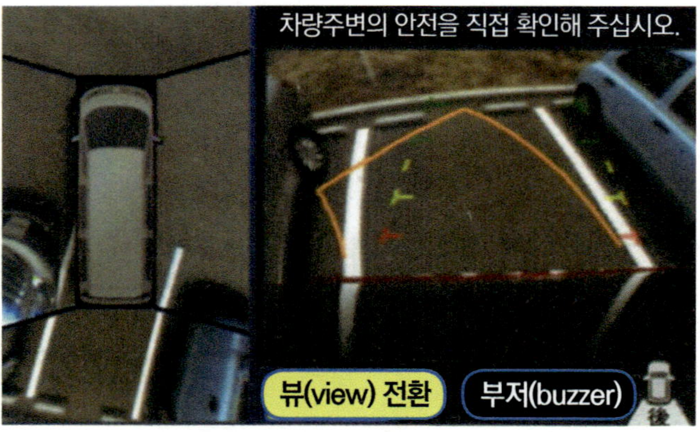

뷰 모니터 주위

프런트 그릴, 좌우 사이드 미러, 리어 게이트의 도어 노브에 180도까지 촬영이 가능한 초광각 고해상도 카메라를 장착해 4방향의 사각을 커버한다. 각 화상 정보를 합성해 한 가운데의 앵글 화상을 표시한다. 또한 디스플레이에는 핸들 조작에 맞춰 앞으로 진행할 것으로 예상되는 방향이 표시된다. 더불어 카메라 보조 장치인 소나그래프에 의한 경고도 내장되어 있다.

주차 지원 기술 시스템 예

스마트 파킹 어시스트 시스템 이용한 후진주차(reverse parking)

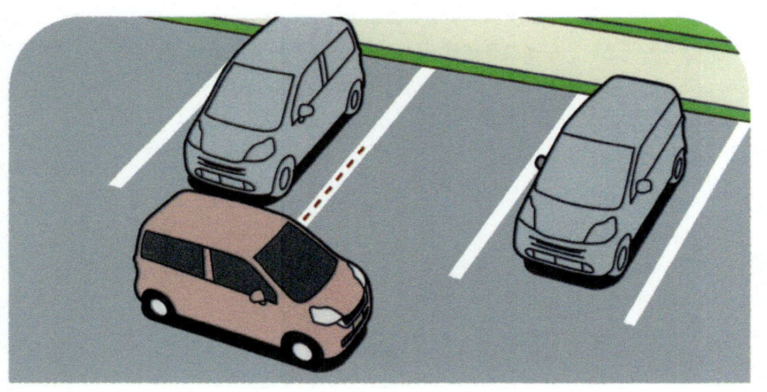

1 동승석 쪽에 붙어 있는 '도어 마크'를, 지금부터 들어가려고 하는 주차 공간 직전의 라인에 맞춰 정차한다.

2 주위의 안전을 확인한 후 브레이크 조작을 하면서 천천히 전진한다. 핸들은 자동으로 돌아가므로 음성안내에 따라 지정된 위치까지 전진한 다음 정차한다.

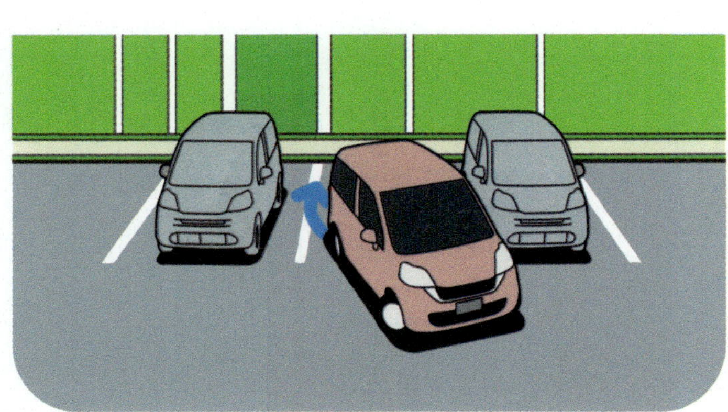

3 주위의 안전을 확인한 후 다시 브레이크를 조작하면서 천천히 후진. 이때도 핸들 조작은 자동이기 때문에 그대로 음성안내에 따라가면서 정차위치까지 후진한 다음 주차한다.

CHEVROLET

http://www.chevrolet.com

설립은 1911년 11월. 스위스 태생의 레이서 겸 엔지니어인 루이 쉐보레가 디트로이트의 다운타운과 가까운 렌탈 개리지에서 "클래식 식스"를 만든 것이 그 뿌리이다. 그 후 18년에는 GM그룹으로 편입된다. GM그룹에는 「제너럴 모터스」라는 브랜드가 아직 존재하지 않아 가장 일반적인 대중 브랜드가 「쉐보레」가 되었다. 27년에는 일본법인을 설립해 녹다운 생산을 하기도 했다. 쉐보레의 특징은 콤팩트 카부터 SUV나 트럭 그리고 정통 스포츠카까지 라인업이 폭넓다는 것이다. 지금은 중형차나 소형차가 많아져서 개발규모를 확대하기 위해 2002년에 한국의 대우를 산하에 둔 뒤 「GM코리아」로 이름을 바꾸어 소형차 개발 거점으로 활용하고 있다. 기타 지역을 포함해 자동차 생산도 전 세계적으로 하고 있다.

FORD

http://www.ford.com

1903년에 헨리 포드의 손에 의해 미국 미시간 주 디어본에서 창업. 1913년에 벨트 컨베이어 방식 작업공정을 조기에 도입해 자동차를 대량생산한 것은 너무나도 유명한 이야기이다. 포드 T형의 성공을 계기로 생산과 판매, 수리를 일괄적으로 수행하는 시스템을 확립함으로서 현재에 이르는 자동차산업의 기초를 닦아 왔다. 해외에도 일찍 진출했는데, 다른 메이커보다 앞서서 효율적인 현지생산과 판매망을 확충한다. 그 중에서도 영국과 독일 두 현지법인을 일원화한 포드유럽(1967년 설립)은 유럽의 수요에 맞는 차량을 개발하는데, 포커스나 피에스타 같은 글로벌 카를 만들어낸 곳이다. 2000년대 초에 맞은 경영위기를 극복하고 현재는 개발부터 생산까지를 세계적으로 일원화하는 「One Ford」전략을 수립하 상품구성을 글로벌하게 재편 중에 있다.

TESLA

http://www.teslamotors.com

미국 실리콘밸리를 개발거점으로 하는 전기자동차 메이커. 회사 이름은 물리학자인 니콜라 테슬라에서 가져온 것이다. 신흥 전기자동차 메이커로 주목을 끌고 있을 뿐만 아니라 펀드를 이용한 자금조달 등, 기존 메이커와는 다른 스타일도 설립 당시 큰 화제를 모았다. 2006년에는 프로토타입 모델을 발표하며, 08년에는 첫 양산차인 로드스터를 선보인다. 그 후에도 세단 타입 모델S나 크로스오버 SUV 타입인 모델X 등, 정력적으로 모델들을 증강하고 있다. 에코 붐에 따라 많은 유명 인사들이 테슬라 전기차를 구입하면서 더 주목을 끌었다. 현재는 모델S를 판매 중이며, 모델X도 예약주문을 받고 있는 상황이다.

STAFF

기술교정_ 이상호
표지디자인_ 김한일
본문디자인_ 안명철
제작진행_ 최병석
오프라인 마케팅_ 우병춘·강승구
웹 매니지먼트_ 안재명
공급관리_ 오민석·김경아·김유리·김지원

자동차 개념 사용설명서②

신개념 자동차 생태학

2017년 4월 10일 초판발행
2025년 2월 28일 1판 2쇄발행

발행인_ 김길현
발행처_ (주) 골든벨
등 록_ 제 1987-000018호   ⓒ 2017 Golden Bell

주 소_ (우) 04316 서울특별시 용산구 원효로 245 (원효로 1가 53-1)골든벨 빌딩
전 화_ 영업부 02-713-4135 / 편집부 02-713-7452
팩 스_ 02-718-5510
이메일_ 7134135@naver.com
홈페이지_ www.gbbook.co.kr

정 가_ 18,000원
ISBN_ 979-11-5806-228-6